1世纪技能创新型人才培养系列教材 计算机系列

信息技术基础

主编/张志红 史丽
副主编/何永太 宋扬 蒋冬梅 朱俊 李文文
参编/刘婷婷 程瑶

中国人民大学出版社
·北京·

图书在版编目（CIP）数据

信息技术基础 / 张志红，史丽主编. -- 北京：中国人民大学出版社，2023.5

21 世纪技能创新型人才培养系列教材. 计算机系列

ISBN 978-7-300-31626-0

Ⅰ.①信… Ⅱ.①张… ②史… Ⅲ.①电子计算机－高等职业教育－教材 Ⅳ.①TP3

中国国家版本馆 CIP 数据核字（2023）第 066426 号

21 世纪技能创新型人才培养系列教材·计算机系列

信息技术基础

主　编　张志红　史　丽

副主编　何永太　宋　扬　蒋冬梅　朱　俊　李文文

参　编　刘婷婷　程　瑶

Xinxi Jishu Jichu

出版发行	中国人民大学出版社		
社　　址	北京中关村大街 31 号	**邮政编码**	100080
电　　话	010－62511242（总编室）		010－62511770（质管部）
	010－82501766（邮购部）		010－62514148（门市部）
	010－62515195（发行公司）		010－62515275（盗版举报）
网　　址	http://www.crup.com.cn		
经　　销	新华书店		
印　　刷	中煤（北京）印务有限公司		
开　　本	787 mm×1092 mm　1/16	**版　　次**	2023 年 5 月第 1 版
印　　张	14.25	**印　　次**	2023 年 5 月第 1 次印刷
字　　数	320 000	**定　　价**	39.00 元

PREFACE

前 言

当前，国民经济、国计民生等诸多领域正在步入以信息技术应用为主导的发展时期，人类社会也正在进入全新的信息时代。提升信息素养、增强在信息社会的适应力与创造力，是信息时代的基本需求，具有重大意义。

党的二十大报告提出，“深入实施科教兴国战略、人才强国战略、创新驱动发展战略”“加快建设教育强国、科技强国、人才强国”，这为推动职业教育高质量发展提供了强大动力。职业教育作为国民教育体系和人力资源开发的重要组成部分，担负着培养多样化人才、传承技术技能、促进就业创业的重要职责，是建设高质量教育体系的重要内容，在助力经济社会高质量发展、促进人的全面发展等方面起着重大的作用。本书主要面向高等职业院校在校学生。使用本教材，通过相关课程的学习，学生能掌握当前社会各个领域必备的计算机基本知识和操作技能，具备一定的信息获取、传递、处理及应用的技能，保障自主学习，促进职业能力和职业素养的养成。

本书的编写汇集了多位高职院校一线教师的智慧，编者结合企业岗位需求，从课程教学角度出发进行撰写。全书共分为 8 章，主要内容包括：计算机系统基础、电子文档处理、电子表格处理、演示文稿制作、计算机网络基础、信息检索、新一代信息技术、信息素养与社会责任。第 1 章由宋扬编写，第 2 章由蒋冬梅编写，第 3 章由何永太编写，第 4 章由刘婷婷编写，第 5 章由朱俊编写，第 6 章由李文文编写，第 7 章由史丽编写，第 8 章由程瑶编写。全书由张志红、史丽负责统稿和定稿。

本书在编写过程中参阅了部分教材和教学资料，在此特向所有作者表示衷心的感谢。由于编者水平和经验有限，加之编写时间仓促，书中难免存在疏漏和不足之处，敬请广大读者批评指正。

编者

2023 年 2 月

CONTENTS

目 录

第1章 计算机系统基础

学习目标

- 了解计算机的发展、分类及应用；
- 了解计算机系统的硬件系统、软件系统组成；
- 了解操作系统的主要功能；
- 掌握数据在计算机中的表示与存储；
- 掌握 Windows 10 操作系统的基本知识。

技能目标

- 具有进行数制转换的能力；
- 具有熟练使用 Windows 10 操作系统的能力；
- 具有常用软件安装和操作能力；
- 具有文件和文件夹的管理能力。

素养目标

- 培养学生基本的计算机思维能力和意识；
- 培养学生独立思考、自主学习的能力。

导读

信息技术（Information Technology，IT）是主要用于管理和处理信息所采用的各种技术的总称。它主要是应用计算机科学和通信技术来设计、开发、安装和实施信息系统及应用软件。它也常被称为信息和通信技术（Information Communications Technology，ICT），主要包括传感技术、计算机与智能技术、通信技术和控制技术。

本章主要介绍计算机系统基础，包括了解计算机、计算机系统组成、计算机的信息表示、Windows 10 操作系统基础等内容。

第 1 节 了解计算机

一、计算机的发展

计算机发展到今天，和我们的生活已经密不可分。网上冲浪、网络购物、银行转账、即时通信等都必须借助计算机来实现。如今，我们的生活如果没有了计算机，就会失去很多便利。计算机从诞生之初到现在，已经有了 70 多年的发展历史，发展速度极其迅猛，这里简要回顾一下计算机的发展历程。

（一）第一代计算机：电子管计算机（1946—1958 年）

世界上第一台电子计算机“ENIAC”于 1946 年 2 月 14 日在美国宾夕法尼亚大学诞生，是美国人莫克利（John W. Mauchly）和艾克特（J. Presper Eckert）发明的。“ENIAC”由大量的电子管组成，主要用于科学计算，如图 1-1 所示。

图 1-1　第一台电子计算机——“ENIAC”

主要特点：

（1）它以电子管作为元器件，所以又被称为电子管计算机。

（2）它是一个庞然大物，用了 18 000 个电子管，占地 150 平方米，足有两间房子大，重达 30 吨，耗电功率约 150 千瓦，每秒钟可进行 5 000 次运算。

（3）由于它使用的电子管体积很大，耗电量大，易发热，因此工作的时间不能太长。

（4）使用机器语言，没有系统软件。

（5）采用磁鼓、小磁芯作为储存器，存储空间有限。

（6）输入/输出设备简单，采用穿孔纸带或卡片。

（7）主要用于科学计算，当时美国国防部用它来进行弹道计算。

（二）第二代计算机：晶体管计算机（1959—1964 年）

第二代计算机采用的主要元件是晶体管，称为晶体管计算机，如图 1-2 所示。此时，计算机软件有了较大的发展，程序语言也出现了 Fortran、Cobol 等计算机高级语言，采用了监控程序，这是操作系统的雏形。

图 1-2　第二代晶体管计算机

主要特点：

(1) 体积小，可靠性增强，寿命延长。

(2) 运算速度快。

(3) 提高了操作系统的适应性。

(4) 存储容量提高。

(5) 应用领域扩大。

(三) 第三代计算机：中小规模集成电路计算机 (1965—1970 年)

最初的集成电路可在几平方毫米的单晶硅片上集成十几个到上百个电子元件。此时，计算机开始采用中小规模的集成电路元件，如图 1-3 所示。这一代比上一代体积更小、耗电更少、功能更强、寿命更长，应用领域扩大，性能比上一代有了很大提高。

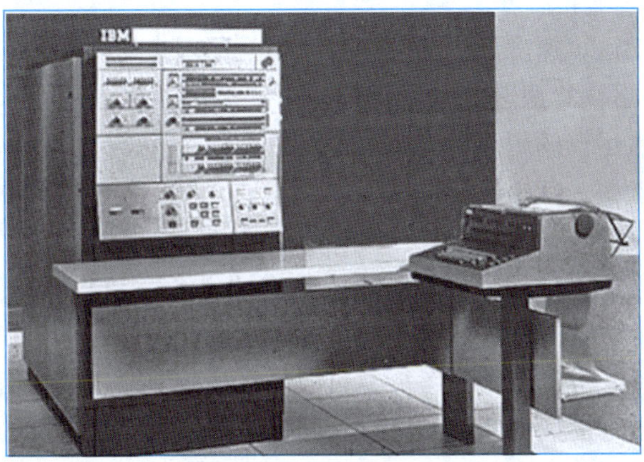

图 1-3　第三代中小规模集成电路计算机

主要特点：

(1) 体积更小，寿命更长。

(2) 运算速度更快。

(3) 外围设备出现多样化的趋势。

(4) 有类似操作系统和应用程序，高级语言进一步发展。

(5) 应用范围扩大到企业管理和辅助设计等领域。

(四) 第四代计算机：大规模集成电路计算机（1971 年至今）

这个时期的计算机的体积、重量、功耗进一步减少，运算速度、存储容量、可靠性都有很大提高，如图 1-4 所示。

主要特点：

(1) 采用了大规模和超大规模集成电路逻辑元件，体积与第三代计算机相比进一步缩小，可靠性更高，寿命更长。

(2) 运算速度加快，每秒可达千万次到几十亿次。

(3) 系统软件和应用软件获得了巨大发展，软件配置丰富，程序设计部分实现自动化。

(4) 计算机网络技术、多媒体技术、分布式处理技术有了很大发展，微型计算机大量进入家庭，产品更新速度加快。

图 1-4　第四代大规模集成电路计算机

(5) 计算机在办公自动化、数据库管理、图像处理、语言设计和专家系统等各个领域得到了广泛应用，电子商务已开始进入家庭，出现了个人电脑（PC），计算机的发展进入了一个新的历史时期。

二、计算机的特点、分类与应用

(一) 计算机的特点

各种类型的计算机虽然在处理对象、规模、性能和用途等方面有所不同，但它们都具备以下几个主要特点。

1. 高速、精确的运算能力

目前世界上已知运算速度最快的超级计算机是美国橡树岭国家实验室开发的超级计算机——“前沿”，运算峰值速度超过每秒 100 亿亿次，这也是国际上公认的首台每秒能执行百亿亿次浮点运算的超级计算机（E 级超算）。超级计算机具有极强的处理能力，特别是能在地质、能源、气象、航空航天以及各种大型工程等领域中发挥重要作用。

2. 逻辑处理能力

计算机能够进行逻辑处理，也就是说它能够“思考”和“判断”，这是计算机科学一直为之努力实现的“智能化”研究方向。虽然它现在的“思考”和“判断”还局限在某一方面，尚不具备人类复杂的思考能力，但是在某些专业领域如信息查询等方面，它已经能够根据要求进行迅速的匹配和检索，其速度是人类无法企及的。

3. 强大的存储能力

计算机能存储大量的文字、图像、声音、视频等各种信息，“记忆力”大得惊人。它可以轻易地“记住”一个大型图书馆的所有资料。计算机强大的存储能力不仅体现在容量惊人，还在保存时间上非常持久，对于需要长期保存的数据或资料，无论是文字、图像、声音、视频还是其他形式，计算机均能圆满地完成任务。

4. 自动控制能力

高度自动化是计算机与其他计算工具的本质区别。计算机可以将预先编程好的一组指令（程序）先“记”下来，然后自动地逐条取出指令并执行。其工作过程完全自动化，不需要人工干预，而且可以反复运行，适用于很多不适宜人工操作的工作场景，如大型配电站、核电站等。

5. 网络和通信能力

计算机技术和网络技术发展到今天，已能形成国际互联网（Internet），连接了全世界 200 多个国家和地区的数亿台各式计算机。连接到互联网的所有计算机用户均可进行网上冲浪、共享资料、交互信息等。网络互联改变了人类传统的交流方式和信息获取的途径，让全世界变成了地球村，大大提高了活动效率，对人类的发展具有重要意义。

（二）计算机的分类

计算机通常按不同的信息表示方式分为两大类，即模拟电子计算机和数字电子计算机。早期的计算机一般都是模拟电子计算机，这类计算机内部所使用的电信号模拟自然界的实际信号，因此被称为模拟电信号。数字电子计算机出现较晚，通过电信号的有无来表示二进制数中的 1 和 0，并使用算术运算和逻辑运算来进行计算。它具有运算速度快、精确度高、灵活性强和便于存储等优点，一经发明就迅速取代了模拟电子计算机，被广泛运用在科学计算、信息处理、实时控制和人工智能等领域。因此，我们现在所讲的计算机，一般都是指数字电子计算机。计算机的分类如图 1－5 所示。

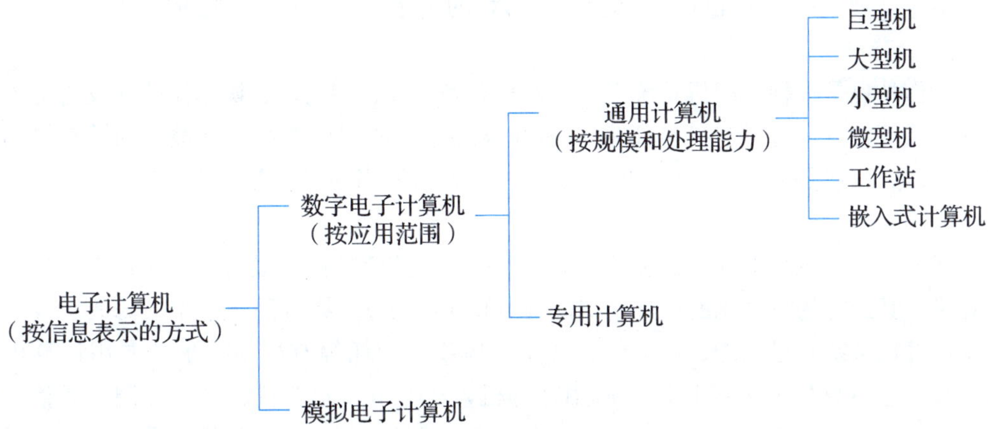

图 1－5　计算机的分类

数字电子计算机按应用范围划分为通用计算机和专用计算机。

专用计算机是为了解决一个或一类特定问题而设计的计算机。它的硬件和软件的配置依据解决特定问题的需要而专门设计，并不求全。专用计算机功能单一，配置有解决特定问题的固定程序，运行高效，稳定可靠。

而通用计算机具有功能多、配置全、用途广、通用性强等特点，我们通常所说的计算机指的是通用计算机。在通用计算机中，人们又按照计算机的运算速度、字长、存储容量、软件配置等多方面的综合性能指标将其分为巨型机、大型机、小型机、微型机、工作站和嵌入式计算机等。

1. 巨型机

巨型机通常是指运算速度每秒 5 000 万次以上，存储容量 1 000 万位以上，能进行复杂运算和处理的计算机。巨型机具有数据存储容量大、规模大、结构复杂和价格昂贵等特点，主要用于大型科学计算，是衡量一个国家科学实力的重要标志之一。

2. 大型机

大型机的特点是通用性强、具有很强的综合处理能力、性能覆盖面广等，主要应用在大型企业、银行系统、政府部门、社会管理机构和生产制造等领域。因此，大型机通常被称为“企业级”计算机。大型机的研制周期长，通常需要一个设计团队协同工作，设计与制造过程十分复杂，耗资巨大。

3. 小型机

小型机规模较小、结构简单，运算速度可达每秒百万次以上。这类计算机可靠性高，对运行环境要求较低、易于操作、便于维护，广泛适用于一般的科研与设计机构及普通高校等。

4. 微型机

微型机又称个人计算机、个人电脑，即 PC。微型机从出现至今，因其小巧轻便、使用方便、价格便宜等优点，应用范围迅速扩展，渗透到办公、家用、工业、农业、商业、服务业等社会的各个领域。PC 的出现使得计算机真正向民用化发展，成为大众身边的信息处理工具。而互联网的诞生，将 PC 的用途推向一个崭新的阶段。

5. 工作站

工作站也是一种微型机系统。工作站具有多任务、多用户、操作便捷和友善的人机交互界面等特点，可以连接多种输入/输出设备。它的应用领域已从最初的计算机辅助设计（CAD）扩展到生产生活的各个领域，并常常充当网络服务器的角色。

6. 嵌入式计算机

嵌入式计算机是把处理器和存储器以及接口电路直接嵌入设备中并执行专用功能的计算机，其运行的是固化的软件，即固件（Firmware），终端用户很难去修改固件。嵌入式计算机系统是对功能、可靠性、成本、体积、功耗等有严格要求的专用计算机系统，其在应用数量上远远超过了通用计算机，在家电、制造业、过程控制、通信、仪器、仪表、汽车、船舶、航空航天、军事装备以及消费类产品等领域均有着极其广泛的应用。

（三）计算机的应用

计算机发展至今，已经几乎和所有学科都结合在一起。通常我们可以把计算机的用途归纳为科学计算、数据处理、实时系统、计算机辅助、网络和通信、人工智能、数字娱乐、嵌入式系统等方面。

1. 科学计算

科学计算主要是使用计算机进行数学方法的实现和应用。今天的计算机计算能力十分强大，计算机的广泛使用推进了许多科学研究的进展，如 2002 年完成的著名的人类基因序列分析等。现在，科研工作者使用计算机测算人造卫星的轨道、进行气象预报等，如中国国家气象局使用计算机快速、及时地对气象卫星云图数据进行分析处理，完成天气预测报告。这些工作成果如果脱离了计算机的辅助，是根本不可能实现的。

2. 数据处理

数据处理的另一种说法是“信息处理”。随着计算机科学技术的发展，计算机的“数据”不再是“数”那么简单，而是出现了更多其他的数据形式，如文字、图像、声音、视频等。数据处理就是对这些数据进行输入、分类、加工、存储、合并、整理以及查询、统计、生成报表等。数据处理是目前计算机应用最多的一个领域，伴随而生的就是数据库技术。数据库技术在数据管理、决策支持等方面均有着至关重要的作用，它能够有效地提高决策者的管理水平，帮助进行科学决策。

3. 实时系统

实时系统是指能够及时收集、检测数据，进行快速处理并自动控制被处理对象进行实时操作的计算机系统。这个系统的核心是计算机能够控制整个处理过程，包含数据的输入和输出。现代工业生产的过程控制基本上都以计算机控制为主，传统的过程控制方法如比例控制、微分控制、积分控制等现在都可以通过计算机来实现。计算机实时控制不但意味着控制手段的改变，更重要的是大大提高了适应性，它可以通过参数设定、改变流程来实现不同的过程控制，有助于提高生产质量和生产效率。

4. 计算机辅助

计算机辅助是计算机应用的一个非常广泛的领域，几乎所有过去由人工进行的设计流程如今都可以让计算机辅助完成部分甚至全部工作。计算机辅助技术是以计算机为工具，辅助人在特定应用领域内完成任务的理论、方法和技术，主要包括计算机辅助设计（Computer Aided Design，CAD）、计算机辅助制造（Computer Aided Manufacturing，CAM）、计算机辅助教学（Computer Aided Instruction，CAI）、计算机辅助测试（Computer Aided Testing，CAT）等。

5. 网络和通信

互联网按照地理范围分类可分为局域网、城域网、广域网，它们彼此互联，构成了全球范围内巨大的计算机网络系统，可以实现网上冲浪、共享资料、交互信息等。计算机网络发展到今天，所涉及的技术种类繁多。

而计算机通信如今几乎是现代通信的代名词，如移动通信就是一种基于计算机技术的通信方式。

6. 人工智能

人工智能（Artificial Intelligence，AI）是研究、开发用于模拟、延伸和扩展人的智能的理论、方法、技术及应用系统的一门新的技术科学。人工智能是计算机科学的一个分支，它试图了解智能的实质，并生产出一种新的能以与人类智能相似的方式做出反应的智能机器。该领域的研究包括机器人、语言识别、图像识别、自然语言处理和专家系统等。

7. 数字娱乐

数字娱乐是指以动漫、卡通、网络游戏等基于数字技术的娱乐产品。随着计算机技术和互联网产业的蓬勃发展，数字娱乐开始出现在每个人的身边。数字娱乐涉及移动内容、互联网、游戏、动画、影音、数字出版和数字化教育培训等多个领域，数字娱乐产业以强力的发展支持了新经济。在新兴的文化产业价值链中，数字娱乐产业是创造性最强、对高科技的依存度最高、对日常生活渗透最直接、对相关产业带动最广、增长最快、发展潜力最大的部分。

8. 嵌入式系统

嵌入式系统由硬件和软件组成，是能够独立运作的器件。其软件内容只包括软件运行环境及其操作系统。硬件内容包括信号处理器、存储器、通信模块等在内的多方面的内容。相比于一般的计算机处理系统而言，嵌入式系统存在较大的差异性，它不能实现大容量的存储功能，因为没有与之相匹配的大容量介质，大部分采用的存储介质有EPROM、EEPROM 等，软件部分以 API 编程接口作为开发平台的核心。

三、计算机的发展趋势

计算机未来的发展趋势主要有巨型化、微型化、网络化、智能化四个方面。

（一）巨型化

巨型化是指计算机具有极高的运算速度、大容量的存储空间以及更加强大和完善的功能，主要用于航空航天、军事、气象、人工智能、生物工程等学科领域。

（二）微型化

微型化是大规模及超大规模集成电路发展的必然。自第一块微处理器芯片问世以来，计算机产业的发展速度与日俱增。计算机芯片的集成度每 18 个月翻一番，而价格则减一半，这就是信息技术发展中功能与价格比的摩尔定律。随着计算机芯片的集成度越来越高，其所能够完成的功能也越来越强。因此，计算机微型化的进程和普及率将会越来越快。

（三）网络化

网络化是计算机技术和通信技术紧密结合的产物。尤其自 20 世纪 90 年代以来，随着互联网的飞速发展，计算机网络已广泛应用于政府、学校、企业、科研、家庭等领域，越来越多的人接触并了解到计算机网络的概念。计算机网络将不同地理位置上具有独立功能的不同计算机通过通信设备和传输介质互联起来，在通信软件的支持下，实现网络中的计算机之间共享资源、交换信息、协同工作。计算机网络的发展水平已成为衡量国家现代化程度的重要指标，在社会经济发展中发挥着极其重要的作用。

（四）智能化

智能化是指让计算机能够模拟人类的智力活动，如学习、感知、理解、判断、推理等能力。智能化计算机具备理解自然语言、声音、文字和图像的能力，具有说话的能力，使人机能够用自然语言直接对话。它可以利用已有的和不断学习到的知识，进行思维、联想、推理，并得出结论，能解决复杂问题，具有汇集记忆、检索有关知识的能力。

说一说：你预测的下一代计算机有什么特别的功能？

第 2 节　计算机系统组成

一、计算机硬件系统

所谓计算机硬件，是指组成计算机的各种物理设备，也就是看得见、摸得着的实际物理设备，包括计算机的主机和外部设备。自第一台通用计算机——电子数字积分计算机（ENIAC）发明以来，计算机系统的技术已经得到了很大的发展，但计算机硬件系统的基本结构没有发生变化，仍然属于冯·诺依曼体系计算机，由运算器、控制器、存储器、输入设备和输出设备五部分组成。这五大部分相互配合，协同工作。其工作原理简单描述为：(1) 由输入设备接受外界信息（程序和数据），控制器发出指令将数据送入（内）存储器；(2) 控制器向存储器发出取指令命令，在取指令命令下，程序指令逐条送入控制器；(3) 控制器对指令进行译码，并根据指令的操作要求，向存储器和运算器发出存数、取数和运算命令，经过运算器计算并把计算结果存在存储器内；(4) 在控制器发出的取数和输出命令的作用下，存储器通过输出设备输出计算结果。计算机系统中所使用的电子线路和物理设备是看得见、摸得着的实体，如中央处理器（CPU）、存储器、外部设备（输入/输出设备，即 I/O 设备）及总线等，如图 1-6 所示。

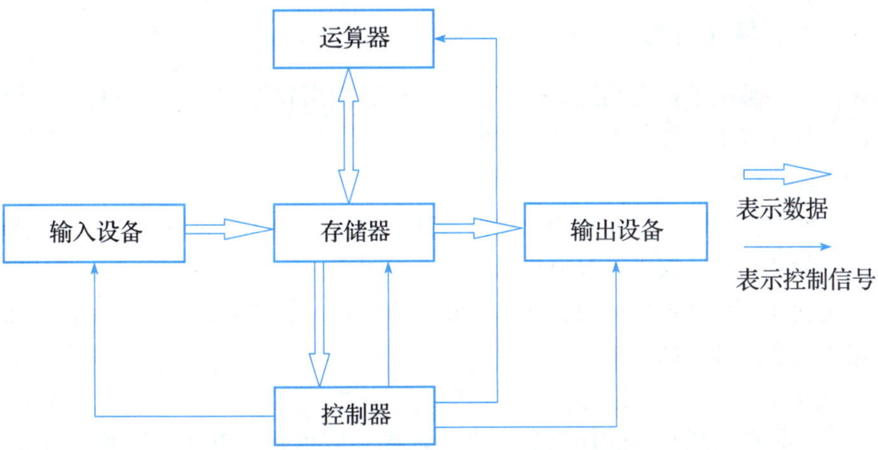

图 1-6　计算机硬件系统的工作原理

(一) 运算器

计算机硬件中的运算器（ALU）的主要功能是对数据和信息进行运算和加工。运算器包括以下几个部分：通用寄存器、状态寄存器、累加器和关键的算术逻辑单元。运算器可以进行算术计算（加、减、乘、除）和逻辑运算（与或非）。

(二) 控制器

控制器（CU）和运算器（ALU）共同组成了中央处理器（CPU）。控制器可以看作计算机的大脑和指挥中心，它通过整合分析相关的数据和信息，可以让计算机的各个组成部分有序地完成指令。

（三）存储器

顾名思义，存储器（Memory）就是计算机的记忆系统，是计算机系统中的数据仓库。存储器不仅可以保存信息，还能读取信息。存储器由主存和辅存组成：主存就是通常所说的内存，分为随机存储器（RAM）和只读存储器（ROM）两个部分；辅存即外存，如硬盘、软盘、光盘、U 盘等。计算机在处理外存的信息时，必须首先经过内外存之间的信息交换才能进行。

（四）输入设备

输入设备（Input）和输出设备（Output）都是进行人机交互的关键设备。鼠标、键盘等输入设备的出现，给计算机带来了翻天覆地的变化。通过鼠标，我们可以很方便地在计算机屏幕上进行坐标定位，方便操作运用图形界面的各类软件，能大大提高工作效率。键盘也是非常重要的输入设备，人类对计算机发出的大部分指令都是通过键盘来输入的。键盘、鼠标、摄像头、扫描仪、光笔、手写输入板、游戏杆、语音输入装置等都属于输入设备。

（五）输出设备

输出设备可以将计算机处理过的信息以图像等各种形式展现出来，直观可见，能更好地实现人机交互。常见的输出设备有显示器、打印机、绘图仪、影像输出系统、语音输出系统、磁记录设备等。

二、计算机软件系统

计算机软件系统是指由系统软件、支撑软件、应用软件和分布式软件系统组成的软件系统，它是计算机系统中由软件组成的部分。

（一）系统软件

系统软件是指担负控制和协调计算机及其外部设备、支持应用软件的开发和运行的一类计算机软件。系统软件一般包括操作系统、语言处理程序、数据库系统和网络管理系统。系统软件使得计算机使用者和其他软件可以将计算机当作是一个整体，而不需要顾及到底层每个硬件是如何工作的。

（二）支撑软件

支撑软件是在系统软件和应用软件之间，提供应用软件设计、开发、测试、评估、运行检测等辅助功能的软件，有时以中间件的形式存在。

（三）应用软件

应用软件是和系统软件相对应的，是用户可以使用的各种程序设计语言，以及用各种程序设计语言编制的应用程序的集合，分为应用软件包和用户程序。应用软件包是利用计算机解决某类问题而设计的程序的集合，一般供用户使用。用户程序是为满足用户不同领域、不同问题的应用需求而提供的软件，它可以拓宽计算机系统的应用领域，放大硬件的功能。

应用软件是直接面向用户需要而设计的，它们可以直接帮助用户提高工作质量和效率，甚至可以帮助用户解决某些难题。应用软件一般分为两类：一类是为特定需要开发的实用型软件，如会计核算软件、订货系统、工程预算软件和教育辅助软件等；另一类是为了方便用户使用计算机而提供的一种工具软件，如用于文字处理的 Word、用于辅助设计的 AutoCAD 及用于系统维护的火绒安全软件等。

(四) 分布式软件系统

分布式软件系统（Distributed Software Systems）是支持分布式处理的软件系统，是在由通信网络互联的多处理机体系结构上执行任务的系统。它包括分布式操作系统、分布式程序设计语言、分布式文件系统和分布式数据库系统等。

分布式操作系统负责管理分布式系统资源和控制分布式程序运行。它和集中式操作系统的区别在于资源管理、进程通信和系统结构等方面。

分布式程序设计语言用于编写运行于分布式计算机系统上的分布式程序。一个分布式程序由若干个可以独立执行的程序模块组成，它们分布于一个分布式处理系统的多台计算机上，可被同时执行。它与集中式程序设计语言相比有三个特点：分布性、通信性和可靠性。

分布式文件系统具有执行远程文件存取的能力，并以透明方式对分布在网络上的文件进行管理和存取。

分布式数据库系统由分布于多个计算机节点上的若干个数据库系统组成，它提供有效的存取手段来操纵这些节点上的子数据库。分布式数据库在使用上可视为一个完整的数据库，而实际上它分布在地理分散的各个节点上。当然，分布在各个节点上的子数据库在逻辑上是相关的。

第 3 节　计算机的信息表示

一、常用数制

数制是指数的制式，是人们利用符号计数的一种科学方法。在计算机中，常用的数制有十进制、二进制、八进制和十六进制等。

微课

常用数制的转换

(一) 十进制

十进制是我们经常用到的进位数制，它包括 0、1、2、3、4、5、6、7、8、9 共十个数字符号。这十个数字符号又称为“数码”，每个数码在数中最多可有两个值的概念：一是数字符号的数值，二是该数字符号的权。

例如：十进制数 34 中的数码 3，其本身的值为 3，它的权为 10^1，所以它实际代表的值是 30。在数学上，数制中数码的个数定义为基数，故十进制的基数为 10。

任何一个十进制数都可以展开成幂级数形式，例如：

423.76＝4 * 10^2＋2 * 10^1＋3 * 10^0＋7 * 10^－1＋6 * 10^－2

(二) 二进制

二进制总共有 0 和 1 两个数码，任何二进制数都由这两个数码组成。

二进制数的基数为 2，做加法时，遵循逢 2 进 1 的进位原则。

二进制数可以展开成幂级数形式，例如：

10110.11=1*2^4+0*2^3+1*2^2+1*2^1+0*2^0+1*2^-1+1*2^-2

其中，指数 2^4、2^3、2^2、2^1、2^0、2^-1、2^-2 为权，2 为基数，其余和十进制数相同。

（三）十六进制

十六进制有 0、1、2、3、4、5、6、7、8、9、A、B、C、D、E、F 共 16 个数码，任何一个十六进制数都是由其中的一些或全部数码构成。

十六进制数的基数为 16，进位计数为逢 16 进 1。

十六进制数可以展开成幂级数形式，例如：

63F.B1H=6*16^2+3*16^1+F*16^0+B*16^-1+1*16^-2

为了区分不同的数制，通常在被标记数后加上大写字母 B、D、H 用来表示二进制、十进制和十六进制。其中，十进制的 D 可以省略。

二、二进制编码与运算

微课

二进制运算

冯·诺依曼体系的理论要点之一是，数字计算机的数制采用二进制。其主要原因是：两个状态的系统容易实现，运算法则简单，可进行逻辑运算。二进制运算分为算术运算与逻辑运算两类：算术运算包括加、减、乘、除运算，逻辑运算包括逻辑乘、逻辑加、逻辑非、逻辑异或等。

（一）算术运算

1. 加法运算

二进制的加法法则是：

0 + 0 = 0

1 + 0 = 0 + 1 = 1

1 + 1 = 0（向邻近高位进位）

1 + 1 + 1 = 1（向邻近高位进位）

2. 减法运算

二进制的减法法则是：

0 − 0 = 0

1 − 1 = 0

1 − 0 = 1

0 − 1 = 1（向邻近高位借 1 当作 2）

两个二进制数相减时，要先判断它们的大小，把大数作为被减数，小数作为减数，差的符号由两数关系决定。

在减法过程中要注意低位向高位借的 1 应当作 2。

3. 乘法运算

二进制乘法法则是：

0 * 0 = 0

1 * 0 = 0 * 1 = 0

1 * 1 = 1

两个二进制数相乘与两个十进制数相乘类似，可以用乘数的每一位分别去乘以被乘数，所得结果的最低位与相应乘数位对齐，最后把所有结果加起来，便得到积。

举例说明：两个四位的二进制数 1101B 和 1001B 相乘，其解法为：

```
被乘数          1101B
乘数           ×1001B
————————————————————
                1101
               0000
              0000
             1101
————————————————————
乘积         1110101B
```

在计算机中，普遍采用部分积左移和部分积右移的方法。前者从乘法最低位向高位逐位进行，后者从乘法最高位向低位进行，其本质异曲同工。

部分积右移法采用边相乘边相加的方法，每次加被乘数或 0 时总要先使部分积右移，而被乘数的位置可保持不变。

4. 除法运算

除法是乘法的逆运算，二进制除法也是从被除数的最高位开始，查找出够减除数的位数，并在其最低位处上商 1 和完成它对除数的减法运算，然后把被除数的下一位移到余数位置上；若余数不够减除数，则上商 0，并把被除数的再下一位移到余数位置上；若余数够减除数，则上商 1 并进行余数减除数。这样重复进行，直到全部被除数的各位都下移到余数位置上为止。

（二）逻辑运算

逻辑运算由专门的逻辑电路完成。

1. 逻辑乘运算

逻辑乘又称逻辑与，常用运算符 ∧ 表示。逻辑乘的运算法则为：

$0 \wedge 0 = 0$

$1 \wedge 0 = 0 \wedge 1 = 0$

$1 \wedge 1 = 1$

2. 逻辑加运算

逻辑加又称逻辑或，常用运算符 v 表示。逻辑加的运算法则为：

$0 \vee 0 = 0$

$1 \vee 0 = 0 \vee 1 = 1$

$1 \vee 1 = 1$

3. 逻辑非运算

非 0 = 1

非 1 = 0

4. 逻辑异或运算

逻辑异或又称为半加，是不考虑进位的加法，常采用运算符⊕表示。逻辑异或的运算法则为：

$0 \oplus 0 = 1 \oplus 1 = 0$

$1 \oplus 0 = 0 \oplus 1 = 1$

异或运算可用于把某数的若干位取反。异或运算还可用于乘除法运算中的符号位处理。

三、字符编码

（一）什么是编码

编码是信息从一种形式转换为另一种形式的过程规范，简单来讲就是语言的翻译标准和依据。我们都知道计算机使用的是机器语言即二进制码，而绝大多数人根本无法阅读二进制码，为了能够让人类理解计算机的输出结果，同时让计算机理解人类的输入指令，就需要通过编码在机器语言和自然语言之间实现互相转换，例如二进制码和汉语、英语、法语、俄语的互相转换等，此时，编码的作用就显得尤为重要。可以说，从计算机诞生之日起，编码规范的调整就一直伴随着整个计算机的发展史。

（二）常用编码

1. ASCII

美国信息交换标准代码（American Standard Code for Information Interchange，ASCII）是基于拉丁字母的一套计算机编码系统。它主要用于显示现代英语，而其扩展版本 EASCII 则可以部分支持其他西欧语言，并等同于国际标准《信息技术——信息交换用 ISO7 位编码字符集》（ISO/IEC 646）。ASCII 编码由 1 个字节即 8 个比特位来标识字符编码表映射关系，如果按字节来算最多支持 256 个字符映射，但是由于最高位始终为 0，因此支持的字符实际上变少了。ASCII 编码表如图 1 - 7 所示。

从图中可以看到：如果使用 ASCII 码表，将二进制高四位（0100）、低四位（0001）对应 ASCII 码表就得到了 A 字符；如果要得到 I LOVE Y，计算机只需要得到二级制 01001001（I）、00100000（空格）、01001100（L）、01001111（O）、01010110（V）、01000101（E）、00100000（空格）、01011001（Y）。ASCII 码所对应的所有字符

高四位		ASCII码控制字符												ASCII码打印字符												
		0000						0001						0010		0011		0100		0101		0110		0111		
		0						1						2		3		4		5		6		7		
低四位		十进制	字符	Ctrl	代码	转义字符	字符解释	十进制	字符	Ctrl	代码	转义字符	字符解释	十进制	字符	十进制	字符	十进制	字符	十进制	字符	十进制	字符	十进制	字符	Ctrl
0000	0	0		^@	NUL	\0	空字符	16	►	^P	DLE		数据链路转义	32		48	0	64	@	80	P	96	`	112	p	
0001	1	1	☺	^A	SOH		标题开始	17	◄	^Q	DC1		设备控制1	33	!	29	1	65	A	81	Q	97	a	113	q	
0010	2	2	☻	^B	STX		正文开始	18	↕	^R	DC2		设备控制2	34	"	50	2	66	B	82	R	98	b	114	r	
0011	3	3	♥	^C	ETX		正文结束	19	‼	^S	DC3		设备控制3	35	#	51	3	67	C	83	S	99	c	115	s	
0100	4	4	♦	^D	EOT		传输结束	20	¶	^T	DC4		设备控制4	36	$	52	4	68	D	84	T	100	d	116	t	
0101	5	5	♣	^E	ENQ		查询	21	§	^U	NAK		否定应答	37	%	53	5	69	E	85	U	101	e	117	u	
0110	6	6	♠	^F	ACK		肯定应答	22	▬	^V	SYN		同步空闲	38	&	54	6	70	F	86	V	102	f	118	v	
0111	7	7	•	^G	BEL	\a	响铃	23	↨	^W	ETB		传输块结束	39		55	7	71	G	87	W	103	g	119	w	
1000	8	8	◘	^H	BS	\b	退格	24	↑	^X	CAN		取消	40	(	56	8	72	H	88	X	104	h	120	x	
1001	9	9	○	^I	HT	\t	横向制表	25	↓	^Y	EM		介质结束	41	)	57	9	73	I	89	Y	105	i	121	y	
1010	A	10	◙	^J	LF	\n	换行	26	→	^Z	SUB		替代	42	*	58	:	74	J	90	Z	106	j	122	z	
1011	B	11	♂	^K	\T	\v	纵向制表	27	←	^[	ESC	\c	溢出	43	+	59	;	75	K	91	[	107	k	123	{	
1100	C	12	♀	^L	FF	\f	换页	28	∟	^\	FS		文件分隔符	44	,	60	<	76	L	92	\	108	l	124	|	
1101	D	13	♪	^M	CR	\r	回车	29	↔	^]	GS		组分隔符	45	-	61	=	77	M	93	]	109	m	125	}	
1110	E	14	♫	^N	SOH		移出	30	▲	^^	RS		记录分隔符	46	.	62	>	78	N	94	^	110	n	126	~	
1111	F	15	☼	^O	SI		移入	31	▼	^.	US		单元分隔符	47	/	63	?	79	O	95	_	111	o	127	⌂	^Backspace 代码：DEL

注：表中的ASCII码字符可以用“Alt +小键盘上的数字键”方法输入。

图 1－7　ASCII 编码表

高四位首位都为 0，所以 ASCII 码成功地用 7 个比特位就完成了计算机语言转换为自然语言（人类语言）的壮举，这看起来似乎令人振奋，但是当其他国家的语言（如汉语、日语和阿拉伯语）需要用计算机显示的时候，就完全无法使用 ASCII 码如此少量的编码映射方式。

2. Unicode

当发现 ASCII 编码明显不够用后，美国国家标准学会又出台了几套国际标准化组织（International Organization for Standard，ISO）的编码规范来兼容中欧等国家的语言，但是兼容性还是有不少问题。最终美国加利福尼亚州的 Unicode 组织发明了 Unicode 编码（万国码、单一码）。最早 Unicode 也是通过最高 16 位 2 字节来进行映射的，经过几番修改后，Unicode 最终可以以最长 32 位 4 字节的空间来映射最多 2^{31} 个字符。Unicode 固然统一了编码方式，但是它的效率不高，比如 UCS-4 规定用 4 个字节存储一个字符，那么每个英文字母前都必然有三个字节是 0，这对存储和传输来说都很浪费资源。

3. UTF-8

UTF-8（8 位元，Universal Character Set/Unicode Transformation Format）是针对 Unicode 的一种可变长度字符编码。它可以用来表示 Unicode 标准中的任何字符，而且其编码中的第一个字节仍与 ASCII 相容，使得原来处理 ASCII 字符的软件无须或只进行少部分修改后，便可继续使用。因此，它逐渐成为电子邮件、网页及其他存储或传送文字的应用中优先采用的编码。

UTF-8 使用 1～4 字节为每个字符编码：

（1）一个 US-ASCII 字符只需要 1 字节编码（Unicode 范围为 U+0000～U+007F）。

（2）带有变音符号的拉丁文、希腊文、西里尔字母、亚美尼亚语、希伯来文、阿拉伯文、叙利亚文等字母则需要 2 字节编码（Unicode 范围为 U+0080～U+07FF）。

（3）其他语言的字符（包括中日韩文字、东南亚文字、中东文字等）包含了大部分常用字，使用 3 字节编码。

（4）其他极少使用的语言字符使用 4 字节编码。

UTF-8 编码规则：

如果只有一个字节，则其最高二进制位为 0；如果是多字节，则其第一个字节从最高位开始，连续的二进制位值为 1 的个数决定了其编码的字节数，其余各字节均以 10 开头。

Unicode 和 UTF-8 之间的转换关系如图 1－8 所示。

Unicode和UTF-8之间的转换关系表（x字符表示码点占据的位）

码点的位数	码点起值	码点终值	字节序列	Byte 1	Byte 2	Byte 3	Byte 4	Byte 5	Byte 6
7	U+0000	U+007F	1	0xxxxxxx					
11	U+0080	U+07FF	2	110xxxxx	10xxxxxx				
16	U+0800	U+FFFF	3	1110xxxx	10xxxxxx	10xxxxxx			
21	U+10000	U+1FFFFF	4	11110xxx	10xxxxxx	10xxxxxx	10xxxxxx		
26	U+200000	U+3FFFFFF	5	111110xx	10xxxxxx	10xxxxxx	10xxxxxx	10xxxxxx	
31	U+4000000	U+7FFFFFFF	6	1111110x	10xxxxxx	10xxxxxx	10xxxxxx	10xxxxxx	10xxxxxx

图 1－8　Unicode 和 UTF-8 之间的转换关系

四、汉字编码

（一）GB 2312

1974 年 8 月，中国开始了“748 工程”，其中包括用计算机来处理中文汉字，并展开了相关各项的研究工作，直到 1980 年公布了汉字编码的国家标准《信息交换用汉字编码字符集》（GB 2312—80）。

GB 2312 标准共收录了 6 763 个汉字，其中一级汉字 3 755 个，二级汉字 3 008 个；同时收录了包括拉丁字母、希腊字母、日文平假名及片假名字母、俄语在内的 682 个字符。

看上去 GB 2312 已经考虑得很全面了，一个 GB 2312 汉字占 2 个字节，但是 6 763 个汉字对于计算机来说仍然是不够用的。

（二）GBK

由于 GB 2312 的局限性，GBK 在保证不和 GB 2312、ASCII 冲突（即兼容 GB 2312 和 ASCII）的前提下应运而生了。GBK 在沿用 GB 2312 每个汉字占 2 个字节的方式下，又增加了许多汉字，使可编码汉字达到 20 902 个，另外含有 984 个汉语标点符号、部首等。值得注意的是，这 20 902 个汉字中还包含繁体字。

（三）GB 18030

GB 18030 全称《信息技术　中文编码字符集》，共收录 7 万多个汉字和字符，它在 GBK 的基础上增加了中、日、韩语中的汉字和少数民族的文字及字符，完全兼容 GB 2312，基本兼容 GBK。GB 18030 发布过两个版本：第一版于 2000 年发布，称为 GB 18030—2000；第二版于 2005 年发布，称为 GB 18030—2005。

与 GBK 不同的是，GB 18030 是变长多字节字符集，每个字或字符可以由 1 个、2

个或 4 个字节组成，所以它的编码空间是很大的，最多可以容纳 161 万个字符。

GB 18030 在其标准中以码表形式定义了除代理以外的全部 Unicode 码位的定义，因此算得上是一种 Unicode 的变换格式（UTF）。由于 GB 18030 基本上是绕开已分配的码点去指定需要对应的 Unicode，因此其变换和 UTF-8 相比要复杂得多。在日常实现上，用户常常会直接使用一个偏移量表。

算一算： 请同学们把自己的出生年份转换成二进制数。

第 4 节　Windows 10 操作系统基础

一、Windows 10 基本操作

微软公司于 2014 年 10 月 1 日启动了 Windows 10 预览版测试计划，通过全球几百万会员的测试和反馈来改进 Windows 的界面和功能，并于 2015 年 7 月 29 日发布了 Windows 10 的第一个正式版 10240，2015 年 11 月推送了更加稳定的 TH2 1511 版本，面向符合要求的 Windows 7 和 Windows 8.1 用户在一年内免费升级。微软公司还在 Windows 10 中启用了新的激活机制，把 Windows 10 作为一项服务面向用户，用户一旦升级到了 Windows 10，就拥有了这台设备的永久激活数字权利，可以在任何时候全新安装、自动激活。

Windows 10 操作系统的流行版本及其主要功能有：

（1）家庭版（Home）。家庭版面向使用个人计算机、平板电脑和二合一设备的个人用户。

（2）专业版（Professional）。专业版面向使用个人计算机、平板电脑和二合一设备的企业用户。除具有 Windows 10 家庭版的功能外，它还支持用户管理设备和应用，保护敏感的企业数据，支持远程和移动办公，使用云计算技术。

（3）企业版（Enterprise）。企业版以专业版为基础，增添了大中型企业用来防范针对设备、身份、应用和敏感企业信息的现代安全威胁的先进功能，供微软公司的批量许可（Volume Licensing）客户使用。

除上述 3 种版本以外，Windows 10 操作系统还有教育版、移动版、企业移动版、物联版等行业细分领域的版本，这些版本都有各自的特点。本教材将以家庭版为主介绍 Windows 10 操作系统的基本使用方法。

（一）Windows 10 运行环境

运行 Windows 10 操作系统的最低硬件环境配置如下：

（1）中央处理器（CPU）：主频 1GHz 以上。

（2）物理内存：1GB（32 位）或 2GB（64 位）以上。

（3）硬盘空间：16GB（32 位）或 20GB（64 位）以上可用空间。

（4）显示器：支持 DirectX 9.0 或更高版本的显卡，分辨率须达到 1 024px×600px。

如果增加多媒体功能，Windows 10 操作系统则需要配置相应的音频和视频设备。

（二）Windows 10 的启动和关闭

1. 启动

对一台成功安装了 Windows 10 操作系统的计算机通电，即可自动启动 Windows 10 操作系统并进入 Windows 10 操作系统界面，如图 1-9 所示。

图 1-9　Windows 10 操作系统界面

整个屏幕画面称为“桌面”。桌面上的每一个图标通常表示一个应用程序或一个文件夹。双击图标，就可以运行相应的应用程序或打开相应的文件夹。Windows 10 的桌面由桌面背景、桌面图标、“开始”按钮和屏幕最下面的任务栏等组成，桌面就是工作区。用户在计算机上做的每一件事情都显示在被称为“窗口”的框架中。

2. 关闭

关闭 Windows 10 相当于关闭计算机。单击桌面左下角的“开始”按钮，在弹出的“开始”菜单中单击“关机”按钮（如图 1-10 所示），计算机就会先关闭所有打开的应用程序，再关闭 Windows 10，最后关闭计算机。

选择“重启”按钮，系统将结束当前的所有任务，关闭 Windows 10，然后自动重新启动系统。用户如果较长时间不使用计算机，同时又希望系统保持当前的任务状态，则应选择“睡眠”命令。此时，系统将内存中所有内容保存到硬盘，关闭监视器和硬盘，然后关闭 Windows 10 和电源。当重新启动计算机时，计算机将从硬盘上恢复“睡眠”前的任务内容，使计算机从“睡眠”状态恢复要比从待机状态恢复所花的时间长。

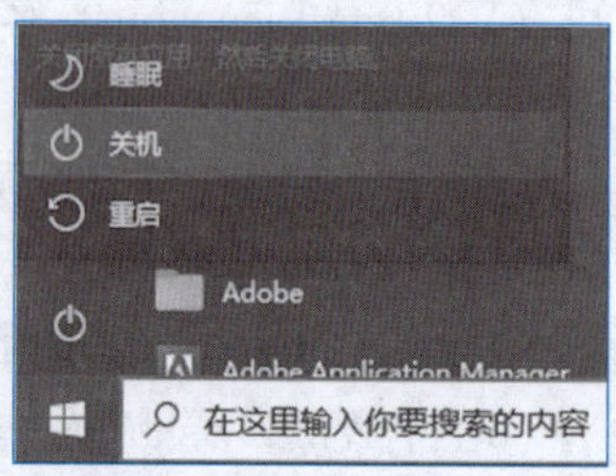

图 1-10　关机界面

（三）鼠标操作

一般情况下，对 Windows 10 的操作既可以使用鼠标，也可以使用键盘，但有些操作只能使用鼠标。由于鼠标一般为双按钮加滚轮款式，因此在必要时还会经常辅以键盘操作。与鼠标操作相关的术语描述见表 1－1。

表 1－1　鼠标操作

操作	术语	含义
单击左键	单击	快速按下并释放鼠标左键
单击右键	右击	快速按下并释放鼠标右键
双击左键	双击	连续两次快速单击鼠标左键
拖动	拖拽	按住鼠标左键移动鼠标
	鼠标指针	呈现在屏幕上且可以随鼠标移动而移动的图形符号

（四）图标和窗口操作

1. 图标操作

将鼠标指针指向一个位于桌面上的图标，如图 1－11 所示。单击该图标即选定该图标；双击该图标则可启动并执行该图标所代表的应用程序或打开一个文件夹窗口；右击该图标则会弹出快捷菜单，移动鼠标指针至菜单中的某个选项并单击，则可对该图标本身进行相应的操作。总结如下：单击选中，双击运行或打开，右击弹出快捷菜单。

图 1－11　桌面图标

2. 任务栏与驻留任务指示器的使用

由用户启动并执行的应用程序的名称及其所操作的文件名称，以按钮的形式出现在任务栏内。此时称这个正在执行的应用程序为一个“任务”。若任务按钮呈凹陷形状，则表示相应的应用程序处在前台；若任务按钮呈隆起形状，则表示相应的应用程序处在后台。

驻留任务指示器是以小图标的形式显示在任务栏的右侧，表示在操作系统启动时连带启动的各种常驻后台的应用程序任务。当鼠标指针指向驻留任务指示器的某个图标时，鼠标指针的上方会出现一个该图标所对应的应用程序名称的提示，如图 1－12 所示。

图 1－12　任务栏与驻留任务指示器

3. 窗口操作

在 Windows 10 操作系统内执行的应用程序都具有类似的窗口结构。Windows 10 操作系统的窗口结构有 3 种类型：程序窗口、文件夹窗口和对话框窗口。

（1）程序窗口：一个正在执行的应用程序面向用户的操作平台。用户可通过程序窗口对相应的应用程序实施各种可能的操作。

（2）文件夹窗口：某个文件夹面向用户的操作平台。用户可通过文件夹窗口对相应的文件夹的内容实施各种可能的操作。文件夹窗口如图 1－13 所示。

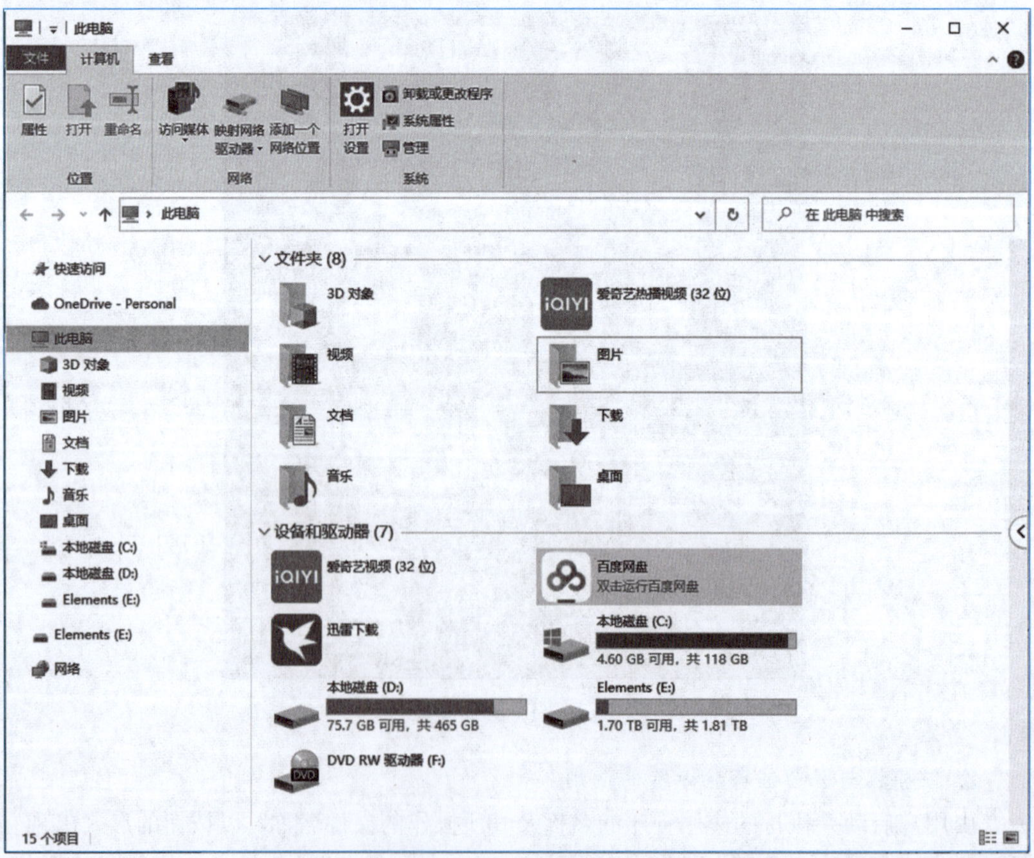

图 1－13　文件夹窗口

（3）对话框窗口：操作系统或应用程序打开的、与用户进行信息交换的子窗口。对话框通常用于向用户提示某些操作所需的具体选择或信息，也可以用于显示软件执行中各种状态的附加说明、警告、提示等必要的信息。

以文件夹窗口为例：

（1）控制按钮：控制按钮位于窗口的左上角。

（2）标题栏：标题栏位于窗口的上方。

（3）3个快捷按钮：3个快捷按钮位于窗口的右上角，自左向右排列的3个按钮分别是“最小化”按钮、“最大化/向下还原”按钮和“关闭”按钮。

（4）快速访问工具栏：快速访问工具栏位于标题栏的左侧，集成了多个常用的功能按钮，用户可以根据需要通过工具栏右侧的“∨”按钮添加和更改。

（5）选项卡：选项卡用于针对不同操作的选项设置。

（6）功能区：功能区显示的是不同选项卡中包含的操作命令组。

（7）工作区：工作区通常是窗口中部面积最大的一块具有同一背景的操作区域。

（8）滚动条：滚动条由两个方向相反的滚动按钮、一个滚动块（也称滑块）和一个滚动框组成。

（9）帮助按钮：单击帮助按钮可以打开该应用程序的帮助和支持信息。

（五）菜单操作

1. 菜单类型

Windows 10操作系统的菜单主要以快捷菜单和下拉菜单呈现。

（1）快捷菜单。快捷菜单通常不隶属于某个具体的应用程序而独立存在。快捷菜单一般是在已启动的应用程序内单击或右击某个按钮而弹出的。

（2）下拉菜单。如果在一个功能按钮的旁边出现“∨”按钮，则单击该按钮就会弹出下拉菜单，菜单中显示该功能中所有可以实现的操作选项，如图1-14所示。

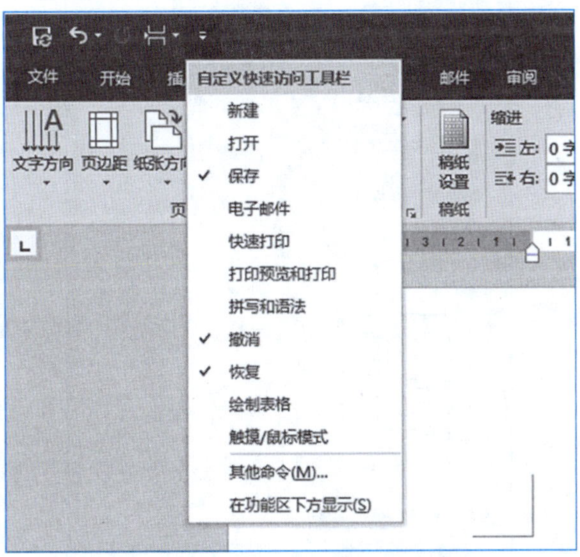

图1-14 下拉菜单

2. 菜单显示约定

Windows 10 操作系统的菜单项在显示时会呈现下述几种状况：

（1）菜单项名为黑色字，意为本项为可操作的命令。

（2）菜单项名为浅灰色字，意为本项当前为不可操作的命令。

（3）菜单项名后接“...”符号，意为执行本项操作后会弹出一个对话框并需要用户输入更详细的信息。

（4）菜单项名后接“∨”符号，意为本菜单项有下一级菜单。

（5）菜单项名后接（×）及组合键值，意为可使用 Alt 键与括号内的字母组合键或直接键入组合键值来实现该菜单项快捷键盘操作。

（6）菜单项名前有“√”符号，意为该菜单项所代表的状态已生效。

3. 菜单操作方法

单击（右击）功能按钮或单击功能按钮旁的“∨”按钮，可以弹出快捷菜单或下拉菜单，显示集合在该菜单内所有的菜单项，然后移动鼠标指针至需要的操作选项并单击，就可以完成相应的功能操作。若某菜单项有下一级菜单，则在其右侧会显示一个“∨”符号。当鼠标指针指向该菜单项时便会自动打开其下一级菜单，其后的各级菜单都可以类推。

（六）对话框操作

由于对话框多用于执行中的应用程序与用户的交互，因而对话框的组成成分较多。以“页面设置”对话框为例，说明对话框常用的组成成分，如图 1－15 所示。

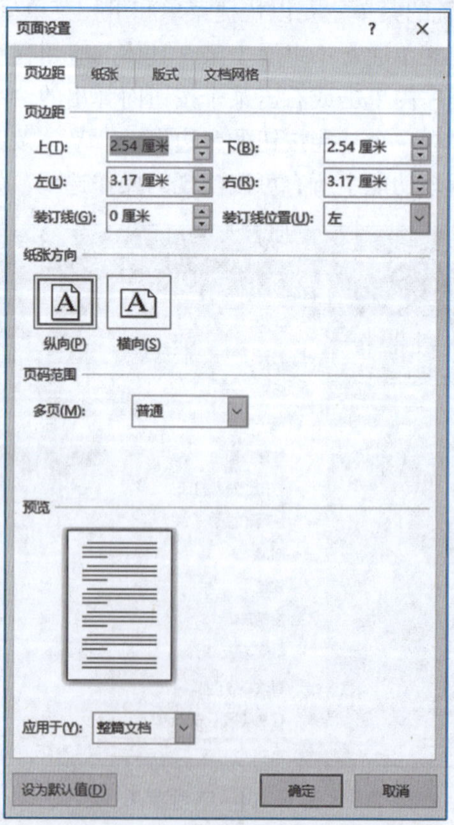

图 1－15 “页面设置”对话框

（1）命令按钮：用于对交互信息的选择、确认、取消等操作。

（2）选择按钮：通常以两个以上的选项按钮聚合为一组，操作时只能选择其中一个。

（3）列表框：单击列表框右侧的“∨”按钮，会出现垂直滚动条，用户可查看置于列表框内的全部项目内容，并可单击选定。

（4）文本框：用于人机之间的文字、数字信息交互。单击文本框会在该框内出现光标，等待用户输入信息。

（5）复选框：供用户对多个信息状态进行复选操作的一种安排。操作时，用户只要单击所需要的复选框即可。

（七）使用中文输入法

输入汉字的前提是必须配置中文输入法。Windows 10 中文版操作系统默认提供了“微软拼音”中文输入法。

（八）桌面设置

1. 桌面布置

（1）桌面背景设置。Windows 10 操作系统的桌面主要由背景（墙纸）、图标和任务栏三大部分组成。设置方法如下：

①右击桌面空白处，在弹出的快捷菜单中单击“个性化”选项，打开“设置”对话框，如图 1 - 16 所示。

②单击左侧“背景”选项，在右侧的“背景”下拉菜单中根据需要选择“图片”“纯色”或“幻灯片放映”，则桌面背景就会相应改变，下拉菜单上部的窗口相应显示更改后的背景预览效果。

③关闭对话框窗口，完成桌面背景设置。

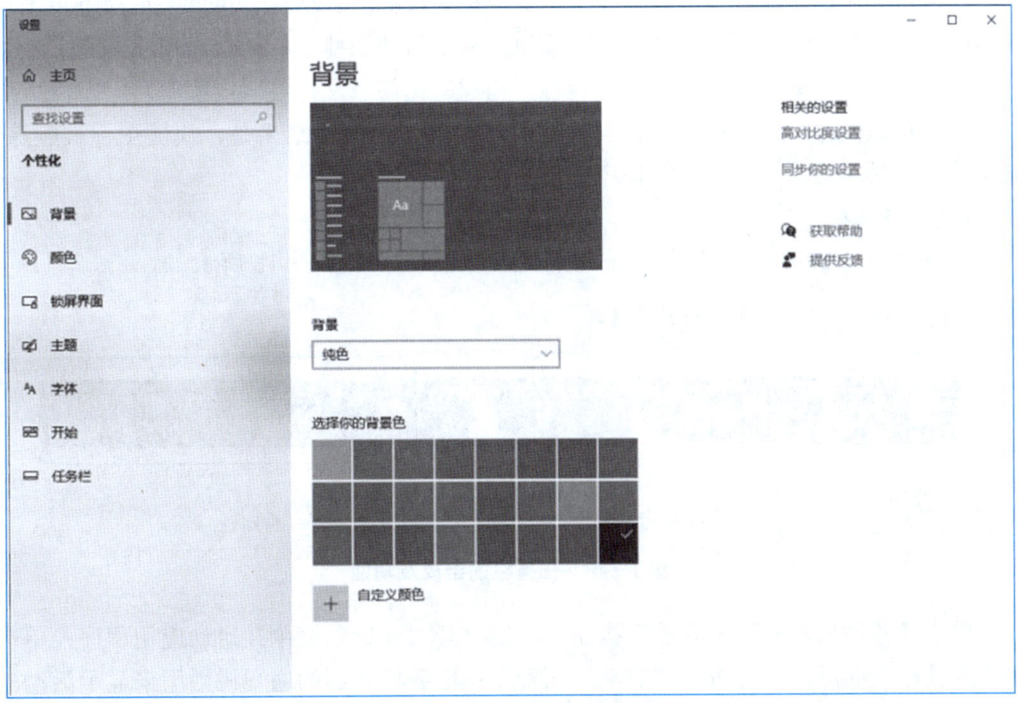

图 1 - 16　“设置”对话框

(2) 图标。图标的类型分为系统图标和快捷图标两种。系统图标是 Windows 10 操作系统安装成功之后便永久固化在桌面上的，只能修改而不能删除。快捷图标是由用户根据需要作为一个应用程序的代表放置在桌面上的，可以修改和删除。快捷图标与系统图标最直观的区别是在快捷图标的左下角存在一个快捷方式符号。

分布在桌面上的图标可以按照用户的需要随意排列。一般排列操作如下：

①右击桌面背景无图标处，系统会弹出快捷菜单。

②移动鼠标指针至“排序方式”项，弹出下一级菜单，移动鼠标指针至需要的排序关键字并单击，即可完成桌面图标的排列。

2. 快捷方式

快捷方式是指向计算机上某个项目（如文件、文件夹和程序）的链接。快捷图标是快捷方式的表现形式。快捷图标上的箭头是区分快捷方式和原始文件的标志，如图 1-17 所示。

图 1-17　快捷图标

(1) 创建快捷图标的方法如下：

①右击桌面背景无图标处，系统会弹出快捷菜单。

②在弹出的快捷菜单中移动鼠标指针至“新建”项，弹出下一级菜单，移动鼠标指针至“快捷方式”项并单击，系统将打开“创建快捷方式”向导对话框。

③单击“浏览”按钮，系统弹出“浏览文件或文件夹”窗口，在该窗口中查找需要创建快捷方式的应用程序，如果找到了该应用程序，单击该应用程序图标，单击“确定”按钮，“浏览文件或文件夹”窗口关闭。

④选定的应用程序名及其所在路径会出现在对话框的“请键入对象的位置”文本框内，且“下一步”按钮被加亮，单击“下一步”按钮，要求为快捷方式命名。

⑤在“键入该快捷方式的名称”文本框中输入快捷方式名称，也就是桌面上每个快捷图标下方的名字，然后单击“完成”按钮，一个新的快捷图标便会出现在桌面上。

(2) 双击快捷图标即可打开（或运行）相应的文件、文件夹（或程序）。

(3) 删除快捷图标与删除其他文件的方法相同，但删除结果是：快捷图标被删除，而与其相关联的文件（文件夹或程序）不会被删除。

(九) 任务栏

任务栏是 Windows 10 操作系统的重要工具之一，如图 1-18 所示。

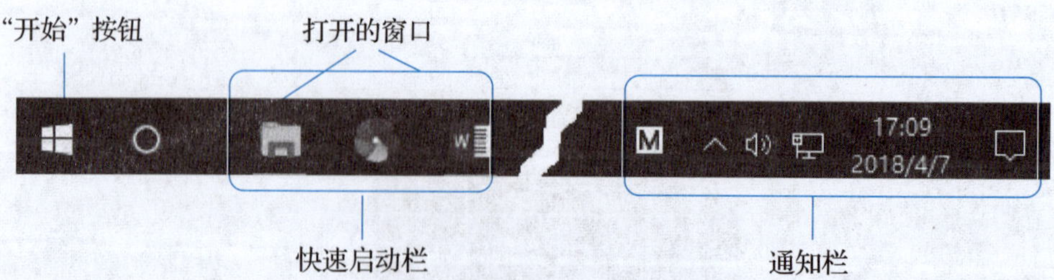

图 1-18　任务栏的组成及功能

单击任务栏最左侧的“开始”按钮，可以打开“开始”菜单并启动应用程序；单击快速启动栏上的图标也可以直接启动应用程序；任务栏右侧的通知栏则用来显示活动的和紧急的通知图标，向用户提示一些系统信息和重要操作。

1. 自动隐藏任务栏

（1）右击任务栏任意空白区域，系统弹出快捷菜单。

（2）选择快捷菜单中的“任务栏设置”项，系统将打开“设置”对话框的任务栏选项。

（3）打开“在桌面模式下自动隐藏任务栏”开关，然后关闭对话框。

此后，任务栏就从屏幕底部消失了。当移动鼠标指针到屏幕底端或按 Win 键时，任务栏自动显示；当移开鼠标指针时，任务栏自动隐藏。

2. 移动任务栏

将鼠标指针指向任务栏的空白区域，按住鼠标左键不放向屏幕的其他三边的任意一边拖拽鼠标，当任务栏移至合适位置后，松开鼠标左键即可。

3. 快速启动栏添加/删除图标

（1）添加图标。

①找到需要放至快速启动栏中的应用程序图标。

②右击该图标，在弹出的快捷菜单中单击“固定到任务栏”项，应用程序图标即可被添加到快速启动栏中。

（2）删除图标。

①右击快速启动栏中要删除的应用程序图标。

②在弹出的快捷菜单中单击“从任务栏取消固定”项，即可将应用程序图标从快速启动栏中删除。

（十）屏幕保护设置

（1）单击“开始”按钮，打开“开始”菜单。

（2）单击“设置”按钮，打开“设置”对话框，单击“个性化”项。

（3）在“设置”对话框的“个性化”窗口中单击“锁屏界面”项，弹出“锁屏界面”窗口。

（4）在“锁屏界面”窗口中单击“屏幕保护程序设置”项，系统弹出“屏幕保护程序设置”对话框，如图 1-19 所示。

（5）单击“屏幕保护程序设置”下拉列表框，从中选择所需的屏幕保护程序名称，对话框上方的预览区会显示相应的图形几何变换效果。

（6）选定后，设置等待时间，然后单击“应用”按钮，再单击“确定”按钮关闭对话框。

（7）按【Win+L】键可以立刻进入屏幕保护程序。

（十一）开始菜单

单击任务栏上的“开始”按钮，打开 Windows 10 操作系统的“开始”菜单，如图 1-20 所示。

“开始”菜单中左侧第一列有“电源”“设置”“图片”“文档”按钮，第二列是应用程序列表，右侧是以动态磁贴（Live Tile，简称磁贴）形式显示的多个应用程序项。单击“开始”按钮便会弹出“开始”菜单。

当鼠标指针在“开始”菜单上移动时，会使相应的菜单项加亮（出现一个加亮的矩形

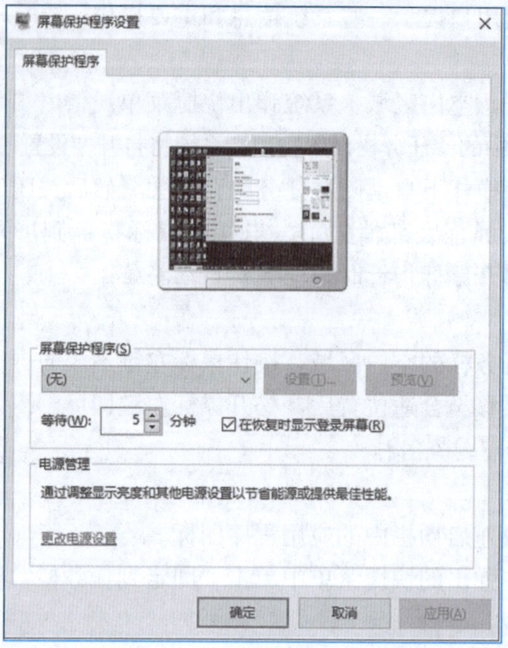

图 1-19 屏幕保护程序设置

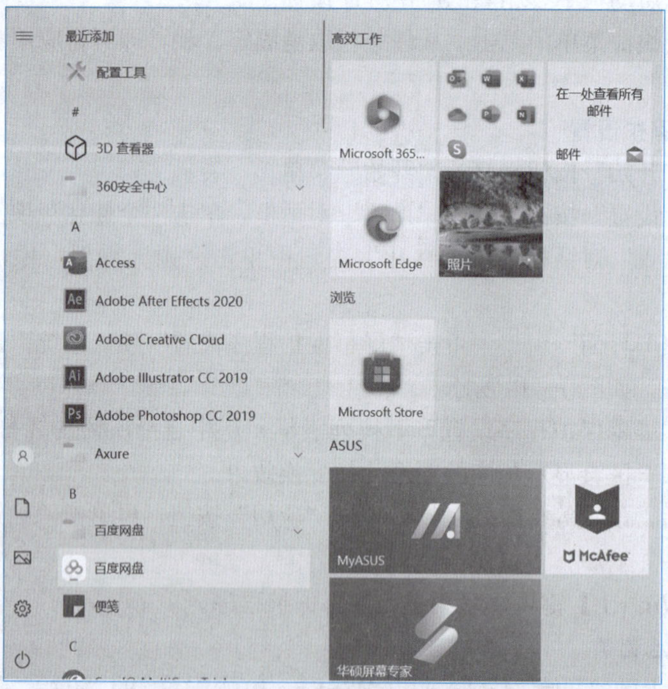

图 1-20 “开始”菜单

条即表示选定)。当鼠标指针移至带有“∨”符号的菜单项时单击，会弹出该菜单项的下一级菜单。一个菜单项对应一个应用程序或一个文件夹。单击选定的菜单项便可启动并执行一个应用程序或打开一个文件夹。在“开始”菜单弹出后，若再单击“开始”按钮，则“开始”菜单自动消失。

1. 添加/删除“开始”菜单磁贴

（1）添加磁贴。

①找到需要放至“开始”菜单屏幕中的应用程序图标（应用程序图标可以存在于“开始”菜单中、桌面上或“文件资源管理器”中）。

②右击该图标，在弹出的快捷菜单中单击“固定到‘开始’屏幕”项，应用程序图标即可被添加到“开始”菜单屏幕中。

（2）删除磁贴。右击“开始”菜单屏幕中的磁贴，在弹出的快捷菜单中单击“从‘开始’屏幕取消固定”项，应用程序磁贴即可从“开始”菜单屏幕中被删除。

2. 调整“开始”菜单磁贴

（1）右击磁贴，在弹出的快捷菜单中单击“调整大小”项，可以改变磁贴尺寸。

（2）右击磁贴，在弹出的快捷菜单中单击“卸载”项，可以卸载该应用程序。

（3）右击磁贴，在弹出的快捷菜单中单击“更多”项，可以对磁贴进行打开、固定到任务栏、评价和共享等操作。

使用鼠标可以将磁贴拖拽到磁贴显示区域内的任意位置。

二、Windows 10 文件管理

（一）Windows 10 文件系统

文件是一组相关信息的集合，它可以是一个应用程序、一段文字、一张图片、一首音乐或一部视频电影等。磁盘上存储的一切信息都以文件的形式保存着。在计算机中使用的文件种类有很多，根据文件中信息种类的区别，将文件分为很多类型，有系统文件、数据文件、程序文件和文本文件等。

每个文件都必须具有一个名字，文件名一般由两部分组成：主文件名和扩展名，它们之间用一个点（.）分隔。主文件名是用户根据使用文件时的用途自己命名的，扩展名用于说明文件的类型，系统对扩展名与文件类型有特殊的约定。常见的扩展名及文件类型见表 1-2。

表 1-2　常见的扩展名及文件类型

扩展名	文件类型	扩展名	文件类型
.txt	文本文档/记事本文档	.doc、.docx	Word 文档
.exe、.com	可执行文件	.xls、.xlsx	Excel 电子表格文档
.hlp	帮助文档	.rar、.zip	压缩文件
.htm、.html	超文本文件	.wav、.mid、.mp3	音频文件
.bmp、.gif、.jpg	图形文件	.avi、.mpg	可播放视频文件
.int、.sys、.dll、.adt	系统文件	.bak	备份文件
.bat	批处理文件	.tmp	临时文件
.drv	设备驱动程序文件	.ini	系统配置文件
.mid	音频文件	.ovl	程序覆盖文件
.rtf	富文本格式文件	.tab	文本表格文件
.wav	波形声音	.obj	目标代码文件

为了便于用户将大量文件根据使用方式和目的等进行分类管理，个人电脑采用树状结构来实现对所有文件的组织和管理。树状是一种“层次结构”，层次中的最上层只有一个结点，称为桌面。桌面下面分别存放了“此电脑”“网络”“回收站”“控制面板”等，它们本身也同样是一个树状结构，用来存储下级信息，在它们的基础上还可以继续延伸。用户可以根据存放文件的分类需要在下级再创建文件夹，每个文件夹中可以存放文件或下级文件夹。

操作系统通过树形结构和文件名管理文件。用户使用文件时只要记住所用文件的名称和其在磁盘树状结构中的位置即可通过操作系统管理文件。为了避免文件管理发生混乱，个人电脑规定同一文件夹中的文件不能同名，如果两个文件名完全相同，则它们必须分别放在不同的文件夹中。

（二）资源管理器

Windows 10 使用了全新的资源管理器，双击桌面上的“此电脑”图标，打开如图 1-21 所示的 Windows 10 资源管理器窗口。下面逐项了解该资源管理器的变化和使用方法。

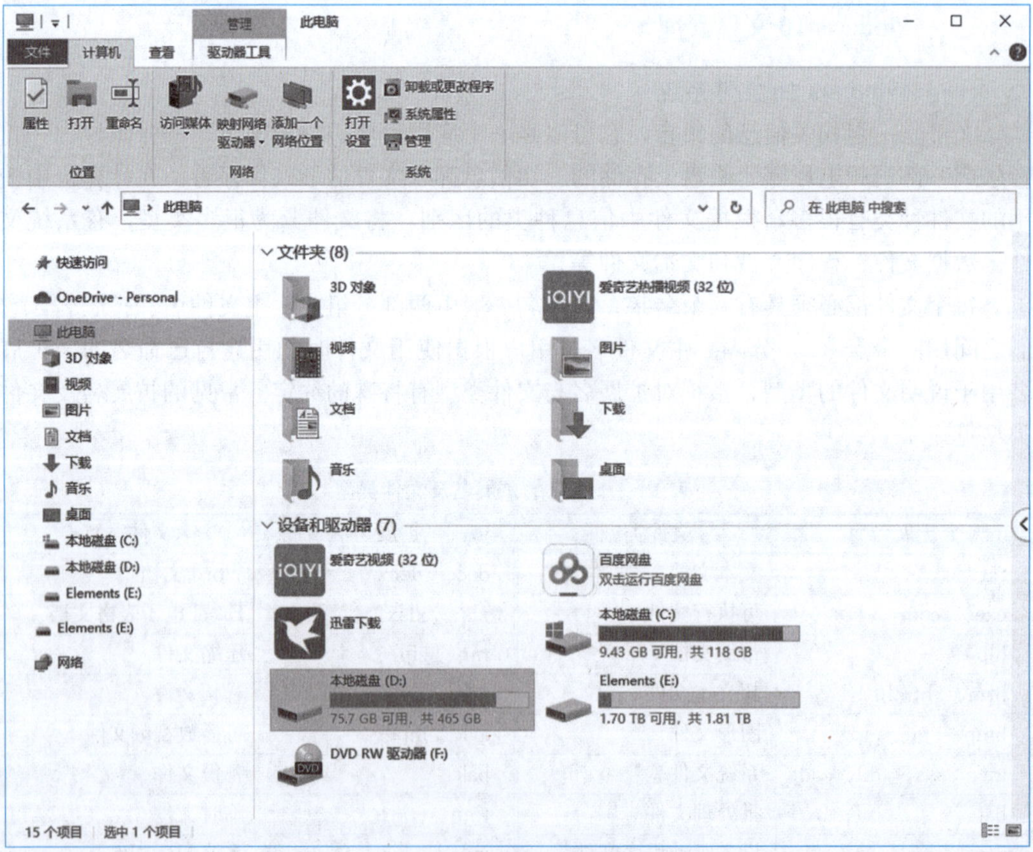

图 1-21 Windows 10 资源管理器窗口

1. 地址栏

Windows 10 的地址栏采用了“按钮”的形式，方便目录的跳转，可以轻松实现同级目录的快速切换。

如图 1－22 所示，当前目录为“此电脑>图片>本机照片”，物理地址为“C：\ Users \ extols \ Pictures \ Camera Roll”，除了常规操作之外，可以直接单击“图片”，即可回到上一级目录“此电脑>图片”，物理地址为“C：\ Users \ extols \ Pictures”。

图 1－22 资源管理器地址栏中的按钮

2. 工具栏

地址栏上方是工具栏（选项卡），工具栏会因为窗口的不同而有所变化，如图 1－23 所示。

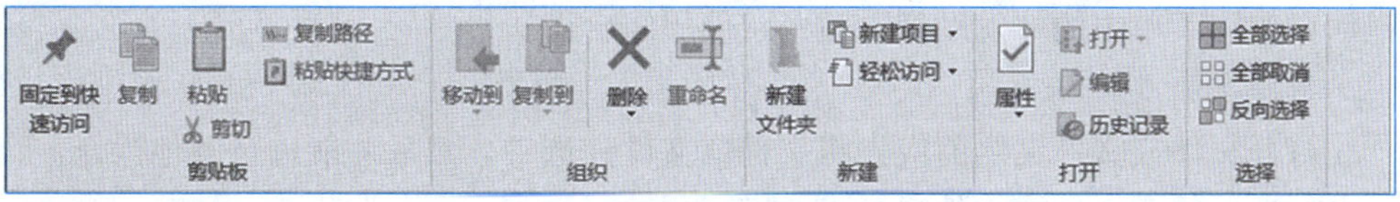

图 1－23 资源管理器的工具栏

3. 搜索框

随着硬盘技术的发展，硬盘容量不断增大，用户文件也不断增多。Windows 10 加强了针对文件的搜索功能，Windows 10 的搜索框位于资源管理器的右上角。用户可以直接在其中输入关键字进行搜索，非常方便。

搜索时可以结合通配符进行，通配符有两个：“ * ”代表一串字符，“?”代表一个字符。例如，搜索 D 盘中所有电子表格文件，可以输入“ *. xls”，如图 1－24 所示。

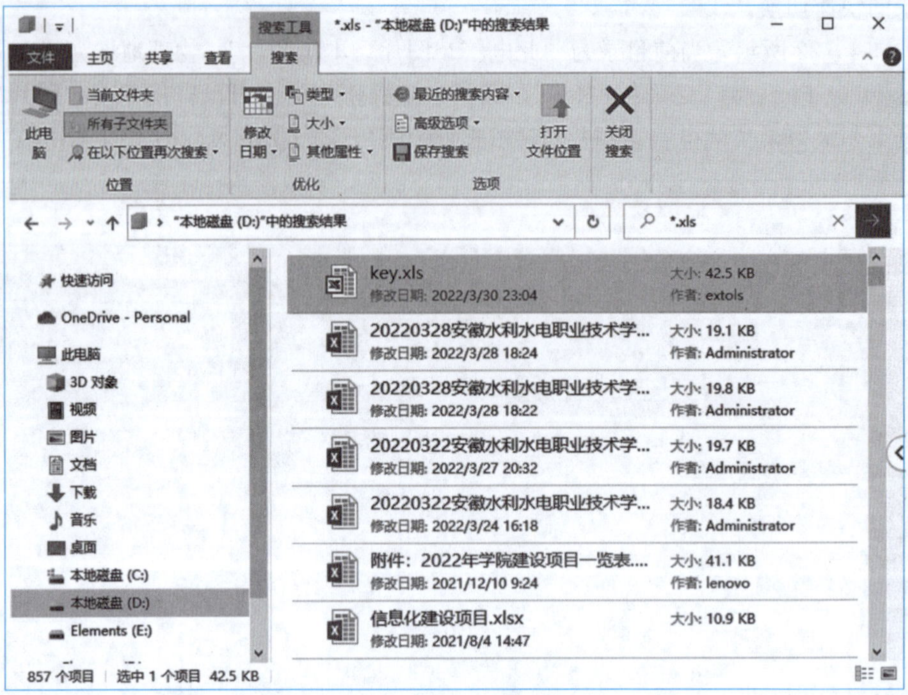

图 1-24　使用通配符进行搜索

（三）文件和文件夹操作

文件和文件夹操作在资源管理器和“此电脑”窗口都可以完成。在执行文件或文件夹的操作前，要先选择操作对象，然后按自己熟悉的方法对文件或文件夹进行操作。文件或文件夹的操作一般有创建、重命名、复制、移动、删除、查找文件或文件夹、修改文件属性、创建快捷方式等。这些操作可以用以下几种方式中的一种完成，以用户的操作习惯而定：使用菜单中的命令，使用工具栏中的命令按钮，使用该操作对象的快捷菜单，在资源管理器和“此电脑”窗口中拖动，使用菜单中的“发动到”命令，使用组合键。

1. 选择文件或文件夹

在打开文件或文件夹之前应先将文件或文件夹选中，然后才能进行其他操作。

（1）选择单个文件或文件夹。

选择单个文件或文件夹的方法很简单：单击文件或文件夹，或者单击文件或文件夹前的复选框。当选中单个文件或文件夹时，该对象表现为高亮显示。

（2）选择多个文件或文件夹的操作。

按住【Ctrl】键的同时并单击，可以实现多个不连续文件或文件夹的选择；按住【Shift】键的同时并单击，可以实现多个连续文件或文件夹的选择。也可以单击文件或文件夹前的复选框进行多项选择。

2. 创建文件夹

例如，需要在 D 盘创建一个名为“管理信息”的文件夹，有两种方法。

方法 1：使用工具栏上“新建文件夹”按钮创建。

使用“此电脑”或资源管理器窗口打开 D 盘驱动器窗口，在窗口的工具栏上单击“新建文件夹”按钮，如图 1－25 所示，就会在窗口中新建一个名为“新建文件夹”的文件夹。输入新文件夹的名字“管理信息”，按【Enter】键或单击其他位置确认即可。

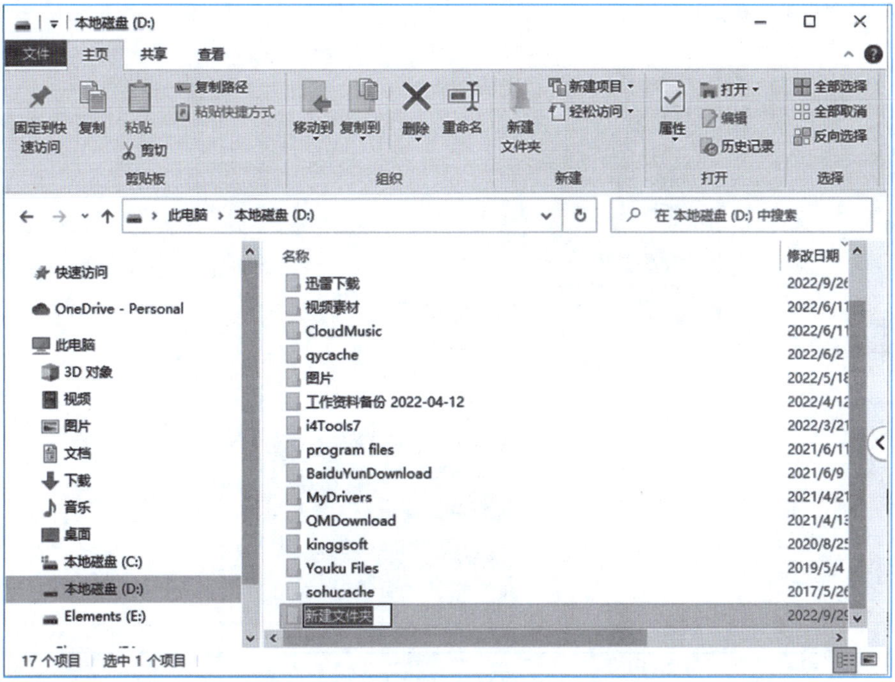

图 1－25　通过工具栏新建文件夹

方法 2：使用快捷菜单“新建”命令创建。

使用“此电脑”或资源管理器窗口打开 D 盘驱动器窗口，在窗口的空白处右击，从弹出的快捷菜单中选择“新建”→“文件夹”命令，如图 1－26 所示，就会在窗口中新建一个名为“新建文件夹”的文件夹。输入新文件夹的名字“管理信息”，按【Enter】键或单击其他位置确认即可。

创建文件的操作与创建文件夹类似。

3. 重命名文件或文件夹

更改文件或文件夹名称的操作被称为重命名，用户可以根据工作需要对文件或文件夹进行重命名操作。例如，将文件或文件夹“管理信息”更名为“管理信息备份”的方法如下：

右击需要修改名称的文件或文件夹，在弹出的快捷菜单中选择“重命名”命令，如图 1－27 所示。在虚框内输入新文件或文件夹名称，然后按【Enter】键即可重命名文件或文件夹。

4. 复制文件或文件夹

利用“此电脑”或资源管理器窗口都可以进行文件或文件夹的复制操作。例如，需要把文件夹“管理信息”复制到 E 盘中，有两种方法。

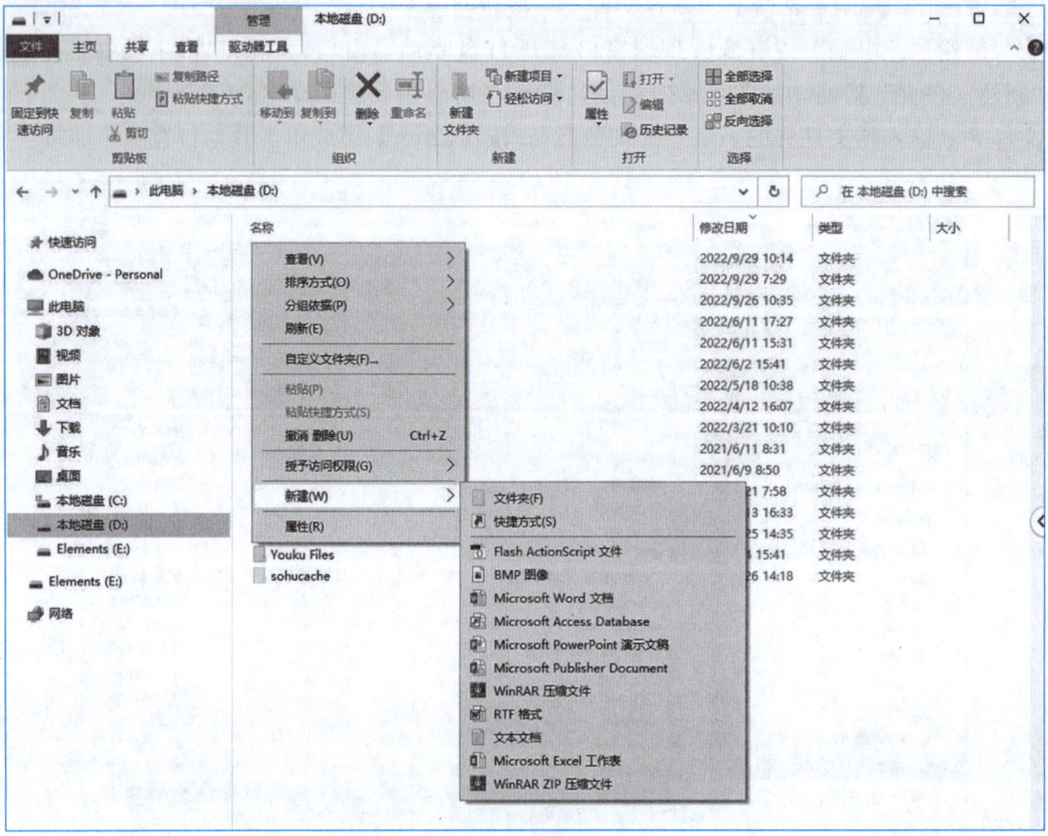

图 1-26　通过快捷菜单新建文件夹

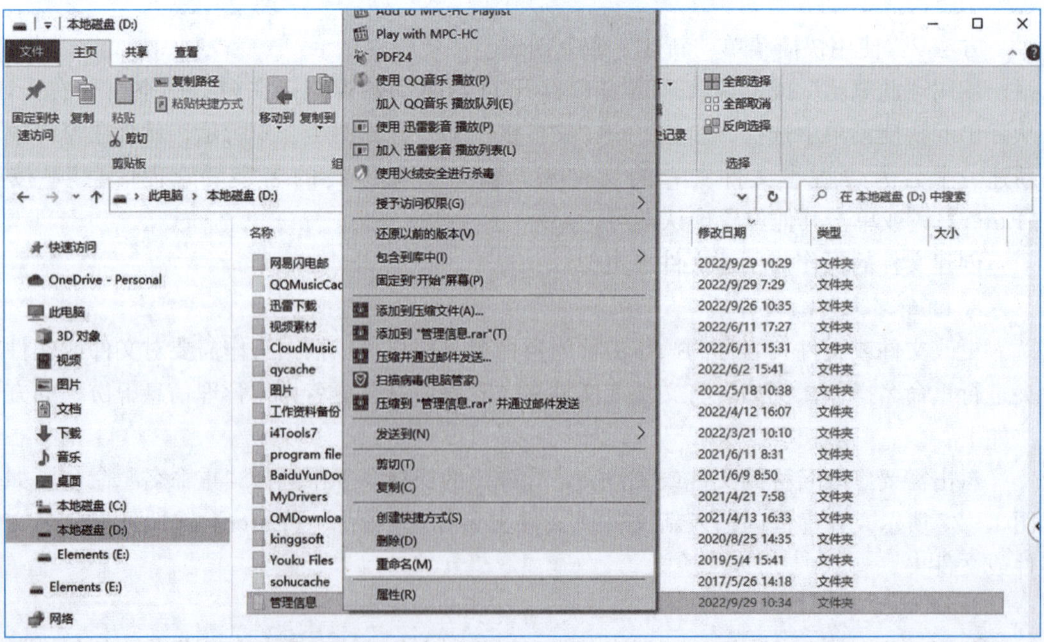

图 1-27　选择“重命名”命令

方法 1：使用资源管理器窗口进行复制。

打开资源管理器，在主窗格中选定文件夹“管理信息”，单击“主页”选项卡，“组织”中出现如图 1-28 所示的按钮。如果执行移动操作则单击“移动到”按钮，如果执行复制操作则单击“复制到”按钮，再单击目标位置。此处单击“复制到”按钮即可。

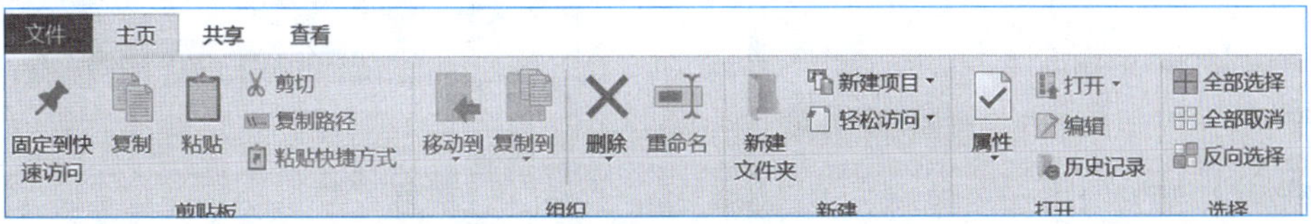

图 1-28　“移动到”/“复制到”按钮

方法 2：通过复制、粘贴操作实现文件或文件夹的复制。

右键单击需要复制的文件或文件夹，在快捷菜单中选择“复制”命令，然后在目标窗口中，右键单击主窗格空白处弹出快捷菜单，选择“粘贴”命令即可。也可以使用键盘快捷键进行操作，“复制”的快捷键是【Ctrl+C】，“粘贴”的快捷键是【Ctrl+V】。

移动文件或文件夹与复制文件或文件夹的操作类似，但是移动文件或文件夹是将原位置的文件或文件夹移动到目标位置，原位置文件（夹）不再保留。

5. 删除文件或文件夹

当不再需要某文件或文件夹时，可将其删除，以释放出更多的磁盘空间来存放其他文件或文件夹。在 Windows 10 操作系统中，从硬盘中删除的文件或文件夹被移动到“回收站”中，如果是误删除则可以将文件或文件夹还原到原位置，当用户确定不再需要时，可以将回收站清空，将其彻底删除。

删除文件或文件夹的方法有很多：一是选择要删除的文件或文件夹，按【Delete】键；二是选择要删除的文件或文件夹，直接拖动至桌面的“回收站”图标；三是右击需要删除的文件或文件夹，使用快捷菜单中的“删除”命令进行操作。

6. 文件或文件夹的隐藏等操作

（1）隐藏文件或文件夹。

对于存放在计算机中的一些重要文件或文件夹，用户可以将其隐藏起来以增加安全性。以隐藏文件为例，具体步骤如下：

右击需要隐藏的文件，在弹出的快捷菜单中选择“属性”命令，在弹出的对话框中，选择“隐藏”复选框，单击“确定”按钮，如图 1-29 所示。返回当前目录窗口后，该文件已经被隐藏。

（2）在文件夹选项中设置不显示隐藏文件。

在文件夹窗口中选择“查看”选项卡，单击“显示/隐藏”组中的“选项”按钮，弹出“文件夹选项”对话框，切换到“查看”选项卡，在“高级设置”列表框中选择“不显示隐藏的文件、文件夹或驱动器”单选按钮，如图 1-30 所示。单击“确定”按钮，即可隐藏所有属性设置为隐藏的文件、文件夹以及驱动器。

7. 创建桌面快捷方式

右击需要创建快捷方式的对象，在弹出的快捷菜单中选择“发送到”→“桌面快捷方式”命令，如图 1－31 所示。

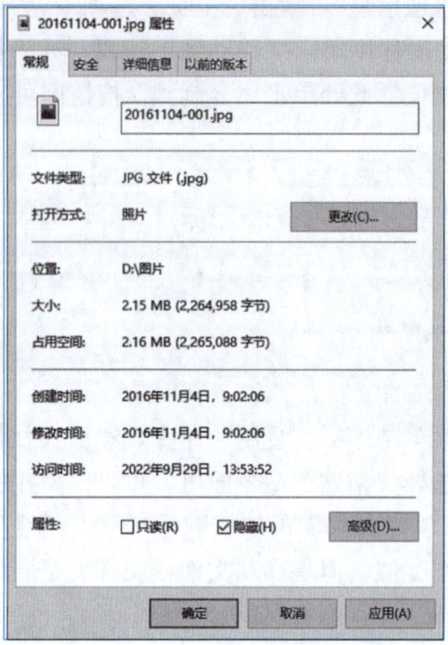

图 1－29　设置文件的隐藏属性

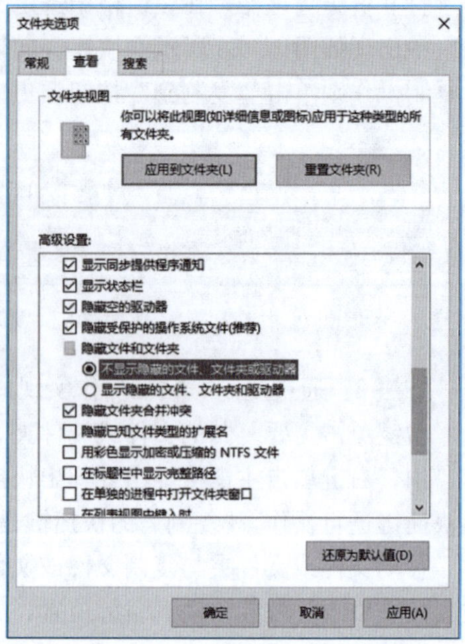

图 1－30　“文件夹选项”对话框

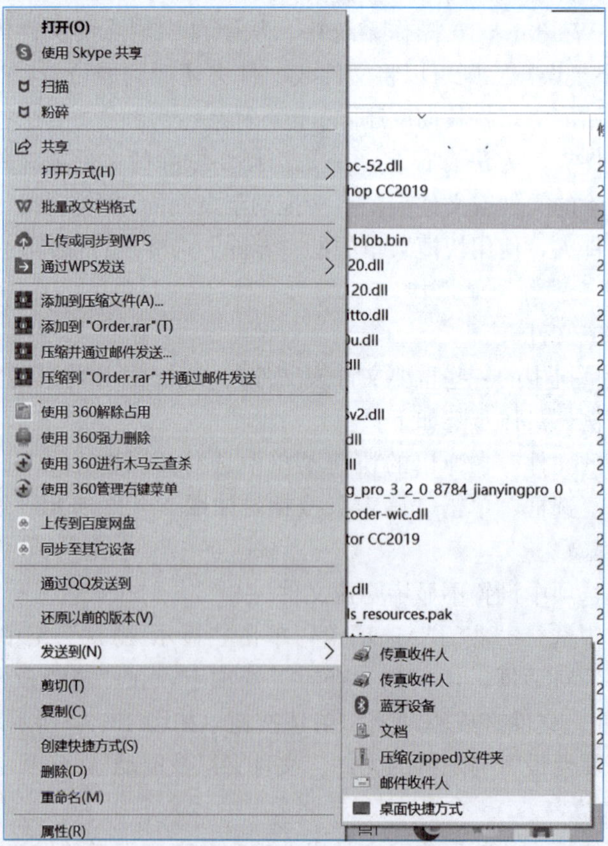

图 1－31　创建桌面快捷方式

三、系统设置与磁盘管理

（一）系统设置与维护

用户可以按照自己的习惯配置 Windows 10 的系统环境，这些操作都集中在“控制面板”中，Windows 10 的“控制面板”和之前的操作系统的相比增加了许多设置选项。选择“开始”→“Windows 系统”→“控制面板”命令，打开“控制面板”窗口，如图 1-32 所示。

图 1-32　“控制面板”窗口

1. 美化桌面

右击桌面空白处，在弹出的快捷菜单中选择“个性化”命令，打开如图 1-33 所示的窗口。单击窗口中的“主题”，可以更改桌面背景、窗口颜色和系统声音等；单击窗口下方的“更改主题”，可以在选定主题提供的壁纸中选择喜欢的壁纸。

打开“颜色”窗口，如图 1-34 所示。用户可以选择其中的某种颜色作为窗口边框、“开始”菜单和任务栏的颜色，并且可以对选中的颜色做进一步调节，如颜色浓度、色调、饱和度和亮度等。

2. 添加或删除程序

很多软件在设计时就考虑到用户将来要卸载的问题，因此都自带卸载功能。用户如果确定不再使用某款软件，则可以将其卸载。例如，要卸载已经安装的“360 极速浏览器”软件，用户可选择“控制面板”→“卸载程序”，找到“360 极速浏览器”，右键单击，选择“卸载”命令即可进行卸载，如图 1-35 所示。

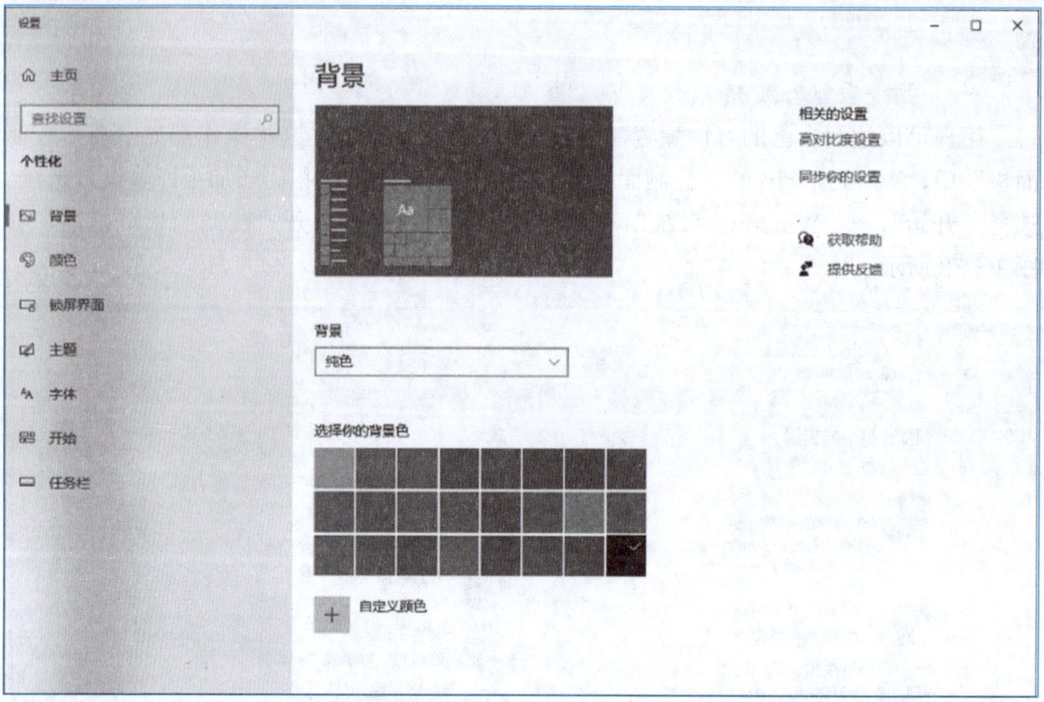

图 1-33 “个性化”窗口

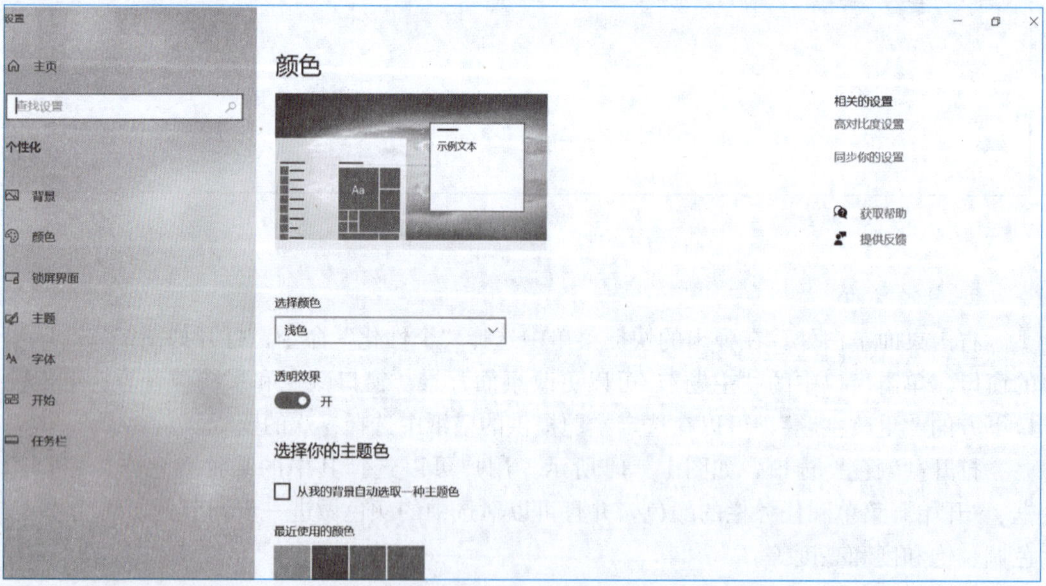

图 1-34 “颜色”窗口

3. 设置系统日期和时间

如果计算机已经接入互联网，则精确调整系统日期和时间的方法如下：

（1）在“控制面板”窗口中单击“时钟和区域”按钮，在“时钟和区域”窗口单击“日期和时间”按钮，弹出“日期和时间”对话框，如图 1-36 所示。

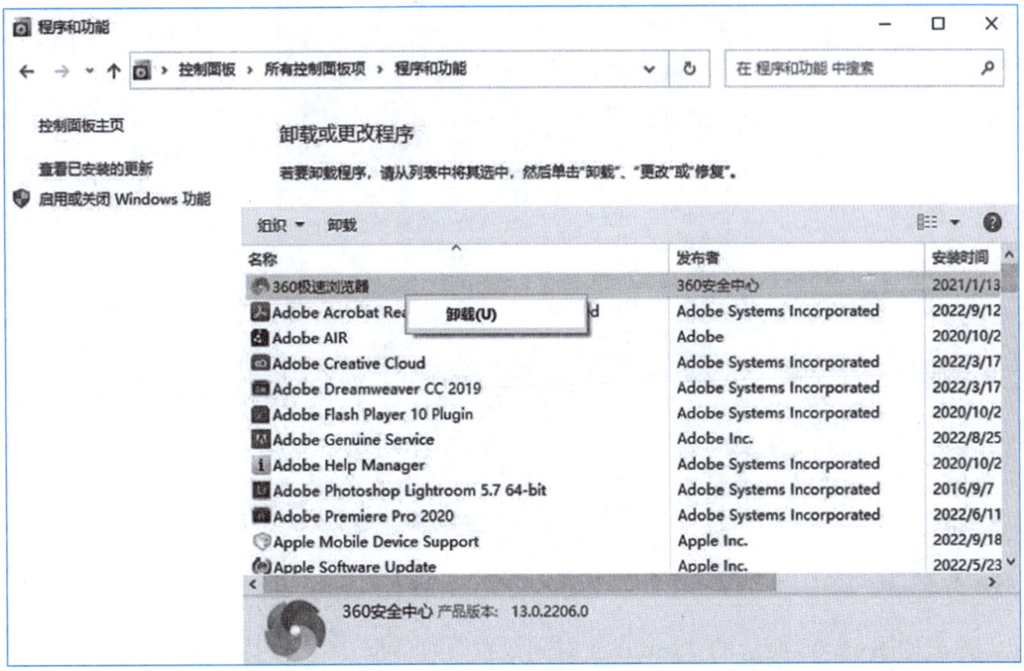

图 1 - 35　“卸载或更改程序”窗口

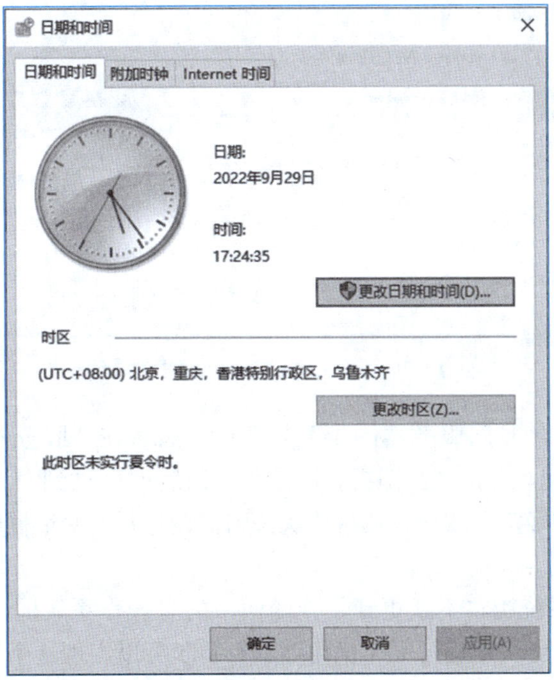

图 1 - 36　“日期和时间”对话框

单击“更改日期和时间”按钮，弹出“日期和时间设置”对话框，如图 1 - 37 所示。

（2）在“日期和时间”对话框的“Internet 时间”选项卡中单击“更改设置”按

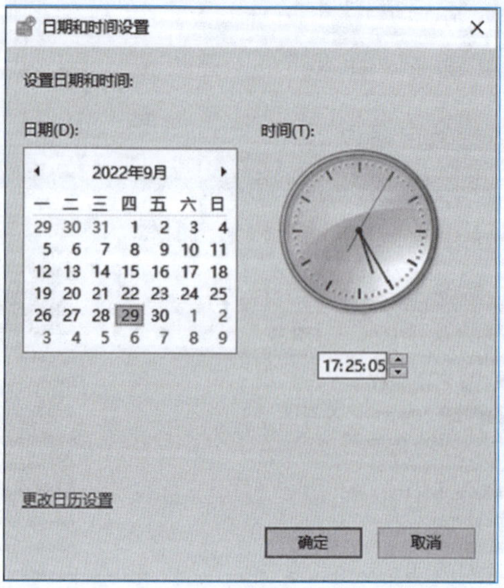

图 1-37 “日期和时间设置”对话框

钮，弹出如图 1-38 所示的“Internet 时间设置”对话框。

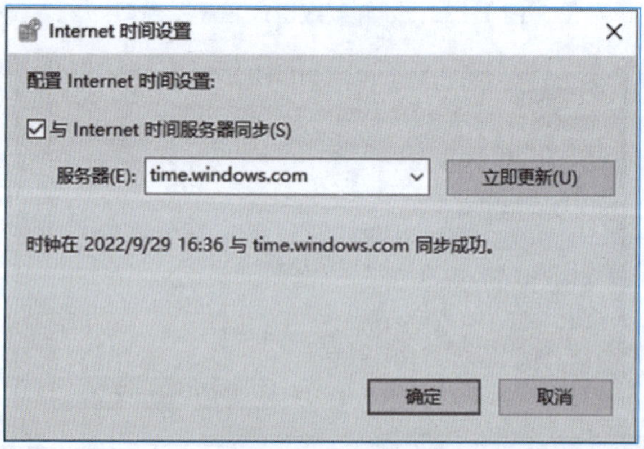

图 1-38 “Internet 时间设置”对话框

选择“与 Internet 时间服务器同步”复选框，然后在“服务器”下拉列表中选择“time. windows. com”，单击“立即更新”按钮。稍后即可见到对话框中显示同步成功的文字提示，单击“确定”按钮，然后依次关闭上述打开的对话框即可。

（二）磁盘管理

Windows 操作系统版本不断更新，伴随而来的是操作系统的“臃肿”和运行的缓慢，如何才能让系统更快地运行呢？优化计算机系统可以实现这个目标。系统优化包括定期清理磁盘、定期整理磁盘碎片和使用系统优化软件对系统进行优化。

使用磁盘清理程序可以帮助用户释放硬盘空间，删除系统临时文件、Internet 临时文件，安全删除不需要的文件，减少它们占用的系统资源，以提高系统性能。

Windows 10 操作系统为用户提供了磁盘清理工具。使用这个工具可以删除临时文件，释放磁盘上的可用空间。

1. 格式化磁盘

在对磁盘进行分区后，第一件事就是对磁盘进行格式化。对新出厂的磁盘进行格式化，如同在一张白纸上打好格子，以备今后写字存储信息。对已经使用过的磁盘进行格式化，相当于把全部写好的信息全部抹掉，重新打格子，这样磁盘上的所有信息将会被抹光，相当于回到新磁盘的状态。

要格式化磁盘，用户在“此电脑”窗口中用鼠标右键单击要格式化的磁盘图标，选择快捷菜单中的“格式化”命令，弹出格式化磁盘对话框，如图 1－39 所示。

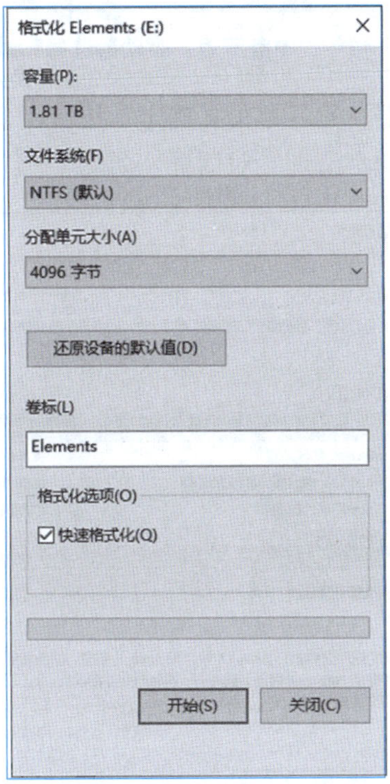

图 1－39　格式化磁盘对话框

如果选择“快速格式化”复选框，则系统可以实现磁盘快速格式化操作，但不检查、不挑出坏的磁道，一般用于已知没有任何问题的磁盘。

如果不选择“快速格式化”复选框，则在格式化磁盘时，系统会检测磁盘是否有坏道，并对坏道进行标记，标记的目的是以后在使用磁盘时不占用这些损坏的空间，以保证磁盘始终能够保存正确的信息。如果磁盘经常出现不正常的情况，建议不选择“快速格式化”复选框，虽然格式化的过程会消耗较多时间，但是对以后正常使用磁盘很有帮助。

单击“开始”按钮将开始格式化，弹出警告提示，单击“确定”按钮二次确认，以防误操作，开始格式化磁盘。格式化完毕后会弹出完成信息。

2. 磁盘清理

清理磁盘即删除某个驱动器上旧的或不需要的文件，释放一定的空间，从而提高计算机运行效率。清理磁盘的步骤如下：

单击“开始”按钮，选择“Windows 管理工具”→“磁盘清理”命令，弹出“磁盘清理：驱动器选择”对话框，如图 1－40 所示。

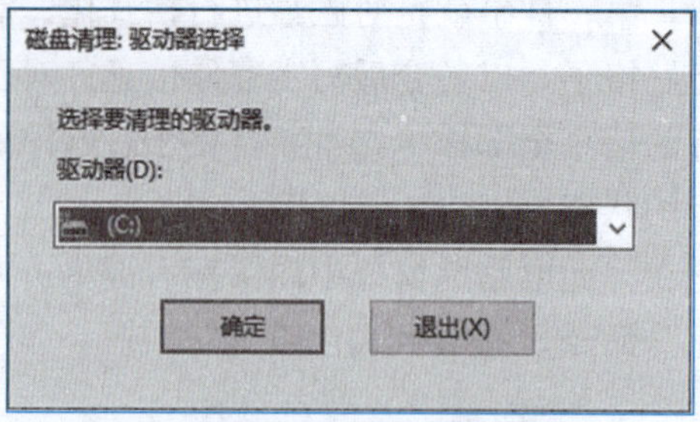

图 1－40 “磁盘清理：驱动器选择”对话框

选择要进行清理的驱动器，然后单击“确定”按钮，系统将会进行先期计算，计算完成后，进入该驱动器的“磁盘清理”对话框，如图 1－41 所示。

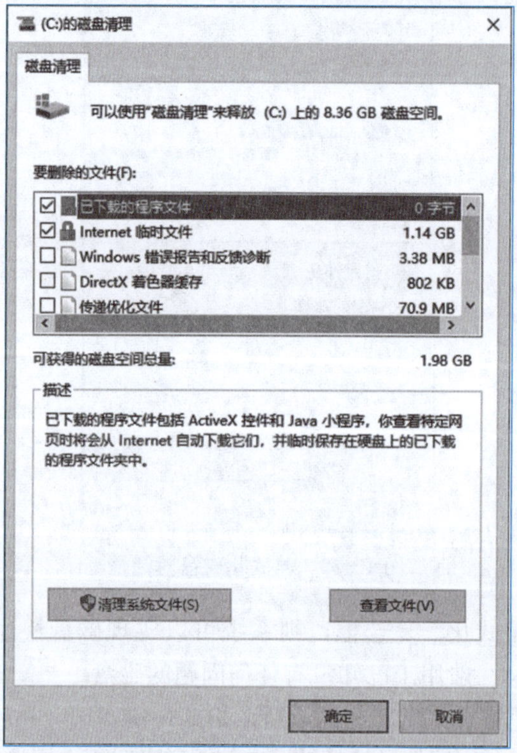

图 1－41 “磁盘清理”对话框

在该对话框中列出了可删除的文件类型及其所占用的磁盘空间，选择某文件类型前的复选框，在进行清理时即可删除相应数据；在“可获得的磁盘空间总量”信息中显示了删除所有选择文件类型的数据后可得到的磁盘空间。

在“描述”区域显示了当前选择的文件类型的描述信息，单击“查看文件”按钮，可以查看该文件类型中包含文件的具体信息。

勾选完所有须删除的文件类型的复选框后，单击“确定”按钮进行磁盘清理。清理完毕后，对话框将自动关闭。

3. 磁盘碎片整理

使用“碎片整理和优化驱动器”重新整理硬盘上的文件和使用空间可达到提高程序运行速度的目的。“文件碎片”表示一个文件存放到磁盘上不连续的区域。当文件碎片很多时，系统从硬盘存取文件的速度将会变慢。

磁盘碎片整理的操作步骤如下：

单击“开始”按钮，选择“Windows 管理工具”→“碎片整理和优化驱动器”命令，打开“优化驱动器”对话框，如图 1-42 所示。

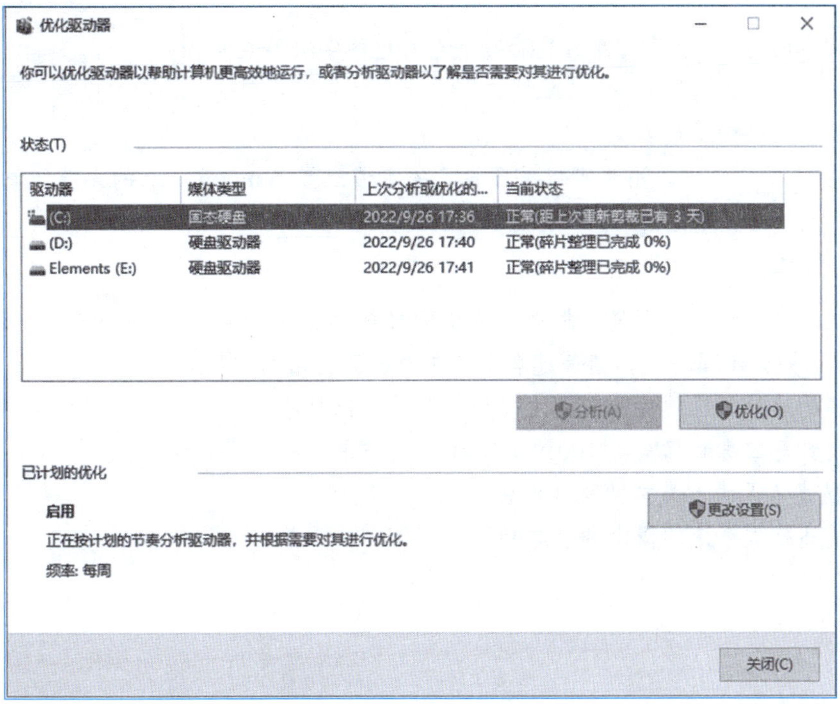

图 1-42　“优化驱动器”对话框

查一查： 最近发布的 Windows 操作系统版本是什么？

本章小结

本章简单介绍了计算机的发展史、计算机的分类与应用及计算机的发展趋势，分析了计算机硬件系统、软件系统的组成，对常用数制、二进制编码与运算、字符编码和汉字编码做了详细阐述。

计算机的操作系统是计算机系统中负责支撑应用程序运行环境以及用户操作环境的系统软件，也是计算机系统的核心。它提供对硬件的监管、对各种计算机资源的管理以及面向应用程序的服务。

本章还介绍了操作系统最核心的内容，包括 Windows 10 基本操作、文件管理、系统设置与磁盘管理等，使读者对 Windows 10 的操作与应用环境有了基本了解，在使用 Windows 10 时能够大幅提高工作效率。

操作系统的应用远不止本章所讲述的内容，在后面的章节中将会讲解计算机的各种应用及其所实现的功能，这些软件皆是以操作系统为平台开展应用的。

课后习题

一、填空题

1. Windows 10 中，文件名最后一个点右边的字符串表示________。
2. 操作系统通过________管理文件。
3. 文本文档的扩展名为________。
4. 在________中，用户可以按照自己的习惯配置 Windows 10 的系统环境。
5. 复制的快捷键是________，剪切的快捷键是________，粘贴的快捷键是________。

二、问答题

1. 计算机技术飞速发展，根据计算机的性能和使用的主要元件的不同，计算机发展可以被划分为不同阶段，请简述各个阶段及其所使用的主要元件。

2. 请简述计算机硬件系统的主要部件及其工作原理。

3. 请计算二进制算式 1110010＋100111 的结果。

4. 描述常见的十类文件及其扩展名。

5. 简述操作系统的概念和基本功能。

第 2 章 电子文档处理

学习目标

» 掌握 Word 2016 的基本操作，学会创建、保存及管理 Word 文档；

» 掌握文字编辑、段落格式的设置、页面设置以及长文档的编排和文档打印等操作；

» 熟悉表格的创建、调整、修饰等操作；

» 掌握插入与编辑图片、文本框、艺术字与公式的方法；

» 了解样式和模板的使用方法。

技能目标

» 具备使用 Word 2016 进行普通文档创建、编辑、修改的能力；

» 具备使用 Word 2016 进行文档美化的能力；

» 具备使用 Word 2016 进行文档中表格的编辑与数据处理能力；

» 具备使用 Word 2016 进行文档图文混排的能力；

» 具备使用 Word 2016 进行长文档的编辑能力。

素养目标

» 培养学生的表达沟通、自我展示、自我学习能力；

» 锻炼创新意识和科学的学习态度；

» 培养良好的行为习惯与团队合作精神。

导读

Microsoft Word 字处理软件，用于有格式要求的文本文件的编辑、修改和处理，将文字与图形、图片、表格等对象有机结合，配置页眉、页脚等多种文档部件，构成丰富多彩的文本。无论是初级用户还是高级用户，在文档处理过程中所需的各种排版输出效果都可以借助 Word 软件提供的功能轻松实现，是 Office 最常用的核心组件之一。

本章以 Word 2016 为基础，利用面向结果的全新用户界面，让用户可以轻松找到并使用功能强大的各种命令按钮，快速实现文本的输入、编辑、格式化、图文混排、表格编辑等。

第 1 节 Word 2016 基础知识

一、Word 2016 基本操作

中文 Word 2016 是中文 Office 2016 中最常用、功能最强的成员，工作界面友好，文字处理能力强，能够进行图文混排、表格处理，为日常生活和办公的编辑提供了非常好的工具，利用它可以高效、快速、方便地处理各种办公文件、商业资料及信函。

（一）Word 2016 的启动与退出

1. 启动 Word 2016

Word 2016 是在 Windows 环境下运行的应用程序，启动方法与启动其他应用程序的方法相似，常用的有以下 3 种：

（1）从“开始”菜单中启动 Word 2016。

单击“开始”按钮，选择“Word 2016”命令，即可启动 Word 2016。

（2）通过快捷图标启动 Word 2016。

用户可以在桌面上为 Word 2016 应用程序创建快捷图标，双击该快捷图标即可启动 Word 2016。

（3）通过已存在的文档启动 Word 2016。

双击已存在的 Word 文档即可启动 Word 2016。

通过文档启动 Word 2016 的方法不仅会启动该应用程序，而且将在 Word 中打开选定的文档，适合编辑或查看一个已存在的文档。

2. 退出 Word 2016

Word 2016 作为一个典型的 Windows 应用程序，其退出（关闭）的方法与其他应用程序也类似，常用的有以下 3 种：

（1）单击 Word 2016 程序窗口右上角的“关闭”按钮。

（2）选择“文件”→“关闭”命令。

（3）使用【Alt＋F4】组合键关闭 Word 2016。

（二）Word 2016 的工作界面

这里所说的工作界面也就是编辑界面，相同版本的 Office 各个组件的工作界面总体上是相似的，界面的主体都是提供给用户编辑文档、工作簿或者演示文稿的编辑页面。Word 2016 的工作界面及其组成要素如图 2－1 所示。

1. 标题栏

标题栏位于窗口的顶端，用于显示当前正在运行的程序名及文件名等信息。标题栏最右端有 3 个按钮，分别用来控制窗口的最小化、最大化和关闭应用程序，如图 2－2 所示。

2. 快速访问工具栏

快速访问工具栏包含最常用操作的快捷按钮，方便用户使用。在默认状态下，快速访问工具栏包含 3 个快捷按钮，分别为“保存”按钮、“撤销”按钮和“重复”按钮，如图 2－3 所示。

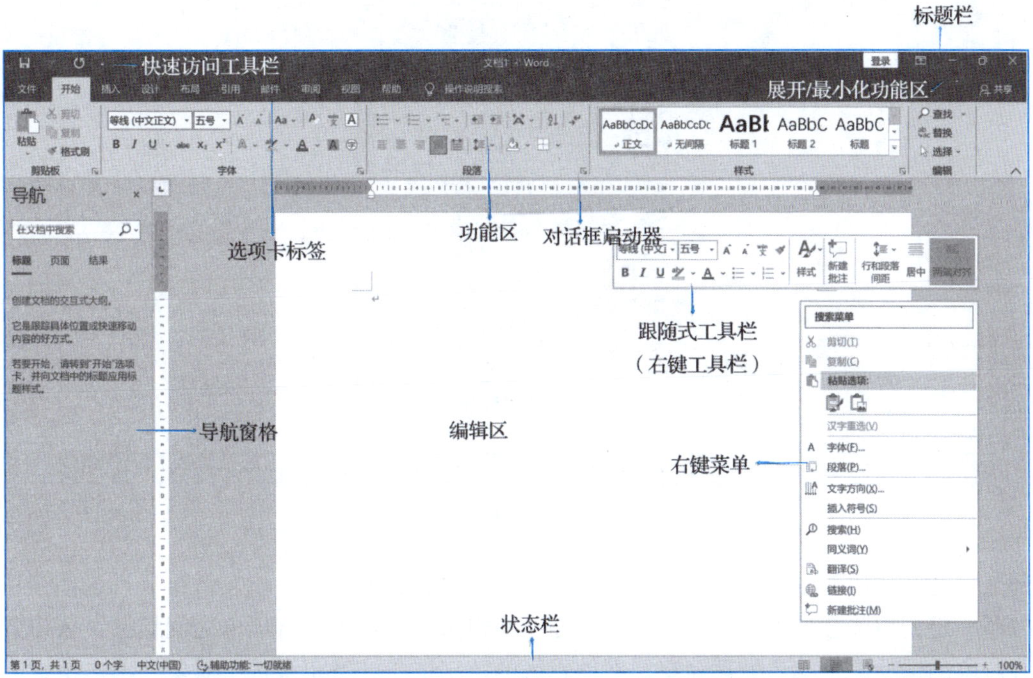

图 2-1　Word 2016 的工作界面及其组成要素

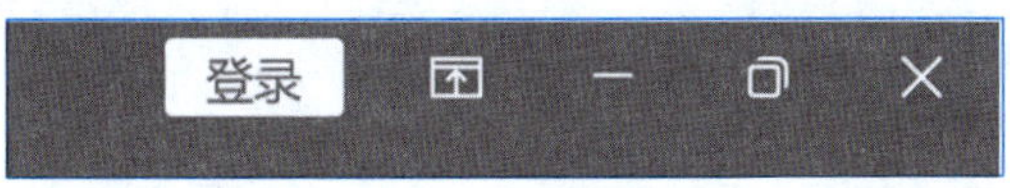

图 2-2　标题栏

图 2-3　快速访问工具栏

3. 功能区

在 Word 2016 中，功能区是完成 Word 各种操作的主要区域。在默认状态下，功能区主要包含“文件”“开始”“插入”“设计”“布局”“引用”“邮件”“审阅”等多个选项卡，其大多数功能都集中在这些选项卡中，如图 2-4 所示。

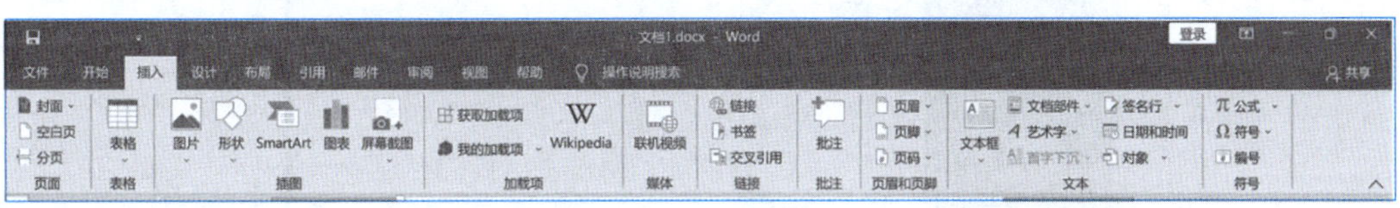

图 2-4　功能区

4. 导航窗格

导航窗格主要显示文档的标题文字，以方便用户快速查看文档，单击其中的标题，就可以快速跳转到相应的位置，如图 2-5 所示。

5. 状态栏

状态栏和视图位于窗口的底部，显示当前文档的状态，比如当前显示的文档是第几页和文字数量等信息，如图 2-6 所示。

6. 编辑区

这个工作界面占最大面积的核心区域是展示和操作文档的内容的编辑区。编辑区上

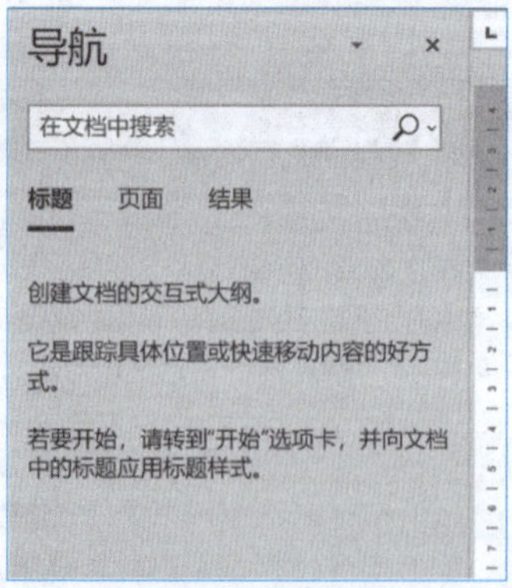

图 2－5　导航窗格

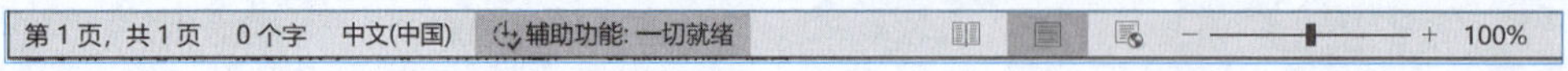

图 2－6　状态栏

部是功能区，功能区由许多选项卡组成，选项卡由各种选项和功能按钮组成，这些按钮按照一定的相关性加以分组。用户可以通过单击选项卡标签在选项卡之间切换，获得各种对象的选项设置或者处理命令。在编辑区的特定位置或特定被选中对象上单击鼠标右键时，会弹出相应的跟随式工具栏，在其中可以快速设置对象的选项。窗口左上角边缘上的快速访问工具栏位置有在编辑过程中可能经常操作的命令按钮，如保存、撤销、重复以及新建文档、打开文档等，用户可以自定义。

（三）Word 文档的新建、保存、打印、导出

“开始”界面总体上可分为三部分，如图 2－7 所示。右侧显示的是空白文档和常用模板，左侧显示的是“新建”“打开”等功能选项，右下角显示的是最近使用文档的列表。

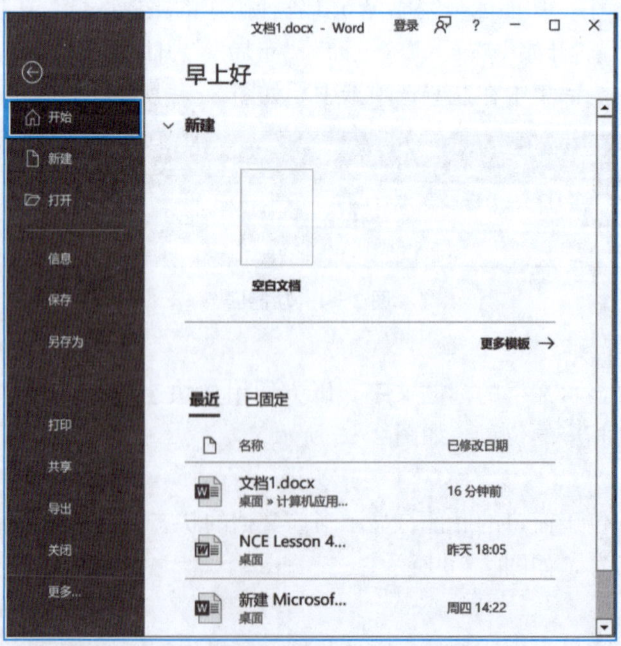

图 2－7　“开始”界面

1. 新建文档

（1）在“开始”界面中单击“空白文档”，即可新建一个 Word 文档，界面切换到编辑界面（工作界面）。新建的文档被临时命名为“文档 n”，这里的“n”是根据打开应用程序后新建文档的次序自动生成的一个序号。若完全关闭 Word，再次新建文档，则文档的序号会再次从 1 开始编号。

（2）单击“开始”标签切换到文件管理页，再单击“新建”按钮新建空白文档。

（3）使用快捷组合键【Ctrl+N】来新建空白文档。

2. 保存文档

在日常工作中要注意随时保存正在编辑的文档，通过如下方法可以完成保存工作：

（1）在“开始”界面中单击“保存”选项，即可保存当前 Word 文档。

（2）使用【Ctrl+S】组合键保存 Word 文档。

（3）在“开始”界面中单击“另存为”选项，该功能是将文档作为副本另存为其他文件名或另存到其他位置，如图 2-8 所示。

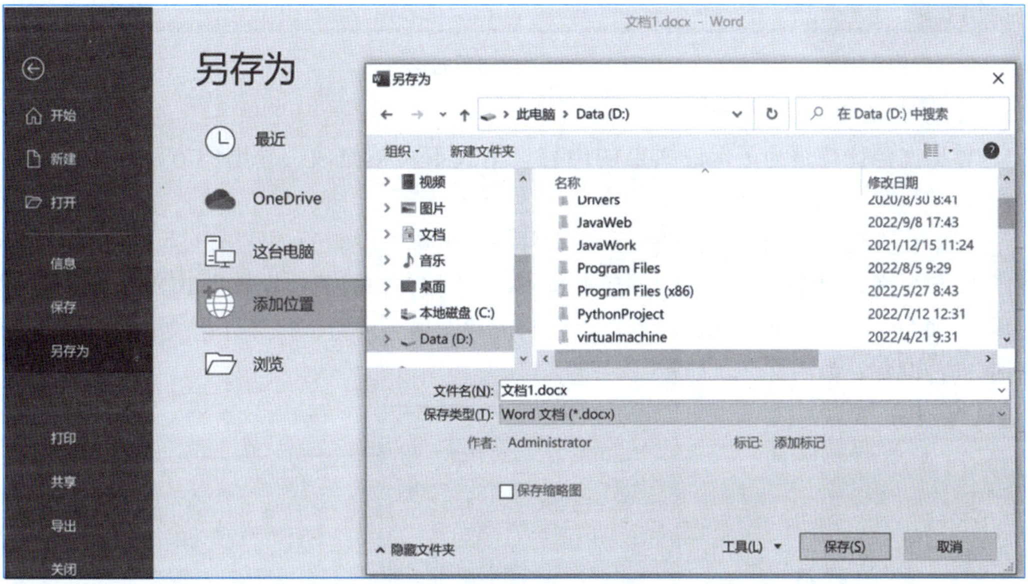

图 2-8　“另存为”对话框

需要注意的是，我们需要谨慎处理“另存为”的操作和副本文件。首先，需要考虑在“另存为”一个副本之前是否需要将编辑修改的信息保存到当前文件中，如果需要，则先存盘，再用“另存为”去保存副本；其次，需要注意，执行完“另存为”之后，Word 当前打开的就是被另存为的文件副本，这时我们就要注意文件版本的维护了。另外，“另存为”操作也是可以改变文档类型的重要方法。

3. 打印文档

打印文档的日常操作按照应用程序提示进行即可，如图 2-9 所示。但在某些特殊情况下需要注意打印输出与页面设置紧密相关，合理的页面设置才会有好的打印效果。

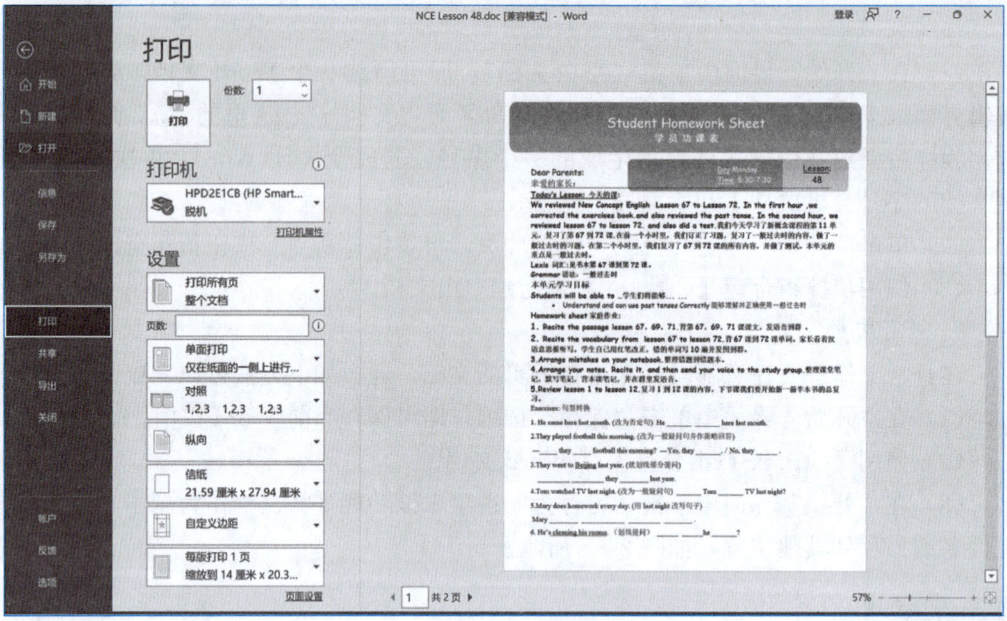

图 2-9 “打印”对话框

4. 导出文档

导出文档往往是为了保证文档的内容、格式不再被修改。导出的方法有“直接导出”和“另存为”两种。

其中，直接导出的操作方法为：在文件操作页单击左侧的“导出”项，切换到“导出”向导界面，再单击右侧的“创建 PDF/XPS”按钮，打开“发布为 PDF 或 XPS”对话框，如图 2-10 所示。此时，用户可以单击“选项”按钮，打开导出文档“选项”对话框进行设置，如图 2-11 所示。

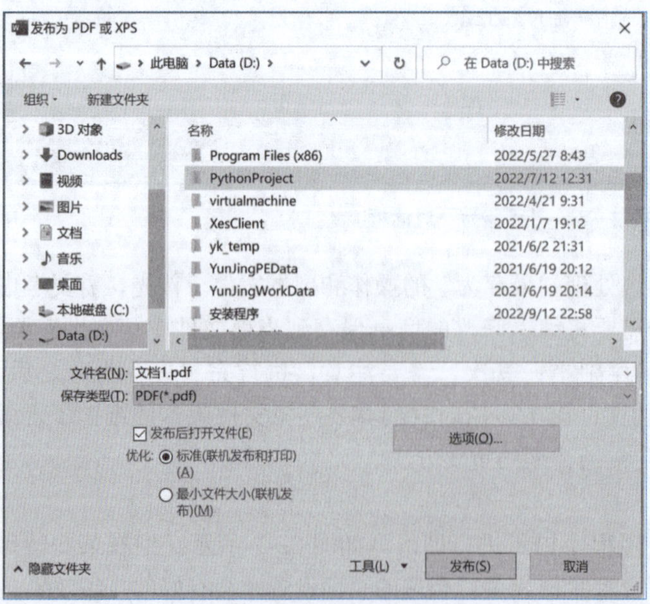

图 2-10 导出为 PDF/XPS 文件

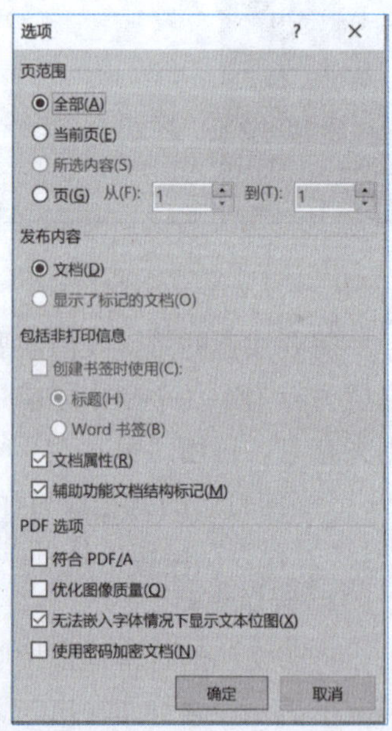

图 2-11 “选项”对话框

（四）文字选中

“文字选中”是指将某几个、某一行、某几行或者几段文字选中作为处理对象，被选中的文字一般呈现灰色背景。选中文字的方法主要有以下几种：

1. 鼠标拖拉操作法

首先将光标移动到需要选中的文本开头，比如，标题最前端，然后按下鼠标左键，拖动光标，直至需要选中的文字块的尾部，最后松开鼠标左键即可。

2. 鼠标按行选中法

在需要选中的某一行文字左侧的空白处，鼠标图标会变为“反向倾斜型”，单击鼠标左键，则这一行即被选中。如果单击后按住不松开鼠标，继续向下拖拉，则下面的多行被选中。同样，如果单击后按住而不松开鼠标，继续向上拖拉，则上面的多行被选中。

3. 键盘操作法

将光标移动到需要选中的文本开头处，按住键盘【Shift】键。点击（或者按住）键盘上移动光标的上、下、左、右键或者翻页键（【PgUp】、【PgDn】）中的任意一个，则光标经过或跨过的文字均被选中。

4. 全选中法

这个方法最简单，在键盘上使用组合键【Ctrl＋A】，则表示将整篇文档的所有对象选中。

（五）复制、剪切与粘贴

复制、剪切与粘贴功能是计算机操作中使用最广泛和最有用的功能。Windows 在内存中有一个区域被称为“剪贴板”，这是一个公共的内存区域，临时存放被复制或者被剪切出来的数据。

“复制”功能就是将选中的内容复制到剪贴板中，原内容不动，其快捷键为【Ctrl＋C】；“剪切”功能就是将选中的内容复制到剪贴板，同时删除原内容，其快捷键为【Ctrl＋X】；“粘贴”功能就是将剪贴板中的内容粘贴在选定的位置，其快捷键为【Ctrl＋V】。

复制、剪切与粘贴的操作一般有键盘操作法、功能区操作法、鼠标右键菜单操作法、鼠标拖拉复制法。

（六）查找与替换

Word 2016 提供了强大的查找与替换功能，可以准确、快速地查找与替换文本内容，特别是对于一些比较长的文档，通过这些功能可以大大提高工作效率。

1. 查找

将插入点移动至要查找的起始位置，单击“开始”选项组中“查找”下拉按钮，如图 2－12 所示；在弹出的下拉列表中选择“查找”命令，弹出“查找”导航窗格，如图 2－13 所示；选择“高级查找”命令，打开“查找和替换”对话框，如图 2－14 所示。

在“查找内容”文本框内输入要查找的内容，单击“查找下一处”按钮依次查找，被找到的字符反白显示。

完成操作后，关闭“查找和替换”对话框。

图 2-12　编辑组

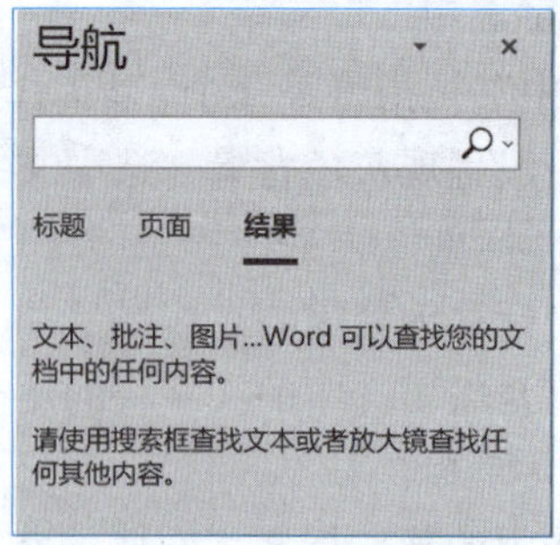

图 2-13　“查找”导航窗格

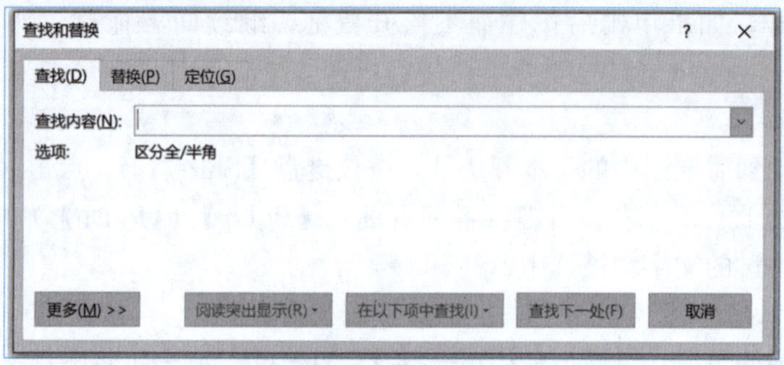

图 2-14　“查找和替换”对话框之“查找”

2. 替换

替换功能是查找功能的扩展，适用于替换多处相同的内容，如图 2-15 所示。在“替换为”文本框内输入要替换的内容，系统既可以每次替换一处查找内容，也可以一次性全部替换。

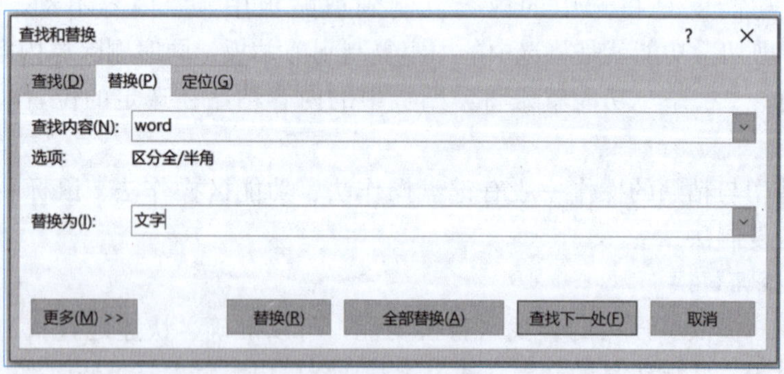

图 2-15　“查找和替换”对话框之“替换”

（七）文档内容的删除与恢复

Word 2016 中，当输入有误时，我们可以利用删除功能删除错误的字符。删除的字符不多时，我们可以先将插入点定位到要删除的字符位置，然后按【Delete】键则删除插入点右边的字符，按【Backspace】键则删除插入点左边的字符。如果删除一段文字，我们可以先选中文字，然后按【Delete】键完成删除操作。

在编辑过程中出现错误操作，可以单击快速访问工具栏的“撤销”按钮恢复原来的状态；“重复”按钮用来将撤销的命令重新执行，如图 2-16 所示。撤销的快捷键是【Ctrl+Z】。

图 2-16 “撤销”与“重复”按钮

二、Word 2016 工作界面

（一）字体

文档的基础是文字，而要让文字生动并表现出文本意义的结合、区分、排列等关系，则需要各种字体。实际应用中，同一个字符可以使用多种字体，每种字体又有多种字号，且可以呈现加粗、倾斜、颜色等基本效果，甚至是更为复杂的文字效果。

1. 字体、字号、字体颜色

单击“开始”选项卡“字体”选项组的对话框启动器，打开“字体”对话框，如图 2-17 所示。选择“字体”选项卡，在“中文字体”列表中选择所需字体，在“字形”和“字号”列表框中选择所需字形和字号。同时，用户还可以针对所选字体设置所需要的颜色。

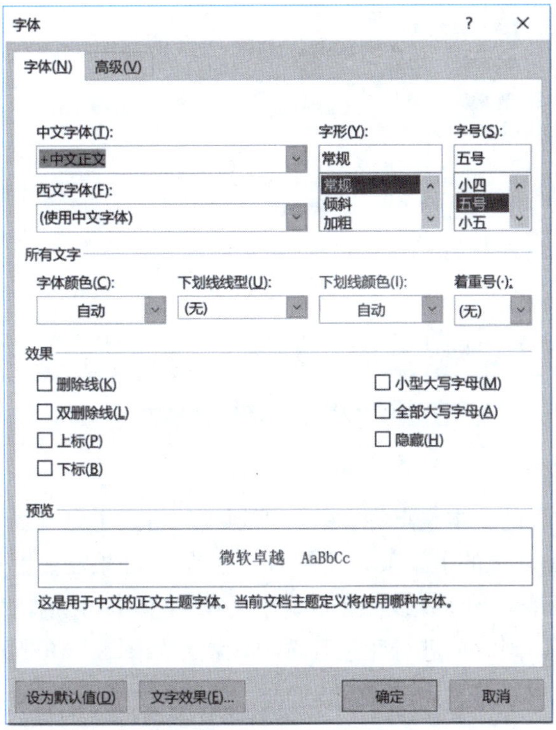

图 2-17 “字体”对话框

注意：在编辑区单击鼠标右键，弹出快捷菜单，选择“字体”命令，也可以快速启动“字体”对话框。

对于选中的文本，字体效果“即时可见”，即当鼠标指针在字体选择框中移动时，所选中的文本字体即按当前被选择的字体显示，从而方便字体的选择。对于未被选中的文本，在另外选择其他字体后，正文中在光标之后的文本将按照新选择的字体显示。由于字体很多，因此列表较长，可以在选择列表上方的输入框中输入首字母，从而快速找到所需要的字体所在范围。

2. 高级选项卡

选择“高级”选项卡，如图 2－18 所示，在“字符间距”的“间距 ”下拉列表中选择“标准”“加宽”或“缩放”，设置“磅值”，单击“确定”按钮即可设置所需格式。同时，“缩放”下拉列表可以通过百分比设置比例。

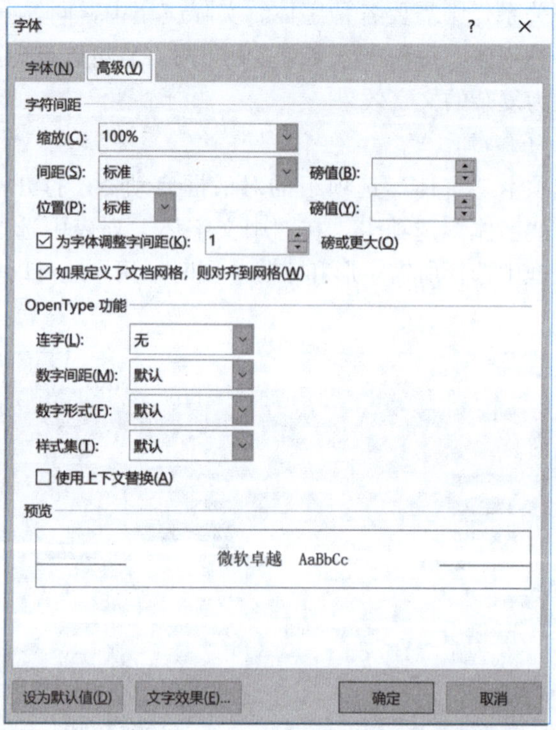

图 2－18 “高级”选项卡

3. 下划线及其他选项

下划线是最为传统的文本重点标识符，下划线的格式主要有线型与颜色。直接单击“下划线”按钮则添加默认的单线条，颜色为“自动”。如果需要更复杂的下划线，则单击旁边的下拉按钮，弹出下划线线型下拉选择框，在其中可选择“双下划线”“粗线”或“波浪线”等线型，同时可进行颜色等选项设置，如图 2－19 所示。

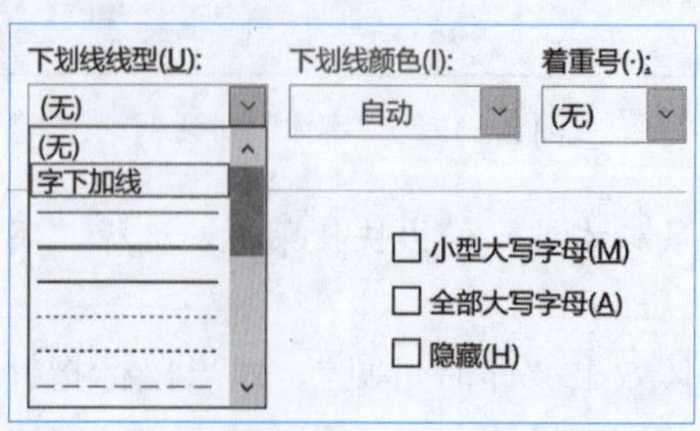

图 2－19 下划线线型下拉选择框及颜色

4. 格式刷

格式刷 格式刷 无疑是“格式的搬运工”，文本、段落、形状、表格等格式（如字体、段落、边框、填充等），均可被一次性地从一个对象“搬运”到另一个类似对象上。

（二）段落

段落在词义上是文章意义的自然划分单元。一个段落往往表达一个完整的含义，而在结构上却构成了文档的自然结构单元。一般以段落为单位进行格式和结构组织，一个段落的基本格式相同。在 Word 2016 中，默认情况下是显示段落标记。

单击“开始”选项卡“段落”选项组的对话框启动器，打开“段落”对话框，如图 2-20 所示，在“缩进和间距”选项卡的“常规”栏中，在“对齐方式”下拉列表框选择适当的选项。

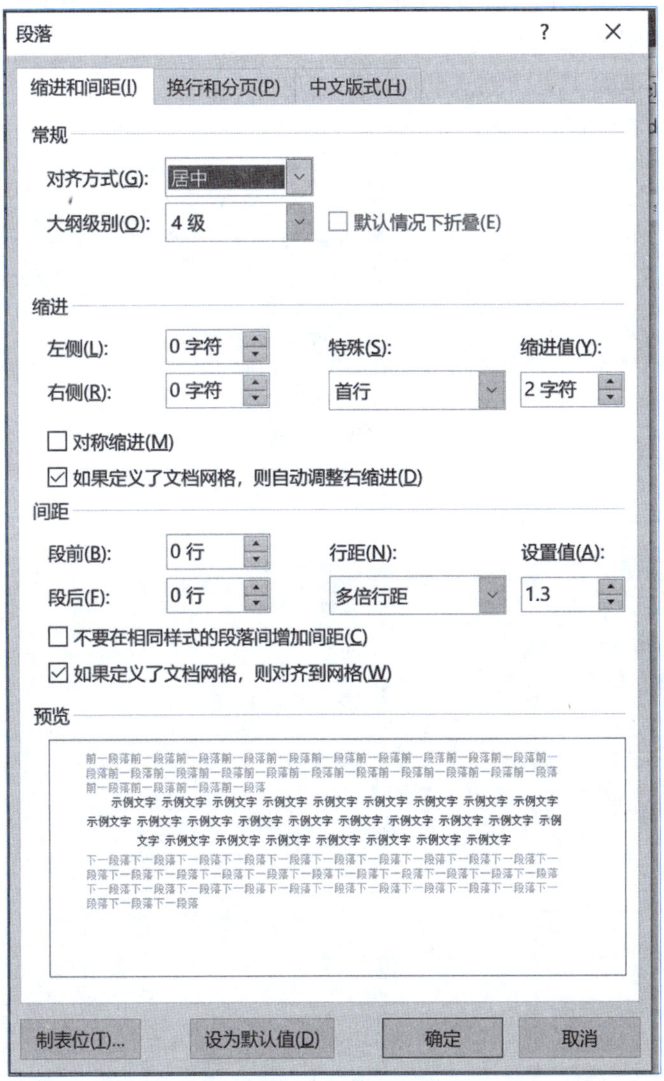

图 2-20　“段落”对话框

1. 缩进

缩进是指从页边距算起向页面的缩进位置，是独立于页边距规定的范围之外的段落位置的调整。

“左缩进”和“右缩进”都是整段相对于左边距和右边距的缩进。

“首行缩进”是段落中第一行的缩进量。

“悬挂缩进”是除第一行以外的其他行相对于第一行的缩进。如果输入“磅”值，会自动折算为厘米。

2. 间距

间距分为“行间距”和“段落间距”。其中，行间距即每行之间的间距，段落间距用“段前”和“段后”两个选项来控制，以实现与上一段和下一段“亲疏不同”的效果。

进行缩进操作的方法还可以使用“段落”组的“减少缩进量”或“增加缩进量”两个按钮，用于调整“左缩进”。“行间距”和“段前”“段后”间距都可以用“磅值”和“行”做单位，如图 2－21 所示。

“段落”对话框除了有“缩进和间距”选项卡，还有“换行和分页 ”“中文版式”选项卡，如图 2－22 所示。

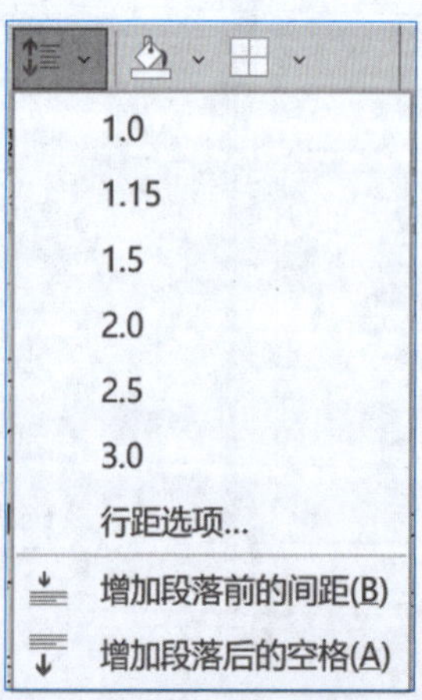

图 2－21　选项卡直接调整行距

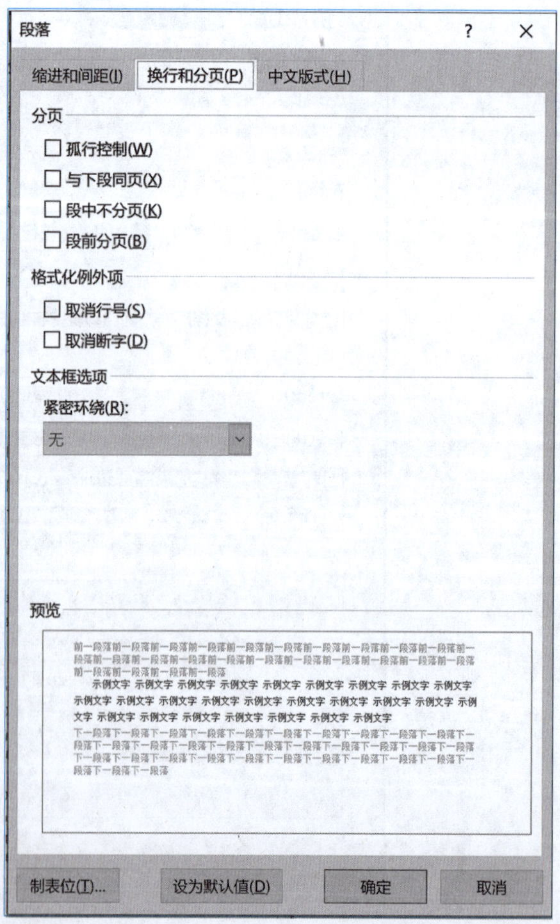

图 2－22　“换行和分页”选项卡

3. 项目符号

给段落添加项目编号只需要将光标停留在这个段落，然后单击“开始”选项卡→“段落”组→“项目符号”下拉按钮，在“项目符号”下拉组合列表中选择一项即可，如图 2－23（a）所示。直接单击“项目符号”按钮即添加最近使用过的项目符号。

说明：Word 2016 项目符号主要分为“项目符号库”和“文档项目符号”两类。在前者的图标上单击鼠标右键，可以将项目符号从库中删除；在后者的图标上单击鼠标右键，可以将其添加到项目符号库。

如果本段落有某一段落级别，可以选择组合列表框下端的“更改列表级别”，选择后项目符号可能变为编号。

如果需要新的符号作为段落项目符号，可以单击组合列表框下端“定义新项目符号”，弹出如图 2－23（b）所示的“定义新项目符号”对话框，在其中可以打开“符号”选择框、“图片”选择框和“字体”选择框以选择适当的符号和图案作为新的项目符号，并设置其字体和对齐方式。

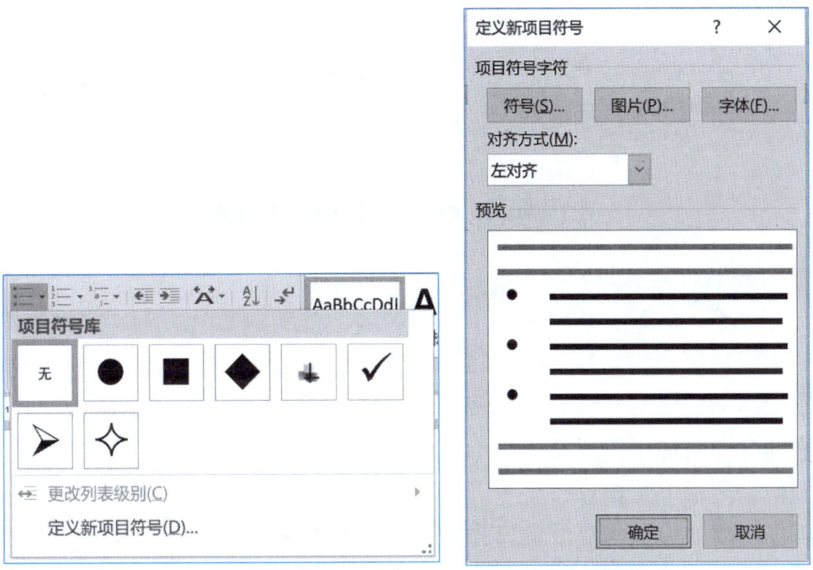

（a）　　　　　　　　　（b）

图 2－23　项目符号列表和定义新项目符号

4. 编号

与上一小节添加“项目符号”操作类似，单击“开始”选项卡→“段落”组→“编号”下拉按钮，然后选择即可，如图 2－24（a）所示。

说明：与项目符号类似，Word 2016 将编号主要分为“编号库”和“文档编号格式”两类。在前者的图标上单击鼠标右键，可以将其从库中删除；在后者的图标上单击右键，可以将其添加到编号库。

如果需要新的编号格式，可以单击组合列表框下方“定义新编号格式”，弹出如图 2－24（b）所示的“定义新编号格式”对话框，在其中可以选择新的编号样式并设置字体、对齐方式等。如果编号需要调的话，在对话框中也可以进行设置。

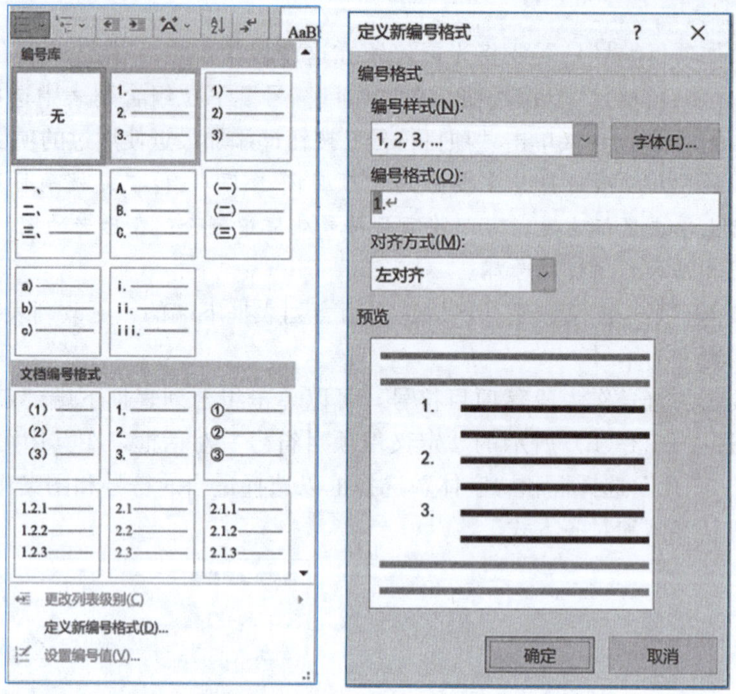

(a) (b)

图 2-24 添加编号和定义新编号格式

5. 边框与底纹

边框与底纹给人的第一印象是属于表格的属性选项，而 Word 2016 将边框与底纹引入为段落的功能选项，为实现很多新颖的配置提供了方便。

不同于文本的边框与底纹只是作用于选中的文本，段落的边框与底纹是针对整个段落进行设置的，即附加于段落之上，形成一个整体的分隔。例如，页眉下面的那条分割线，本质上就是段落下边框。

直接添加段落的边框与底纹的操作方法为：选中段落，单击“开始”选项卡→“段落”组→“边框”下拉按钮，在下拉组合列表中选择一种边框，如图 2-25（a）所示。默认按上次选择的边框颜色添加边框。

添加复杂边框或需要更改边框和底纹颜色的操作方法为：选中段落，单击“开始”选项卡→“段落”组→“边框”下拉按钮，在下拉组合列表中选择底部的“边框和底纹”，弹出“边框和底纹”对话框，如图 2-25（b）所示。在对话框中可以设置颜色、宽度等，同时选择“底纹”选项卡，针对文字或者段落设置不同要求的底纹，如图 2-26（a）所示。其中，需要注意“应用于”的选项选择，如果选择段落，那么还可以通过右下角的“选项”按钮设置边框线距离正文的间距，如图 2-26（b）所示。

（三）样式

文本样式包含文本的字体、字号、对齐方式、缩进、制表位、边框等格式属性，是最常用、最基础的工作样式。应用样式的方法非常简捷，可以利用“开始”选项卡和跟随式工具栏。

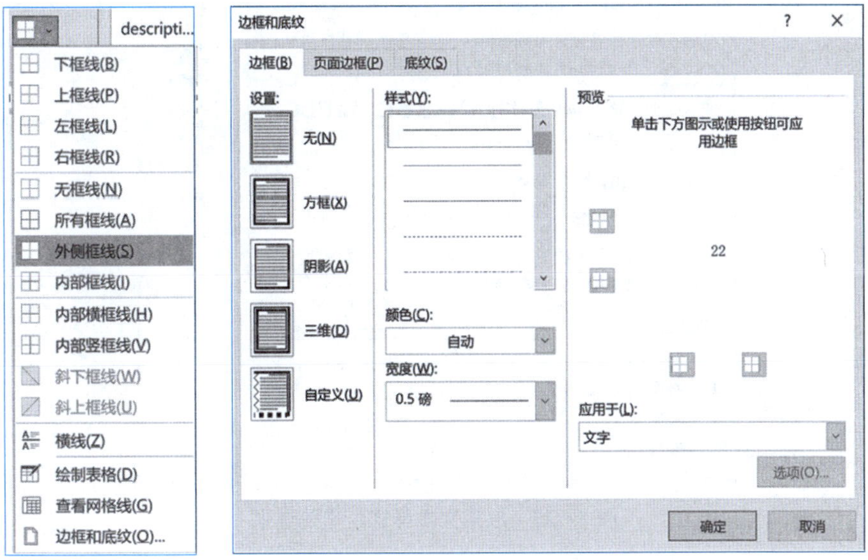

(a)　　　　　　　　(b)

图 2-25　为段落添加边框和底纹

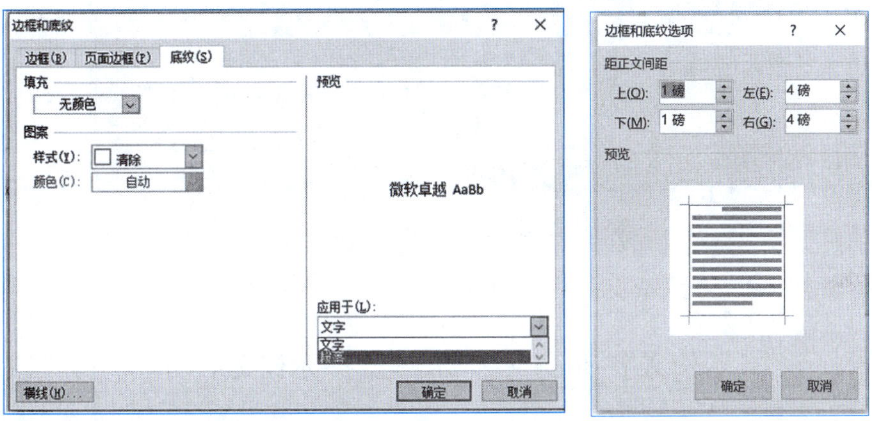

(a)　　　　　　　　(b)

图 2-26　为段落添加底纹和距离正文间距设置

修改样式可以通过“开始”选项卡→“样式”组→选中样式库窗口中的某种样式，如图 2-27 所示，选择右键菜单的“修改”，便可以弹出如图 2-28 所示的“修改样式”对话框。

“修改样式”对话框是维护样式的关键环节。一个样式的属性包括：

（1）名称：这是样式的标识，不可重名。例如“正文”“标题”等，这些保留名称在修改后，Word 2016 会自动将保留名称加到修改后的名称开头。

（2）样式基准：修改或者新建样式的来源参照，修改时会自动赋值，不必调整。文本样式的基准一般来源“正文”。如果选择其他样式作为基准，则将所选样式的格式带入，然后再调整后形成新的样式。

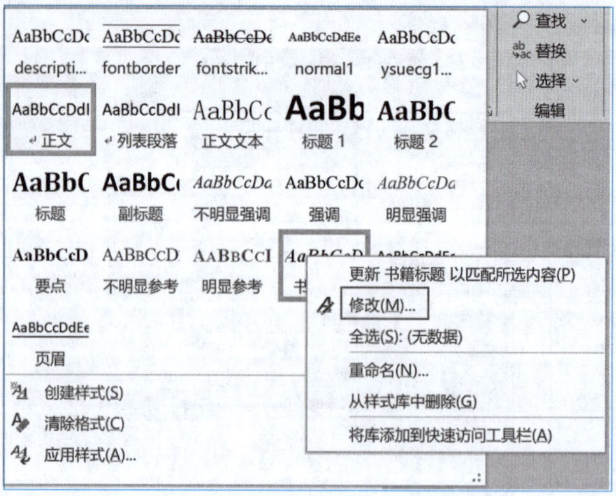

图 2-27　应用文本样式、修改选项

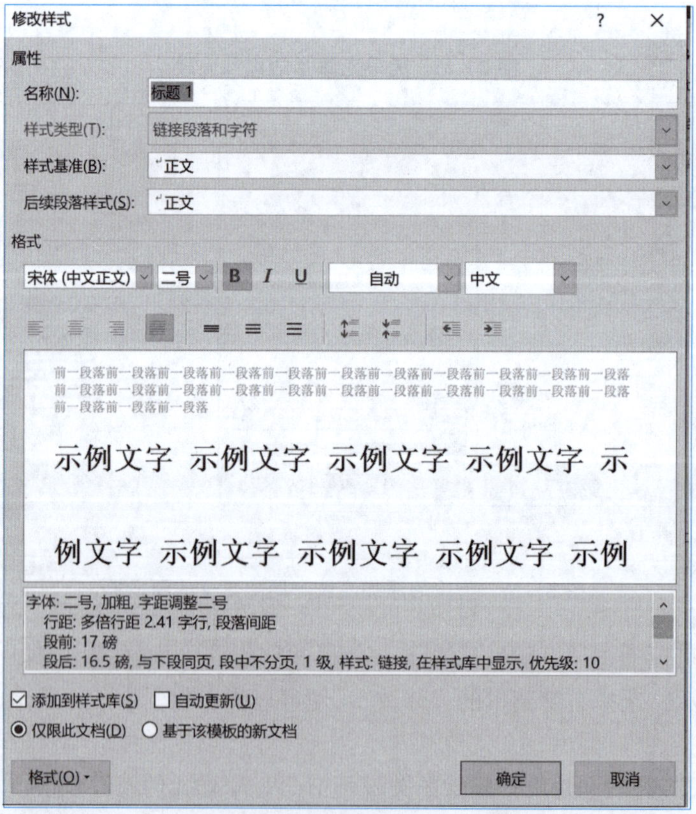

图 2-28　“修改样式”对话框

（3）格式：预览框上端的“格式”主要针对字体、字形、字号、对齐方式等进行设置。

样式格式中字体、段落、制表位、边框等属性选项的调整方法与前面所介绍的各个选项对话框的使用方法相同。

（四）页眉、页脚、页码

页眉、页脚分别处于页面上、下端，是页面的留白空间。在 Word 2016 中，页眉、页脚内容有多页相同、多页共享、分节管理的特点。这里“多页”可以是整个文档，也可以是奇数页、偶数页、某一节、某一页。

1. 插入页眉、页脚、页码

常规插入页眉、页脚的方法：单击“插入”选项卡→“页眉和页脚”组→“页眉”按钮（或者“页脚”“页码”按钮），出现页眉（或页脚、页码）组合列表框，如图 2－29 所示。

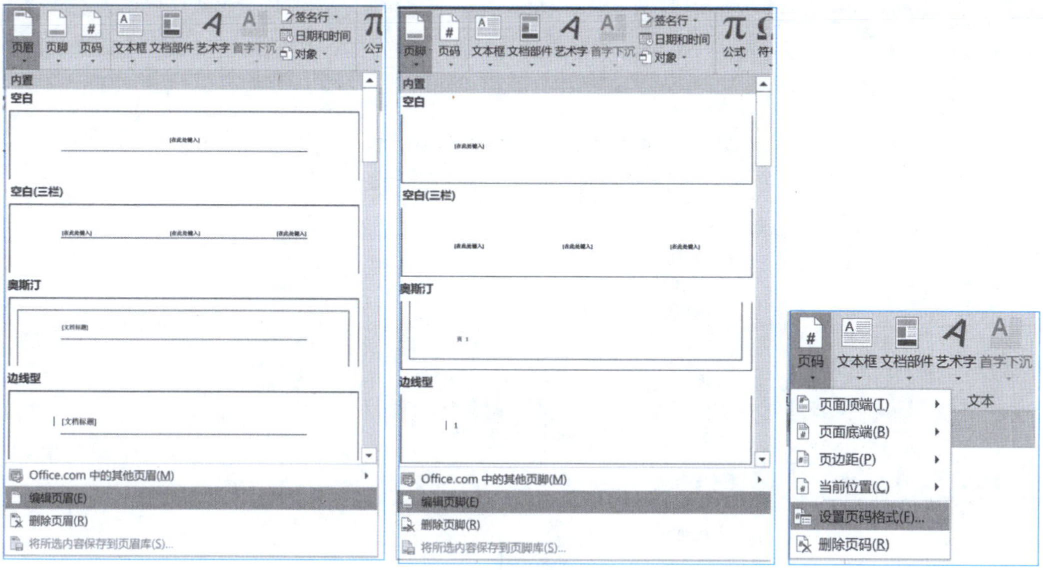

（a）　　　　（b）　　　　（c）

图 2－29　“页眉”“页脚”“页码”选项

2. “插图”组

单击“插入”选项卡，便可以插入各种对象，如图表。如果喜欢，用户也可以设置将图片、SmartArt 图形插入，如图 2－30 所示。

图 2－30　“插图”组

3. “导航”组

Word 2016 可以在节与节之间、页眉与页脚之间切换。按节来控制页眉、页脚，给文档页面配置增加了极大的灵活性。

（五）“设计”选项卡

在“设计”选项卡中可以设置文档格式、页面背景颜色等，如图 2-31（a）所示。

调整页面颜色的方法很简单，在下拉调色板中选择一种颜色即可。如果需要，也可以给页面添加纹理等填充效果甚至图片，只需单击下拉组合列表框底部的“填充效果”选项，就会弹出“填充效果”对话框，如图 2-31（b）所示，在其中进行填充效果或图片的选择即可。其中，图片类似于图片水印，以平铺的方式展开。

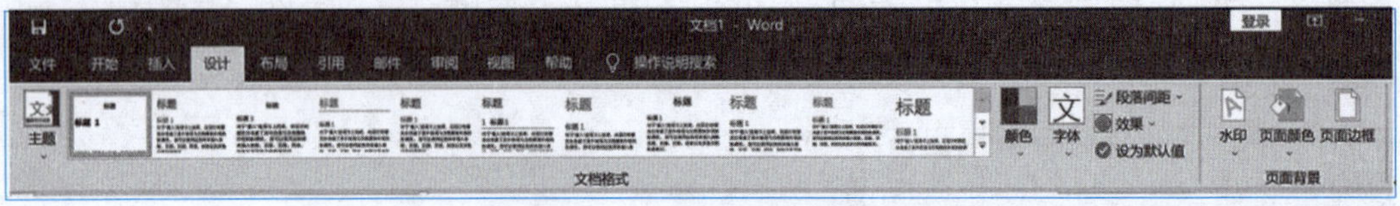

（a）

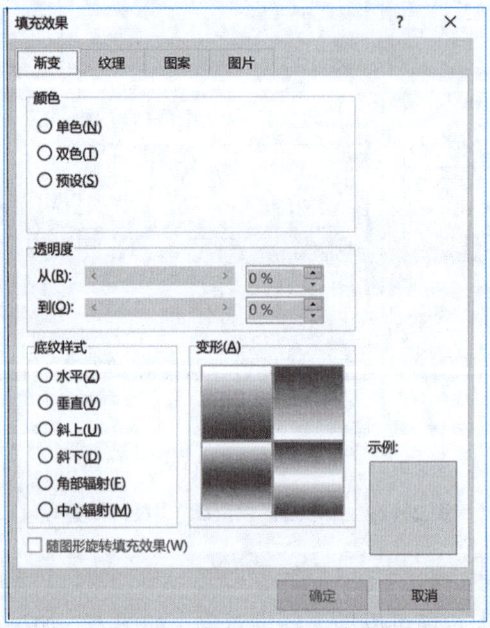

（b）

图 2-31　“填充效果”对话框

（六）“布局”选项卡

我们可以将页面布局的要素分为两类：一是基本结构要素，二是跟内容相关的要素。页面设置几乎是文档编撰中的首要工作，特别是对于大型文档而言，因为页面基础框架取决于页面设置，这将影响整个版面的视觉效果。“布局”选项卡如图 2-32 所示。

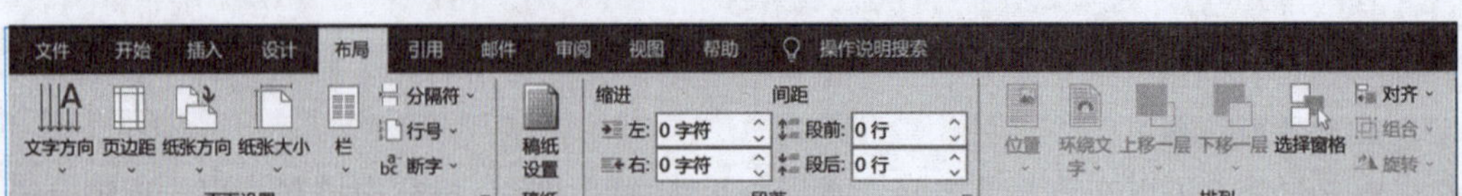

图 2-32　“布局”选项卡

1. 页边距

页边距是页面文字到页面边缘的距离，是页面重要的留白空间和添加附属内容（如页眉、页脚和页码）的区域，如图 2 - 33 所示。

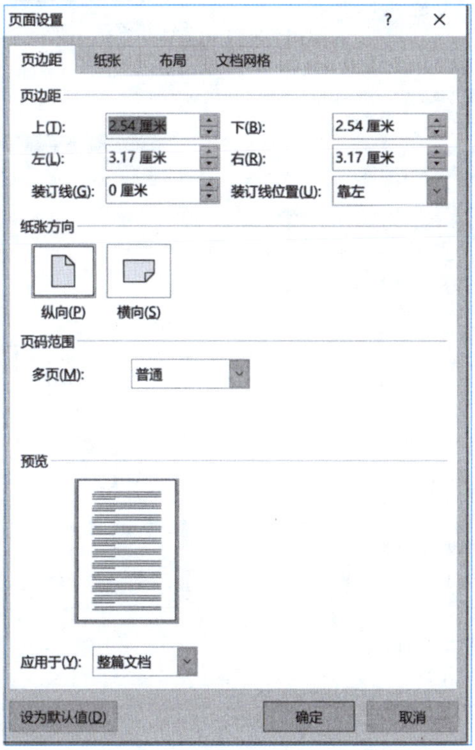

图 2 - 33　“页边距”选项卡

选择“页面设置”对话框中页边距的各项参数时，在“预览”区域可动态看到其对页面布局的具体影响。“装订线”是指纸张边缘留出来供装订用的界线。在装订线那一侧，页边距是从装订线开始算起的。“应用于”选项一般为“本节/插入点之后/整篇文档”三选一，以便用户将某些特殊的页面设置控制在需要的范围内。

2. 纸张大小与方向

纸张大小与方向的直接设置也非常简单：单击“布局”选项卡→“页面设置”组→“纸张大小”按钮，在预设列表中选择一种单击即可，如图 2 - 34 所示。需要对纸张进行详细设置时，可以单击“纸张大小”列表中底部的“其他纸张大小”，单击“页面设置”对话框，在“纸张”选项卡中进行详细设置，如图 2 - 35 所示。

3. 分栏

分栏即将一页或一段中的一整块文字分成两栏或两栏以上显示。分栏一方面使阅读更快，另一方面使排版更紧凑，因为段落文字总体上需要更多的留白和间隔。

分栏的步骤很简单：选中需要分栏的段落，单击“布局”选项卡→“页面设置”组→“分栏”按钮，弹出“栏”对话框，如图 2 - 36 所示。显示分栏列表，选择“更多分栏”，在其中选择“两栏”“三栏”或者“偏左”“偏右”即可。

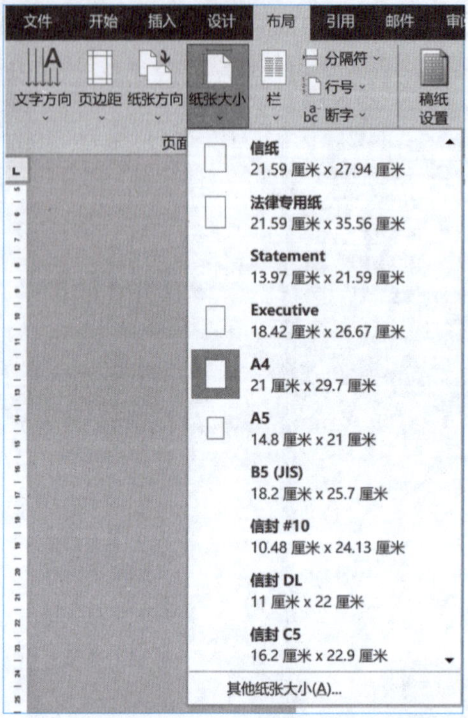

图 2-34 “纸张大小”列表

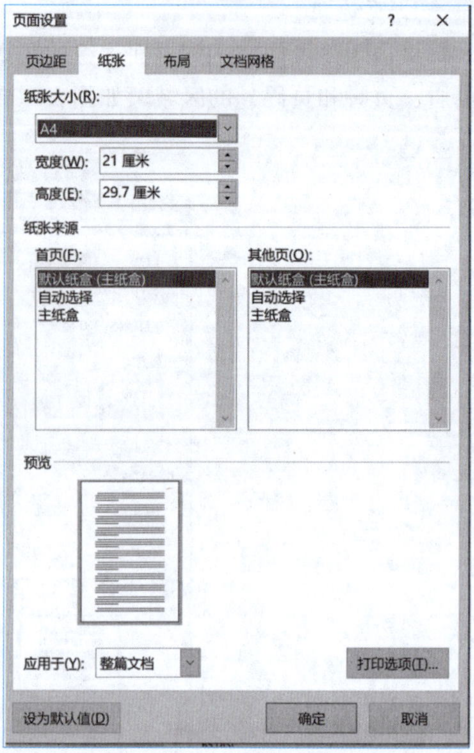

图 2-35 “纸张”选项卡

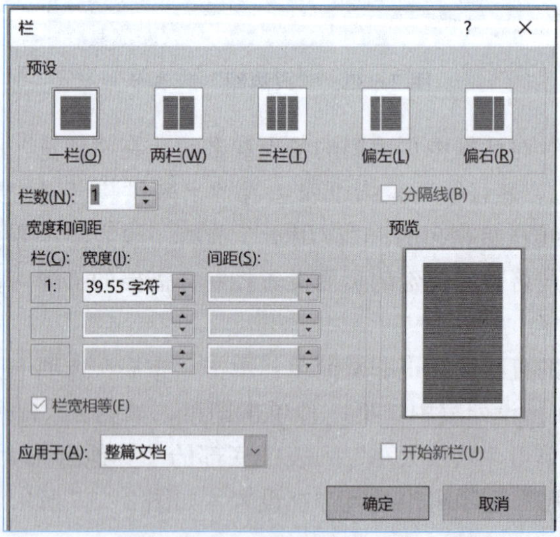

图 2-36 分栏选项设置对话框

需要注意的是，分栏之间可以插入分隔线。在设置分栏时可以选择“应用于”下列范围：所选文字、本节、插入点之后、整篇文档。要选择“所选文字”的话，必须先在文档中选中一个或多个段落。默认分栏的应用范围为“整篇文档”，即当光标停留在文档任何位置，利用选项卡的分栏功能时即会使整个文档分栏。

4. 分隔符

分隔符是将长文档隔断的非打印符号，包括分页符和分节符，打印时不会显现。分页符的主要作用：可以使文档章节或长段落从新的一页开始，也可以在插入分页符后，即使修改文字段落也不会改变分页位置。而使用分节符则可以更好地控制文档中不同“节”的格式。

插入分隔符的操作方法为：

（1）将光标停留在文档中需要插入分隔符的位置。

（2）单击“布局”选项卡→“页面设置”组→“分隔符”下拉按钮，显示“分隔符”下拉列表，如图 2－37 所示。

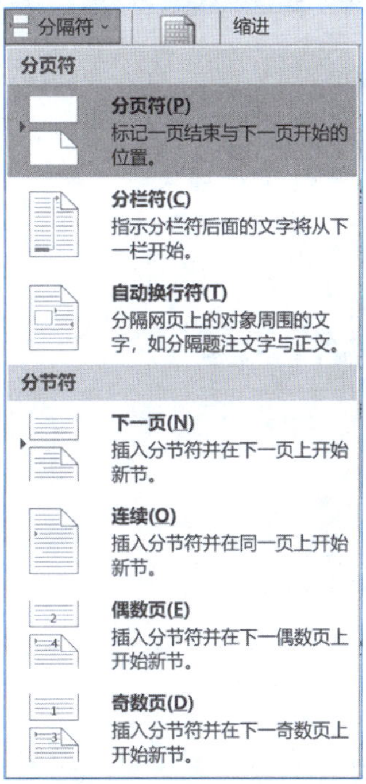

图 2－37　插入分隔符

（3）在列表中选择一种分隔符，单击即插入该分隔符。

5. 分节管理

Word 2016 文档遵循“分节管理”原则：包括分栏、纸张大小、页边距、纸张方向、文字方向、页眉和页脚甚至页码位置都可以通过分节的方法在不同的节中设置不同效果。

分节管理经常用于：

（1）目录分割，例如，给文档目录与正文设置不同的页码格式，通常目录页码采用罗马数字，而正文页码采用阿拉伯数字。

（2）章节分割，即对不同的章节添加不同的页眉、页脚、页码等文档章节标识。

（3）插入特殊版式页面，例如，在常规排版的文档中插入特殊页面（如在纵向文档中插入横向页面）。

（七）目录

对文档进行了段落分级以后，可以自动生成目录。只有进行了段落分级，高于正文级别的段落才能进入导航窗格的标题中，也才能被生成目录。

（1）在文档中建立适当的标题级别，如果是多级标题，建议辅之以多级列表与不同的字号、段落间距。

（2）首先，将光标停留在建立目录的位置上，例如文档的开头，如果有封面则位于封面之后。然后，单击“引用”→“目录”组→“目录”下拉按钮，弹出下拉组合列表，如图 2-38 所示。

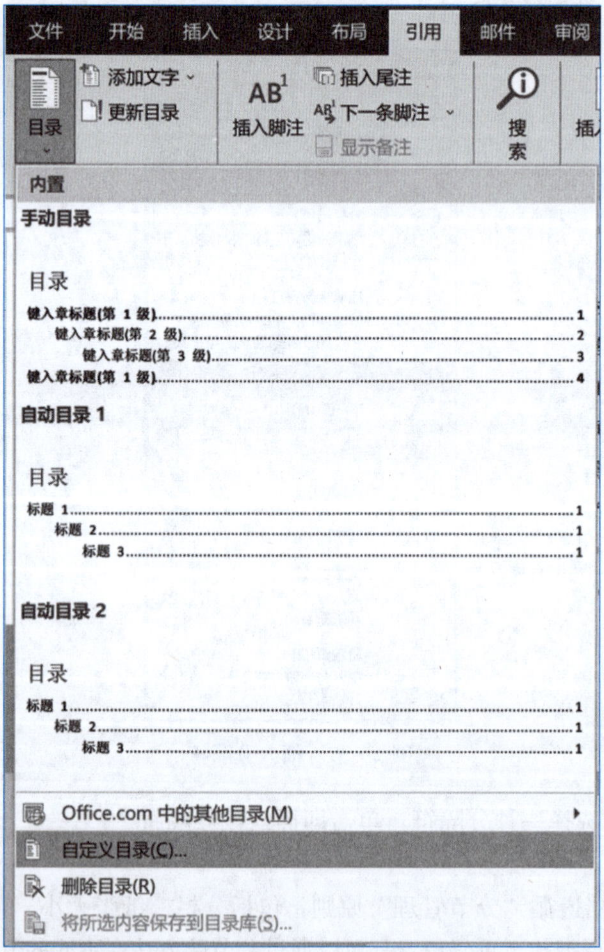

图 2-38 “目录”按钮下拉列表

（3）如果只需要简单生成目录，则只要在内置的“自动目录 1”或“自动目录 2”中选择一种即可，不需要后续步骤。如果需要特殊定制的目录，则单击列表下端的“自定义目录”选项，弹出“目录”对话框，如图 2-39 所示。

（4）设置自定义目录的一个关键环节是单击右下角的“选项”按钮，弹出“目录选项”对话框，如图 2-40 所示。

（5）可以在“目录选项”对话框中删除某些不需要的级别标题，或者添加所需要的

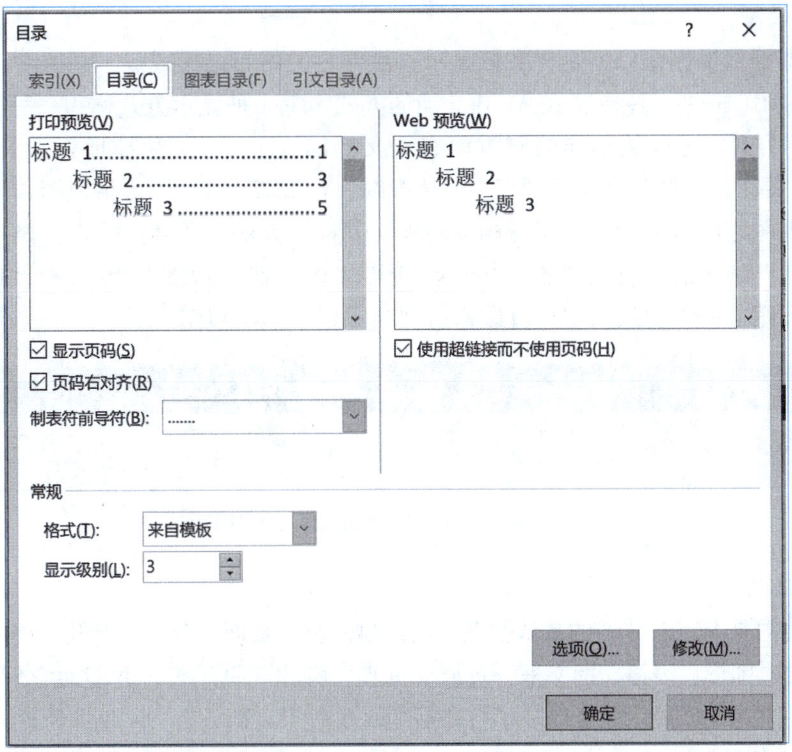

图 2 - 39　自定义“目录”对话框

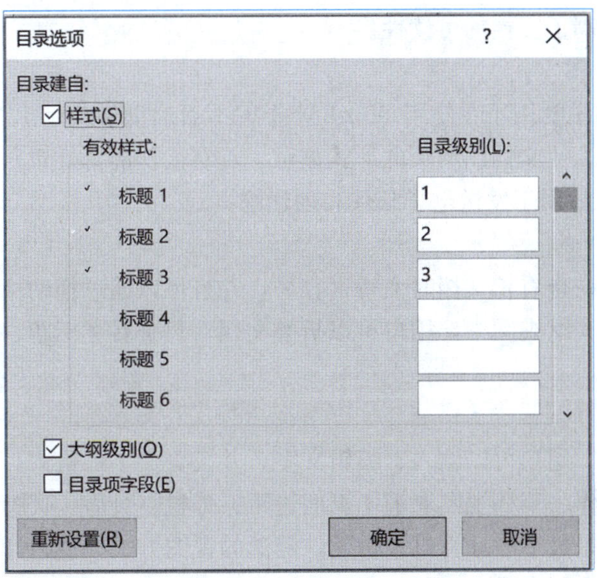

图 2 - 40　“目录选项”对话框

级别标题。Word 2016 默认将三个级别的段落纳入目录。需要删除时，删除“目录级别”输入框中的数字即可；需要添加时，再输入合适的数字即可。

（6）调整后，单击各个对话框的“确定”按钮，Word 2016 则会在指定位置自定义目录。

（八）视图

视图即编辑操作窗口，是与文档显示、操作相关的布局模式。

Word 2016 提供了多种显示 Word 文档的方式，每一种显示方式称为一种视图。使用不同的显示方式，可以从不同的侧重面查看文档，从而高效、快捷地查看、编辑文档。Word 2016 提供的视图包括页面视图、阅读视图、Web 版式视图、大纲视图和草稿视图。

各种视图之间可以方便地进行相互转换，其操作方法有两种：（1）选择“视图”选项卡“视图”组中的“页面视图”“阅读视图”“Web 版式视图”“大纲”“草稿”按钮来转换，如图 2－41 所示。（2）可以通过“状态栏”切换视图。

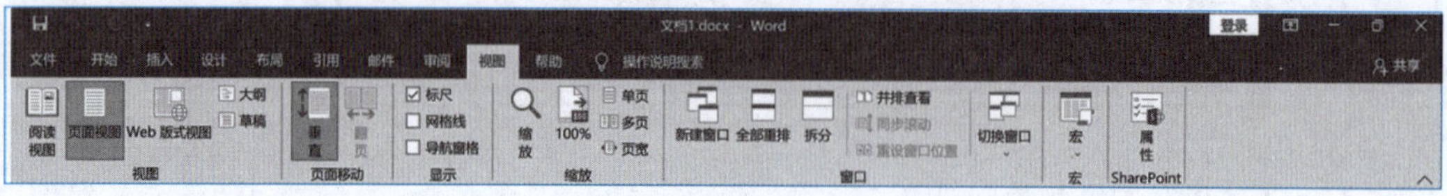

图 2－41　“视图”选项卡及视图切换

1. 页面视图

页面视图是 Word 2016 的默认视图，可以显示整个页面的分布情况及文档中的所有元素，如正文、图形、表格、图文框、页眉、页脚、脚注和页码等，并能对它们进行编辑。在页面视图方式下，显示效果反映了打印后的真实效果，即具有“所见即所得”功能。

2. 阅读视图

阅读视图不仅隐藏了不必要的工具栏，最大可能地增大了窗口，而且将文档分为两栏，从而有效地提高了文档的可读性。

3. Web 版式视图

Web 版式视图主要用于在使用 Word 创建 Web 页时能够显示出 Web 效果。Web 版式视图优化了布局，使文档以网页的形式显示，具有最佳屏幕外观，使得联机阅读更容易。Web 版式视图适用于发送电子邮件和创建网页。

4. 大纲视图

大纲视图可以在查看长文档时变得很容易，并且可以通过拖动标题来移动、复制或重新组织正文。在大纲视图中，用户可以折叠文档，只查看主标题，或者扩展文档，以便查看整篇文档。

5. 草稿视图

在草稿视图中，用户可以输入、编辑文字，并设置文字的格式，对图形和表格可以进行一些基本的操作。草稿视图取消了页面边距、分栏、页眉、页脚和图片等元素，仅显示标题和正文，是最节省计算机系统硬件资源的视图方式。现在计算机系统的硬件配置都比较高，基本上不存在由于硬件配置偏低而使 Word 2016 运行遇到障碍的问题。

（九）帮助系统

Word 2016 提供了丰富的联机帮助功能，可以随时解决用户在使用 Word 2016 中遇到的问题。用户可以使用关键字和目录来获得与当前操作相关的帮助信息。选择“帮助”选项卡上的命令按钮，即可打开“帮助”窗口，如图 2－42 所示。

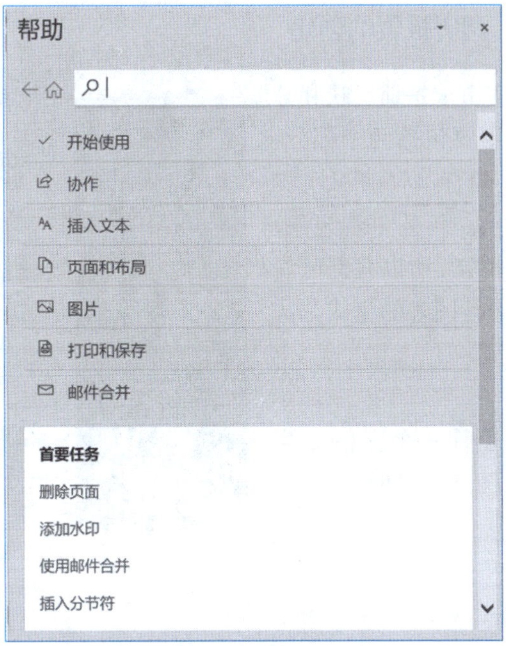

图 2-42　“帮助”窗口

做一做： 请同学们设置个性化的 Word 工作界面。

第 2 节　文档的制作与编辑——制作调研报告

调研报告是指对某一情况、某一事件、某一经验或问题，经过在实践中对其客观实际情况的调查了解，将调查了解到的全部情况和材料进行“去粗取精、去伪存真、由此及彼、由表及里”的分析研究，揭示出本质，寻找出规律，总结出经验，最后以书面形式陈述出来。

我们针对现在中国茶叶行业产销需求与投资预测制作一份调研报告，如图 2-43 所示。

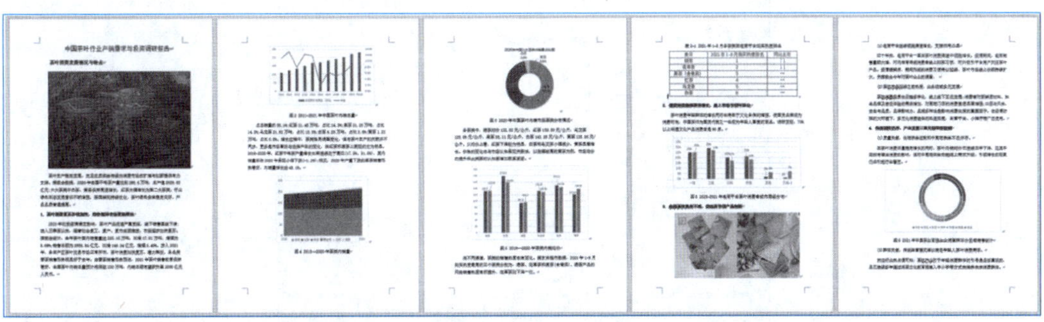

图 2-43　中国茶叶行业调研报告

一、文档的制作：调研报告的创建

调研报告的核心是实事求是地反映和分析客观事实。调研报告主要包括两个部分：一是调查，二是研究。调查，应该深入实际，准确地反映客观事实，不凭主观想象，按事物的本来面目了解事物。所以我们可以利用数据表格中的数据进行图表的生成，认真分析。

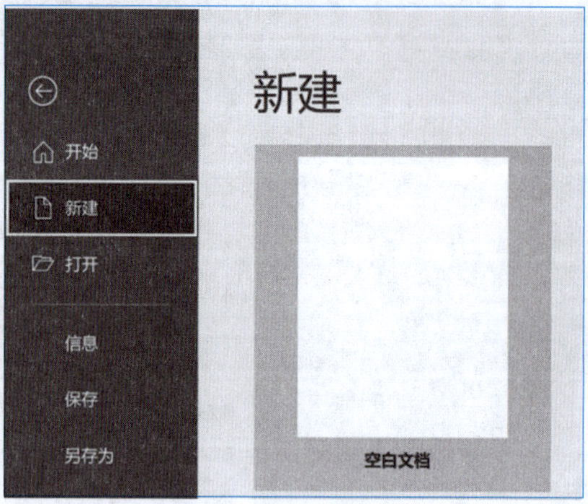

图 2-44　新建空白文档

（一）创建文档

启动 Word 2016，创建一个空白文档作为调研报告文档，如图 2-44 所示。

（二）页面设置

（1）通过“页边距”选项卡，设置纸张的页边距上、下、左、右均为 2 厘米。纸张方向设为“横向”，应用于选择“整篇文档”，同时可以设置装订线位置，如图 2-45 所示。

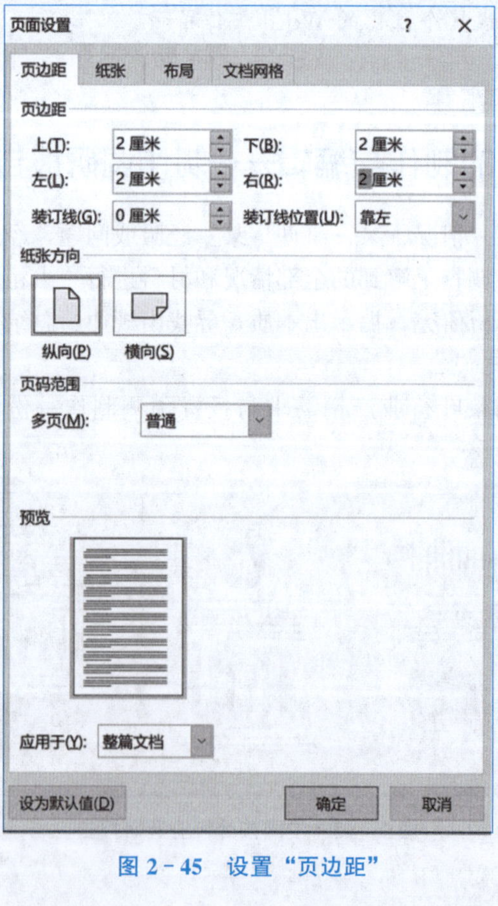

图 2-45　设置“页边距”

（2）单击“布局”选项卡→“页面设置”组→“纸张大小”按钮，在预设列表中选择一种单击即可。如果需要对纸张进行详细设置，则可以单击“纸张大小”列表中底部的“其他纸张大小”，单击“页面设置”对话框，在“纸张”选项卡进行详细设置，如图 2-46 所示。

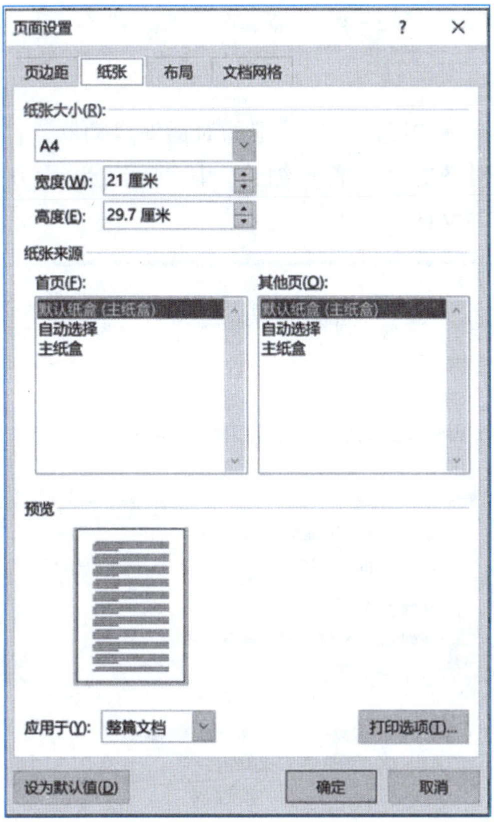

图 2-46　设置“纸张”

（三）保存文档

选择“文件”→“另存为”命令，将文档保存到合适位置，同时注意排版过程中边排版边保存，以防文件丢失。

二、文档的编辑：调研报告的排版

设计一篇调研报告，除了输入和编辑文本之外，可以使用多种字体、字号、字形和颜色修饰文本，可以设置段落的对齐方式、缩进方式、段落间距，可以设置字间距和行间距，可以为文本添加边框和底纹，可以准确地设置打印的页面。

（一）字体设置

通过“开始”选项卡→“字体”组将标题设为宋体、小二号、加粗、居中。第一行主题设为宋体、四号、粗体。数字开头标题设为宋体、小四号、常规字体。正文文字均设为宋体、小四号。“字体”与“段落”组如图 2-47 所示。

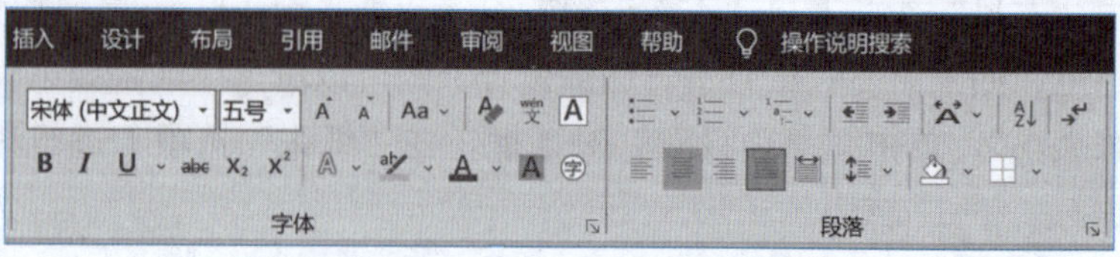

图 2－47　“字体”与“段落”组

(二) 段落设置

单击“开始”选项卡→“段落”选项组的对话框启动器，打开“段落”对话框，如图 2－48 所示。设置好对齐方式、首行缩进，段前间距设为 0 行、段后间距设为 0.5 行，行距选择多倍行距，设置值为 1.3。

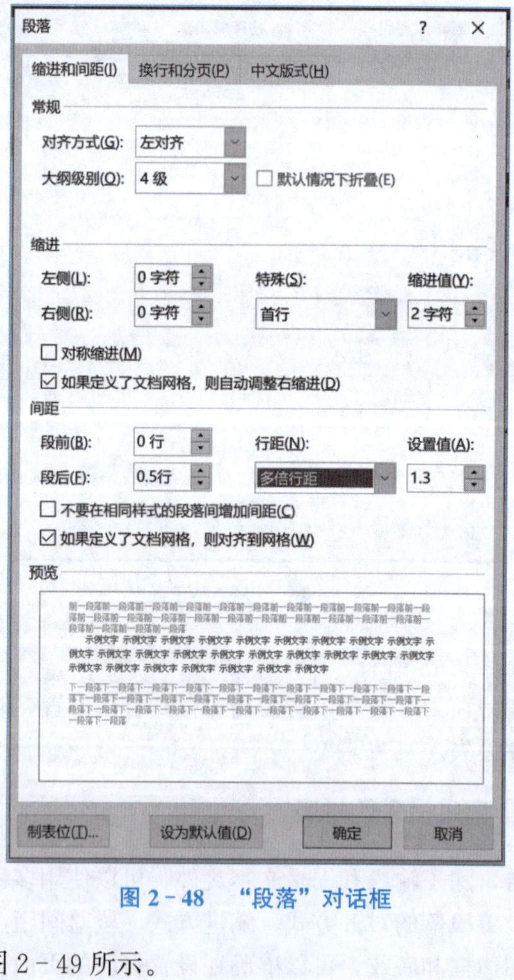

图 2－48　“段落”对话框

设置后的效果如图 2－49 所示。

(三) 插入图片

将光标放在所需插入图片的位置，本文档有两处。通过“插入”选项卡→“插图”组，单击图片下拉列表，选择“此设备”，如图 2－50 所示。接着打开对话框，在本机保存图片的文件夹中，选中所需图片，然后单击“插入”，或者双击选中的图片，即可插入选中的图片。用同样的方式插入另一张图片。

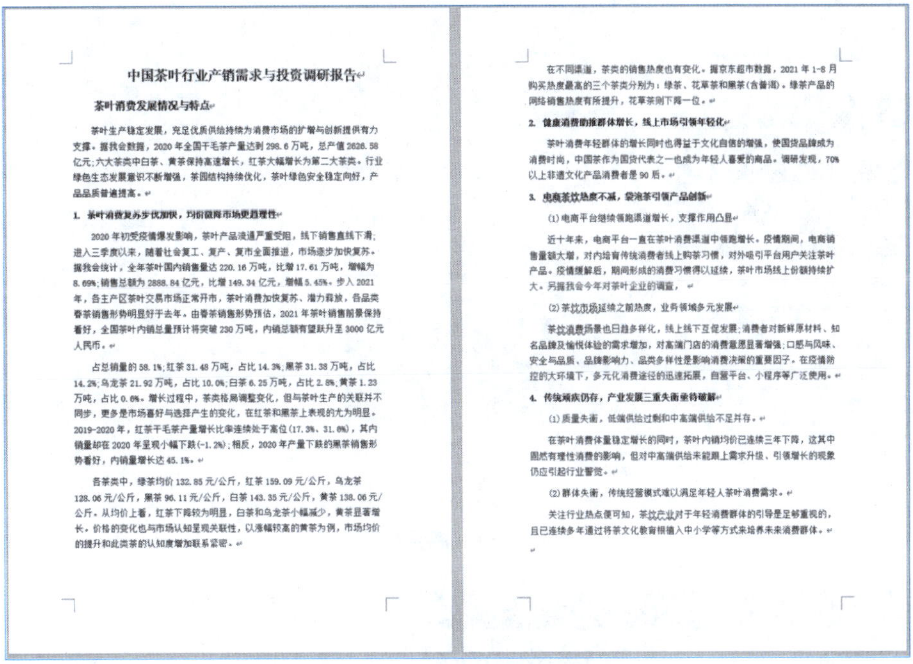

中国茶叶行业产销需求与投资调研报告

茶叶消费发展情况与特点

茶叶生产稳定发展，充足优质供给持续为消费市场的扩增与创新提供有力支撑。据我会数据，2020 年全国干毛茶产量达到 298.6 万吨，总产值 2626.58 亿元；六大茶类中白茶、黄茶保持高速增长，红茶大幅增长为第二大茶类。行业绿色生态发展意识不断增强，茶园结构持续优化，茶叶绿色安全稳定向好，产品品质普遍提高。

1. 茶叶消费复苏步伐加快，均价回降市场更趋理性

2020 年初受疫情爆发影响，茶叶产品流通严重受阻，线下销售直线下滑；进入三季度以来，随着社会复工、复产、复市全面推进，市场逐步加快复苏。据我会统计，全年茶叶国内销售量达 220.16 万吨，比增 17.61 万吨，增幅为 8.69%；销售总额为 2888.84 亿元，比增 149.34 亿元，增幅 5.45%。步入 2021 年，各主产区茶叶交易市场正常开市，茶叶消费加快复苏、潜力释放，各品类春茶销售形势明显好于去年。由春茶销售形势预估，2021 年茶叶销售前景保持看好，全国茶叶内销总量预计将突破 230 万吨，内销总额有望跃升至 3000 亿元人民币。

占总销量的 58.1%；红茶 31.48 万吨，占比 14.3%；黑茶 31.38 万吨，占比 14.2%；乌龙茶 21.92 万吨，占比 10.0%；白茶 6.25 万吨，占比 2.8%；黄茶 1.23 万吨，占比 0.6%。增长过程中，茶类格局调整变化，但与茶叶生产的关联并不同步，更多是市场喜好与选择产生的变化，在红茶和黑茶上表现的尤为明显。2019-2020 年，红茶干毛茶产量增长比率连续处于高位（17.3%、31.6%），其内销量却在 2020 年呈现小幅下跌（-1.2%）；相反，2020 年产量下跌的黑茶销售形势看好，内销量增长达 45.1%。

各茶类中，绿茶均价 132.85 元/公斤，红茶 159.09 元/公斤，乌龙茶 128.06 元/公斤，黑茶 96.11 元/公斤，白茶 143.35 元/公斤，黄茶 138.06 元/公斤。从均价上看，红茶下降较为明显，白茶和乌龙茶小幅减少，黄茶显著增长。价格的变化也与市场认知呈现关联性，以涨幅较高的黄茶为例，市场均价的提升和此类茶的认知度增加联系紧密。

在不同渠道，茶类的销售热度也有变化。据京东超市数据，2021 年 1-8 月购买热度最高的三个茶类分别为：绿茶、花草茶和黑茶（含普洱）。绿茶产品的网络销售热度有所提升，花草茶则下降一位。

2. 健康消费助推群体增长，线上市场引领年轻化

茶叶消费年轻群体的增长同时也得益于文化自信的增强，使国货品牌成为消费时尚，中国茶作为国货代表之一也成为年轻人喜爱的商品。调研发现，70% 以上非遗文化产品消费者是 90 后。

3. 电商茶饮热度不减，袋泡茶引领产品创新

(1) 电商平台继续领跑渠道增长，支撑作用凸显

近十年来，电商平台一直在茶叶消费渠道中领跑增长。疫情期间，电商销售量额大增，对内培育传统消费者线上购茶习惯，对外吸引平台用户关注茶叶产品。疫情缓解后，期间形成的消费习惯得以延续，茶叶市场线上份额持续扩大。另据我会今年对茶叶企业的调查，

(2) 茶饮市场延续之前热度，业务领域多元发展

茶饮消费场景也日趋多样化，线上线下互促发展；消费者对新鲜原材料、知名品牌及愉悦体验的需求增加，对高端门店的消费意愿显著增强；口感与风味、安全与品质、品牌影响力、品类多样性是影响消费决策的重要因子。在疫情防控的大环境下，多元化消费途径的迅速拓展，自营平台、小程序等广泛使用。

4. 传统顽疾仍存，产业发展三重失衡亟待破解

(1) 质量失衡，低端供给过剩和中高端供给不足并存。

在茶叶消费体量稳定增长的同时，茶叶内销均价已连续三年下降，这其中固然有理性消费的影响，但对中高端供给未能跟上需求升级、引领增长的现象仍应引起行业警觉。

(2) 群体失衡，传统经营模式难以满足年轻人茶叶消费需求。

关注行业热点便可知，茶饮产业对于年轻消费群体的引导是足够重视的，且已连续多年通过将茶文化教育根植入中小学等方式来培养未来消费群体。

图 2－49 文字与段落排版

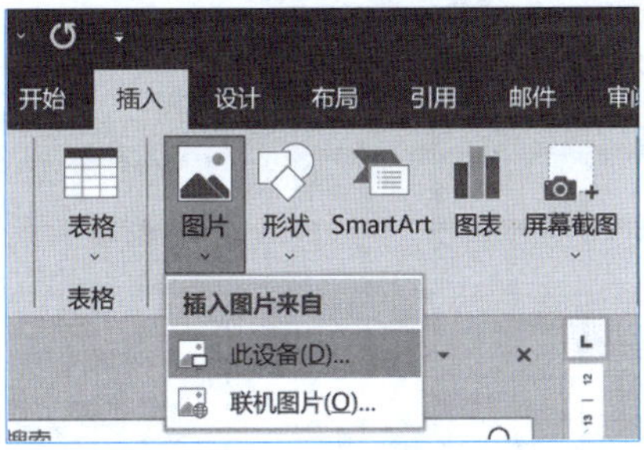

图 2－50 插入图片

插入图片后，我们选中图片，拉动其四角或四边，即可改变图片大小，还可以将图片拖放到需要的位置，这就设计了图片的布局、样式和其他特殊格式。结果如图 2－51 所示。

（四）插入表格

Excel 是专门处理表格的软件，可以对其中的数值内容进行计算、统计、排序等。实际工作中还有大量文字性表格，如个人简历、工作安排、申请表等，利用表格可将内容规格化，这些表格就需要 Word 表格进行处理。

该调研报告中，将光标放在需要插入图标的位置，通过“插入”选项卡→“表格”组，单击表格下拉列表，如图 2－52（a）所示，选择“插入表格”选项，弹出“插入表格”对话框，如图 2－52（b）所示。插入 8 行、3 列表格，输入内容，调整表格结构，设置表格文字格式，最后将第一行进行合并单元格操作、居中对齐。

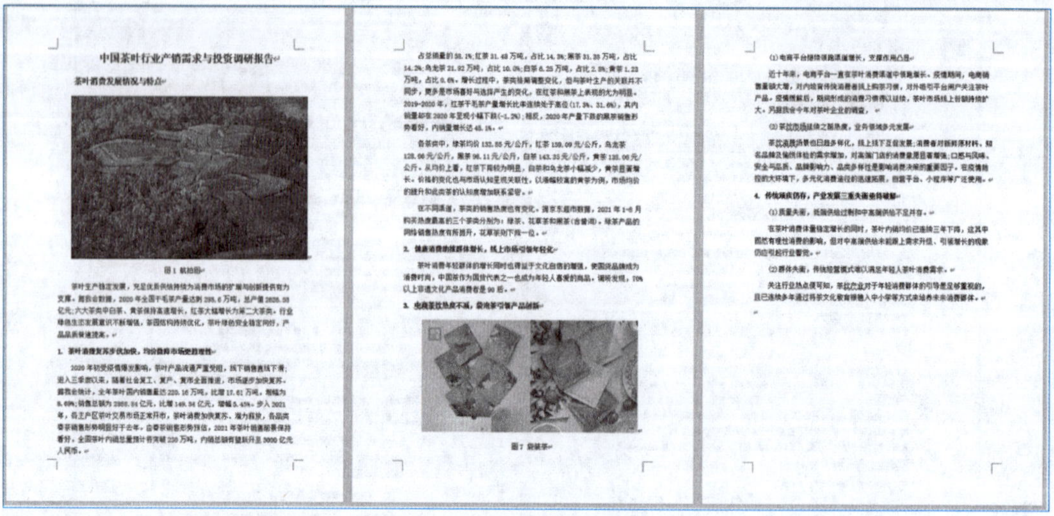

图 2－51　图片排版

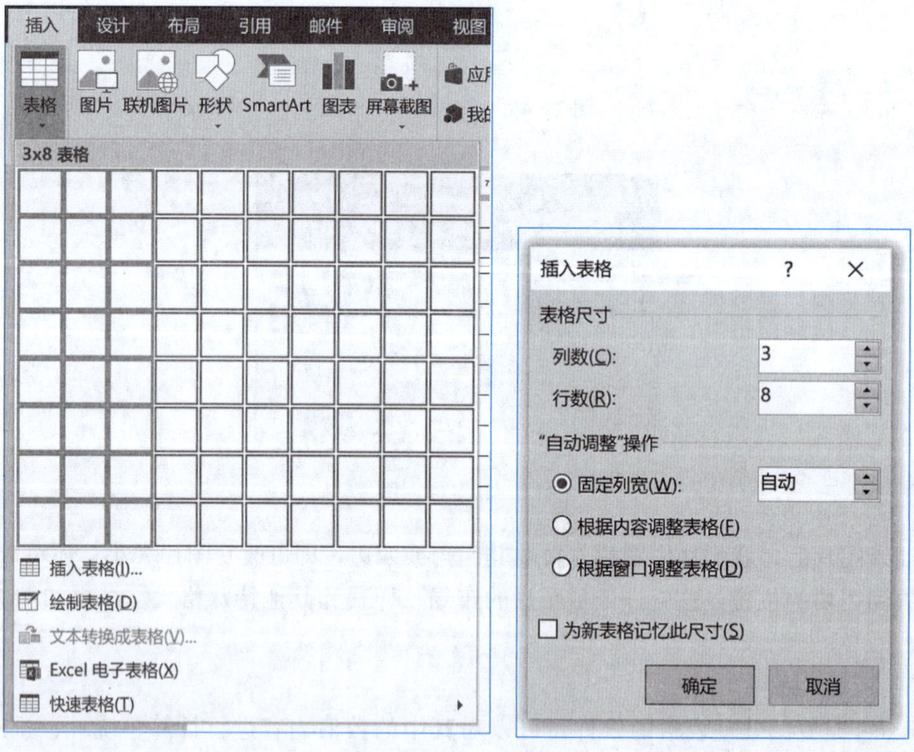

(a)　　　　　　　　　　(b)

图 2－52　插入表格

行宽或列宽的调整可以通过对话框调整，也可以在鼠标接触表格时，表格右下角即会出现一个小方块，我们只需要按住鼠标左键同时拖拉小方块，整个表格的行宽就可以进行整体性调整了。

除了鼠标拖拉调整，我们还可以通过“表格属性”窗口进行调整，左上角选中表格，单击鼠标右键弹出快捷菜单，即可调出“表格属性”对话框，如图 2－53 所示，便可以修改表格中的属性值。直至完成如图 2－54 所示的效果图。

微课

制作调研报告

图 2－53　“表格属性”对话框

表 2-1 2021 年 1-8 月各茶类在电商平台购买热度排名

类目	2021 年 1－8 月购买热度排名	同比去年
绿茶	1	↑1
花草茶	2	↓1
黑茶（含普洱）	3	→
红茶	4	→
乌龙茶	5	→
白茶	6	→

图 2－54　表格图片

（五）插入折线图、柱状图、饼形图

调研报告中除了文字处理、图片、表格等排版以外，我们还需要将调查数据输入 Excel 表格中，在 Excel 内将数据生成对应图表，详情可查阅 Excel 章节方法，再将表

格以图片方式插入调研报告中。最后文档如本小节开始图 2－43 所示。

试一试：请同学们试着将图 2－43 中的柱形图换一种图表类型。

第 3 节　图文混排——制作讲座宣传单

一、制作讲座宣传单

在生活中，我们经常会编辑一些讲座宣传单、音乐海报等。现在我们一起完成“防范电信网络诈骗精准宣讲活动”宣传单，主要是对文字、图片、文本框等进行一些特殊处理，使其更加醒目且吸引眼球，完成后保存文档，如图 2－55 所示。

图 2－55　“防范电信网络诈骗精准宣讲活动”宣传单

二、制作“防范电信网络诈骗精准宣讲活动”宣传单步骤

步骤 1　新建空白文档。

步骤 2　通过“布局”选项卡→“纸张方向”，选择“横向”，如图 2－56 所示。

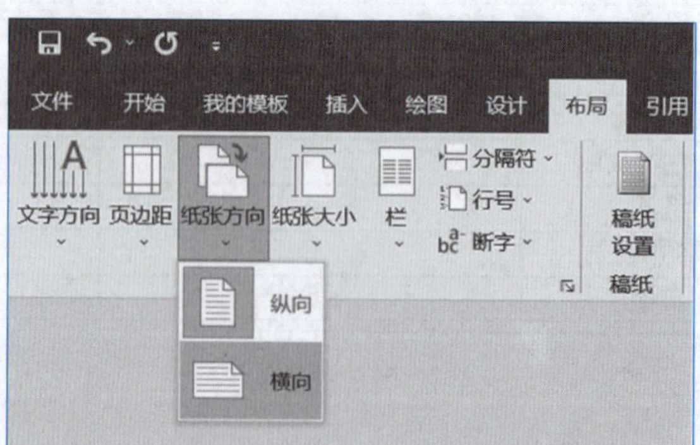

图 2－56　“纸张方向”选项

步骤 3　通过“插入”选项卡→“插图”组，选择“此设备”，如图 2-57（a）所示，弹出“插入图片”对话框，如图 2-57（b）所示。选择所需要的图片，单击“插入”按钮。右键单击图片，弹出快捷菜单，将“环绕方式”选择“浮于文字上方”。

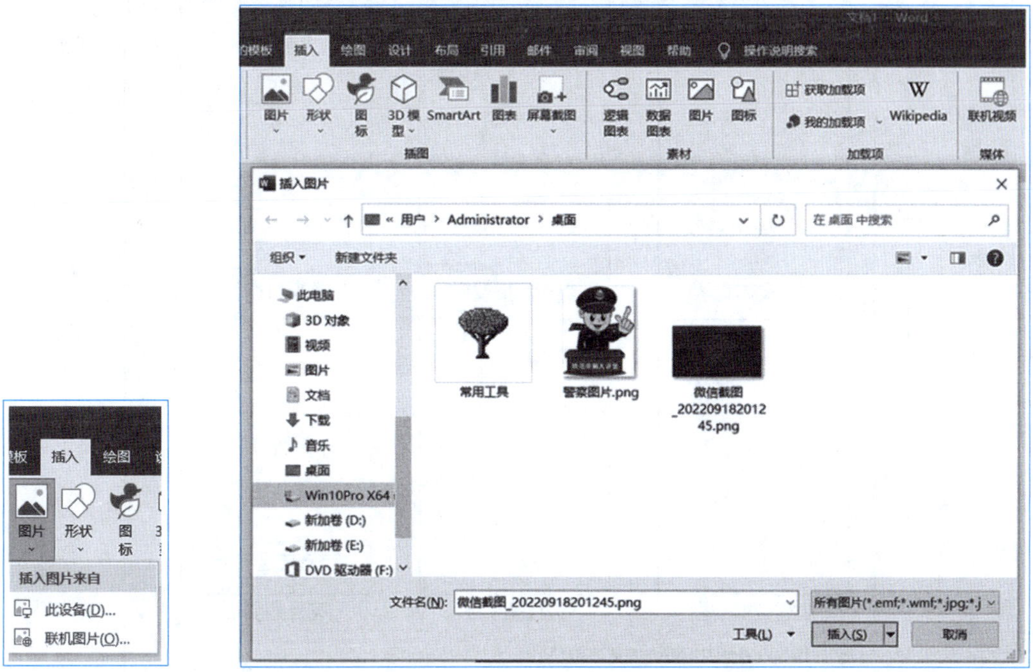

(a)　　　　　　　　　　　　(b)

图 2-57　“插入”选项卡

步骤 4　通过“插入”选项卡→“文本”组→“文本框”选项，选择“绘制文本框”，如图 2-58 所示。输入宣传海报文字内容，“字体”对话框设置“字体”“字号”“加粗”等效果。另外，以同样方式插入文本框，输入讲座时间、讲座地点、主讲人等信息，同时设置字体格式，效果如图 2-59 所示。

步骤 5　选择“插入”选项卡→“插图”组→“形状”下拉列表，点击“椭圆”，如图 2-60（a）所示。按住【Shift】键，绘制出正圆，然后利用鼠标左键选中正圆，单击鼠标右键，弹出快捷菜单，选择“填充”下拉列表，再选择所需颜色，如图 2-60（b）所示。

步骤 6　通过“插入”选项卡→“文本”组→“文本框”选项，选择“绘制文本框”，如图 2-61（a）所示。然后输入“短信”两个字，“字体”对话框设置“字体”“字形”“字号”“加粗”等效果，如图 2-61（b）所示。

步骤 7　选中“短信”文本框，单击鼠标右键，弹出对话框，如图 2-62（a）所示，选择“置于顶层”。移动“短信”文本框，将“圆形”形状和“短信”文本框进行叠加，如图 2-62（b）所示。

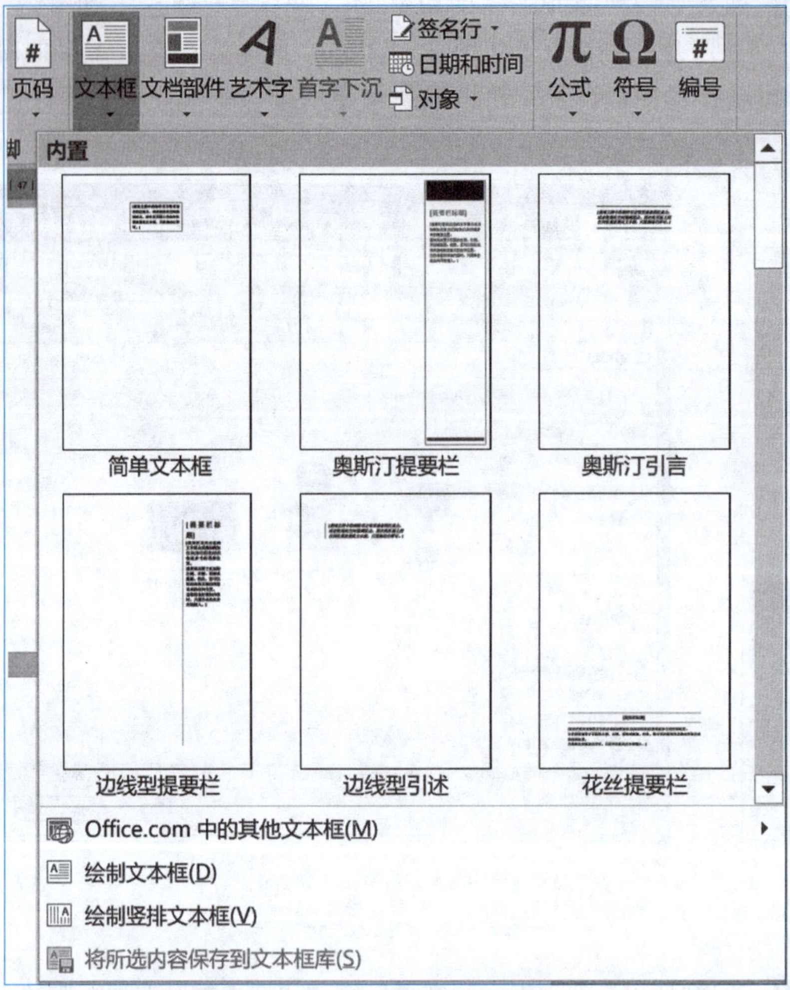

图 2－58　绘制文本框

图 2－59　宣传海报初始图

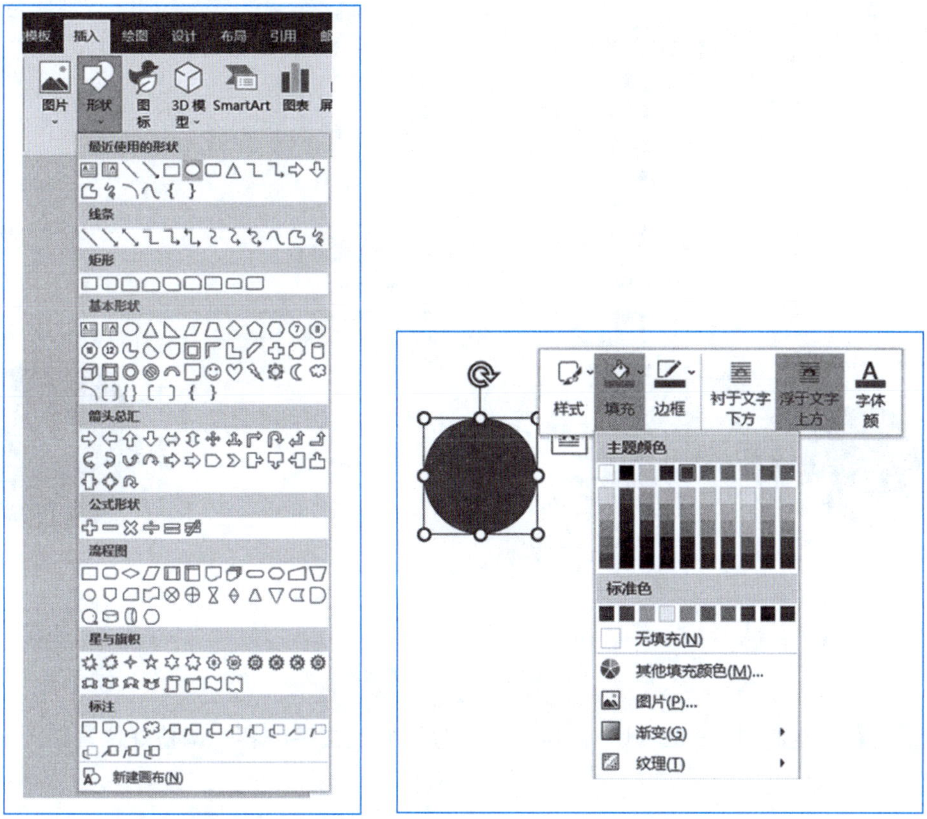

(a)　　　　　　　　(b)

图 2-60　“形状”与“填充”

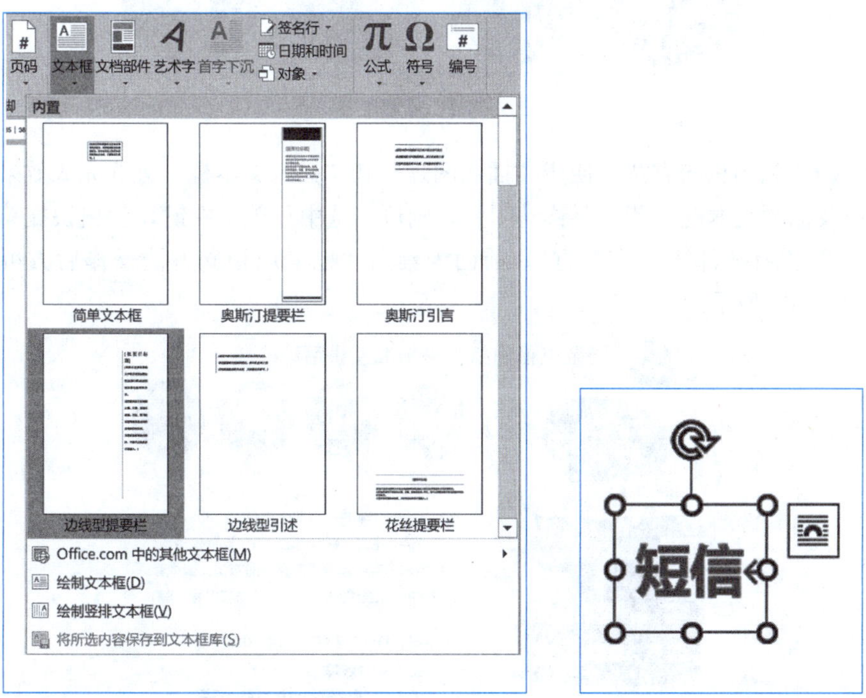

(a)　　　　　　　　(b)

图 2-61　文本框文字

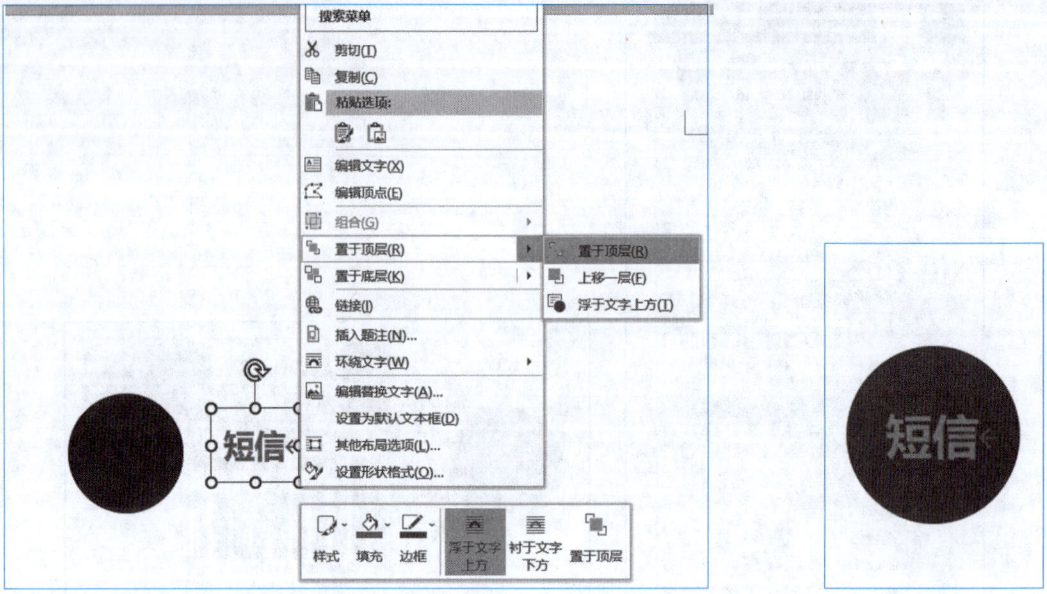

(a) (b)

图 2-62 图形与文本框

步骤 8 复制图 2-62（b）内容 3 次，分别修改文字内容，调整好位置如图 2-63 所示。

图 2-63 复制形状

步骤 9 利用相同方法，使用“插入图片”和“插入文本框”方式完成效果图左上角图案以及标题文本框。若需要移动图片，则可先选中再单击右键，弹出快捷菜单，将“环绕方式”选择“浮于文字上方”，前面警察图片也采用相同方法操作后方可自由移动，如图 2-64 所示。

图 2-64 宣传海报图

步骤 10　我们选择“设计”选项卡→“页面背景”组→“页面颜色”下拉列表，如图 2－65（a）所示。选择填充效果，弹出“填充效果”对话框，如图 2－65（b）所示。此时，我们根据需求进行色彩选择，完成页面背景设置，便完成了如图 2－55 所示的宣传海报设计。

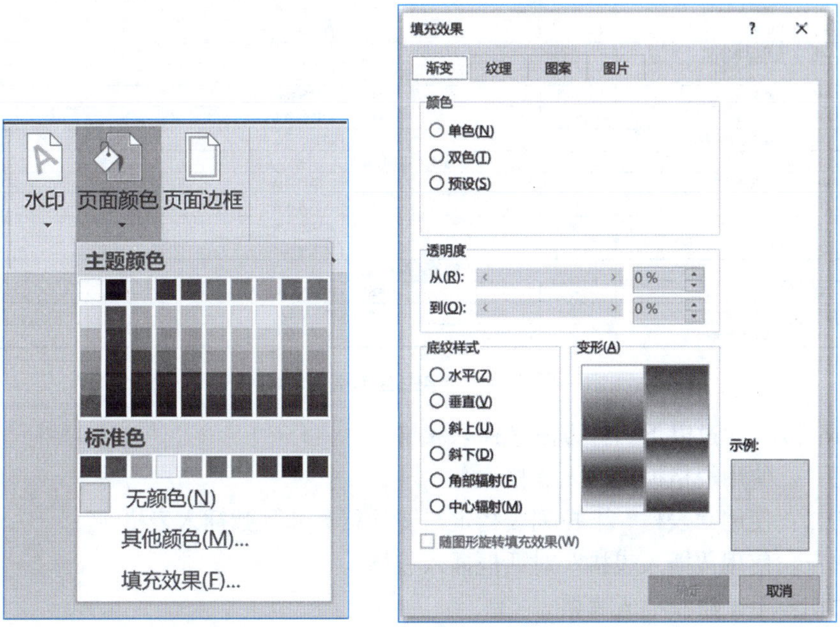

（a）　　　　　　　　（b）

图 2－65　页面颜色和填充效果

完成上述步骤后，选择“文件”→“另存为”，将文档以“防范诈骗讲座宣传单.docx”名称保存在“我的文档”中。

微课

制作讲座宣传单

相关提示

在制作宣传单时，Word 2016 还可以利用“首字下沉”“首字悬挂”“分栏设置”“边框与底纹”“中文版式”“文字方向”“插入艺术字”等功能，使得宣传单、海报更加美观。

第 4 节　表格的编辑——制作学生信息表

一、制作学生信息表

利用 Word 2016 表格处理功能制作一份规则的表格，并对表格按照需要进行单元格拆分或合并，遇到表格中单元格不足或多余时，可插入或删除行、列。表格制作完成后，在单元格中输入内容，对表格进行格式化，完成后保存文档，如图 2－66 所示。

学生基本信息表

学校名称：

编号	项目名称	单位	基础数据	编号	项目名称	单位	基础数据
学生个人基础信息							
1	姓名★			8	身份证类型★		
2	性别★			9	身份证件号		
3	出生日期★			10	港澳侨外★		
4	出生地★			11	政治面貌		
5	籍贯★			12	健康状况★		
6	民族			13	照片★		
7	国籍/地区						
学生个人辅助信息							
14	姓名拼音			17	户口所在地★		
15	曾用名			18	户口性质★		
16	身份证有效期			19	特长		
学生个人辅助信息							
20	学籍辅导			24	入学年月★		
21	班内学号			25	入学方式★		
22	年级			26	就读方式★		
23	班级			27	学生来源		
学生个人联系信息							
28	现住址★			32	邮政编码★		
29	通信地址★			33	电子信箱		
30	家庭地址★			34	主页地址		

图 2－66　学生基本信息表

Word 2016 通过以下四种方法来插入表格。

方法一：使用表格模板插入表格。

方法二：使用“表格”下拉列表指定需要的行数和列数插入表格。

方法三：使用“插入表格”对话框插入表格。

方法四：手工绘制插入表格。

二、制作学生基本信息表步骤

步骤 1　选择“插入”选项卡→“表格”组，单击“表格”下拉列表，如图 2－67（a）所示，选择“插入表格”选项，弹出“插入表格”对话框，如图 2－67（b）所示。插入 25 行、8 列表格，“自动调整”操作选择“根据窗口调整表格”，结果如图 2－68 所示。

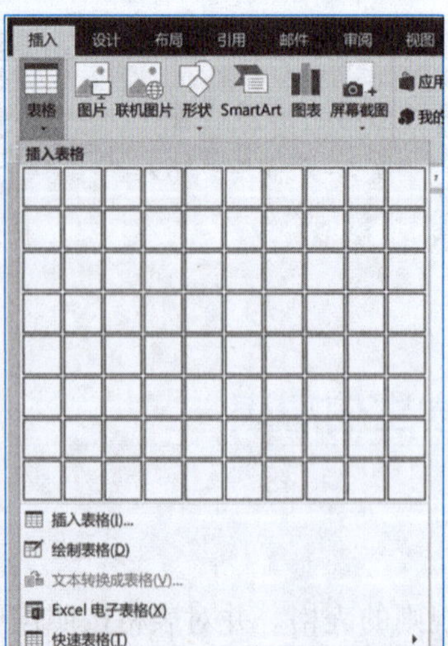

(a)

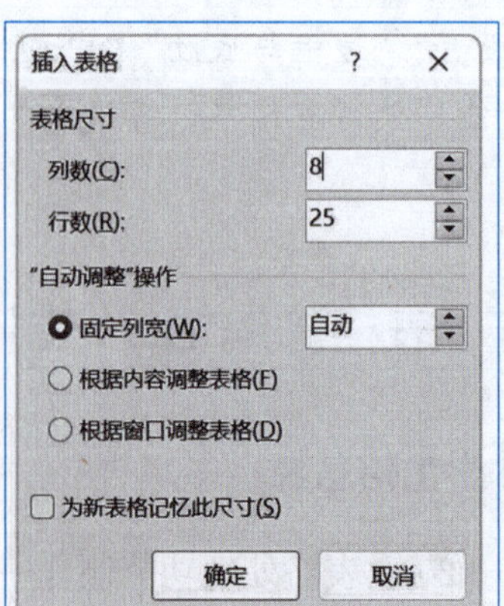

(b)

图 2－67　插入表格

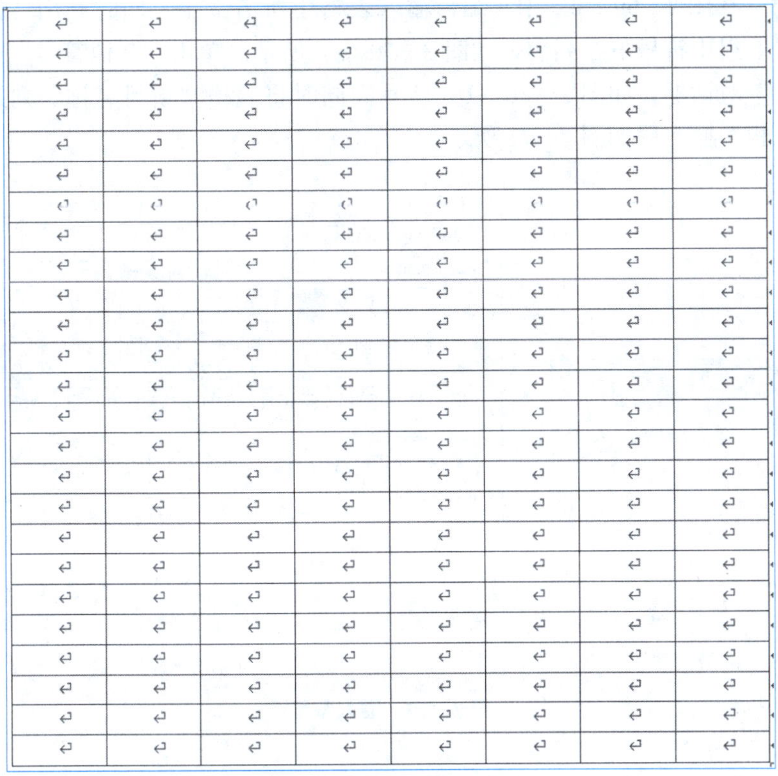

图 2-68　表格初始图

步骤 2　选中表格中的第一行和第二行，单击右键选择“合并单元格”选项，如图 2-69（a）所示。使用同样的合并方法将某些单元格进行合并操作后如图 2-69（b）所示。

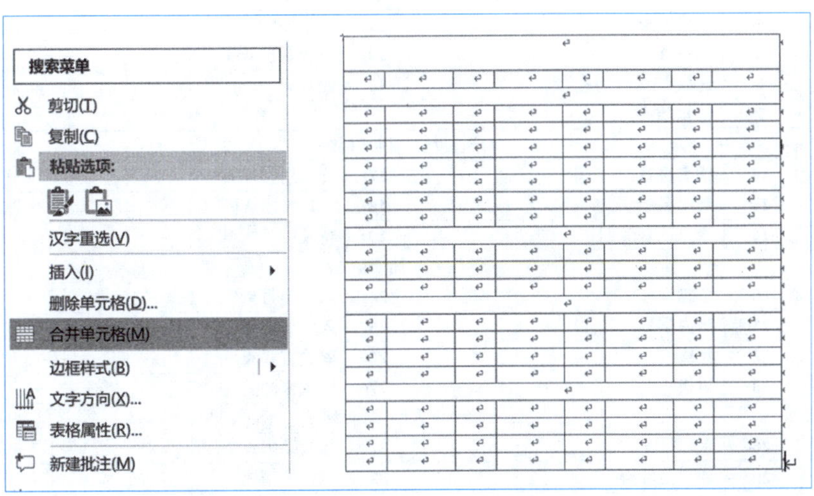

（a）　　（b）

图 2-69　合并单元格

步骤3 在图2-69（b）中，编辑输入表格中所需文字，同时利用“插入”选项卡→“符号”组中符号下拉列表，如图2-70（a）所示。单击“其他符号”选项，即可弹出“符号”对话框，如图2-70（b）所示。同时将表格“项目名称”列进行“左对齐”和“加粗”操作后如图2-71所示。

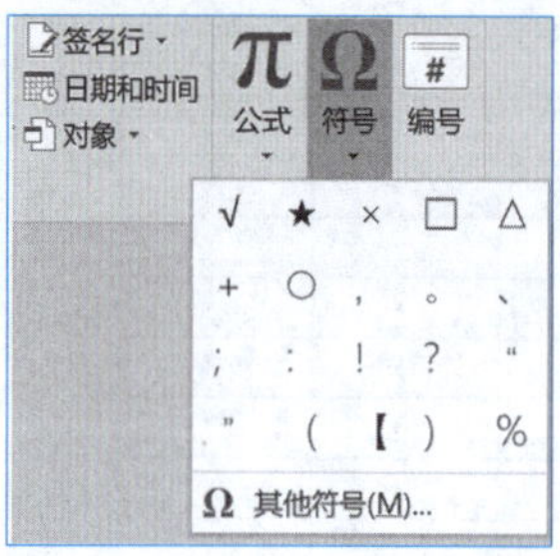

（a）

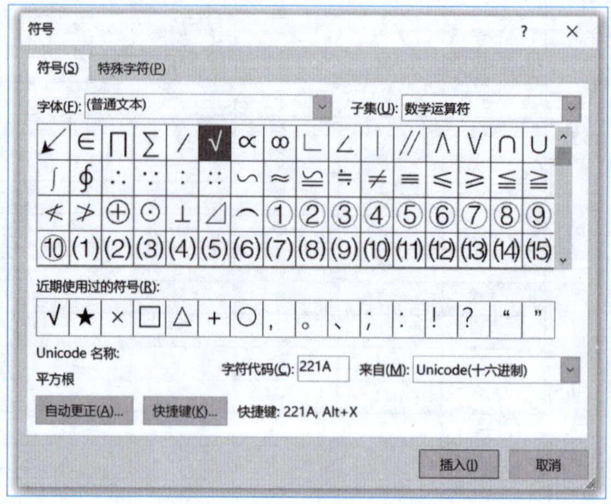

（b）

图2-70　插入符号

↵

学生基本信息表↵							
编号↵	项目名称↵	单位↵	基础数据↵	编号↵	项目名称↵	单位↵	基础数据↵
学生个人基础信息↵							
1↵	**姓名★**↵	↵	↵	8↵	**身份证类型★**↵	↵	↵
2↵	**性别★**↵	↵	↵	9↵	**身份证件号**↵	↵	↵
3↵	**出生日期★**↵	↵	↵	10↵	**港澳侨外★**↵	↵	↵
4↵	**出生地★**↵	↵	↵	11↵	**政治面貌**↵	↵	↵
5↵	**籍贯★**↵	↵	↵	12↵	**健康状况★**↵	↵	↵
6↵	**民族**↵	↵	↵	13↵	**照片★**↵	↵	↵
7↵	**国籍/地区**↵	↵	↵	↵	↵	↵	↵
学生个人辅助信息↵							
14↵	**姓名拼音**↵	↵	↵	17↵	**户口所在地★**↵	↵	↵
15↵	**曾用名**↵	↵	↵	18↵	**户口性质★**↵	↵	↵
16↵	**身份证有效期**↵	↵	↵	19↵	**特长**↵	↵	↵
学生个人辅助信息↵							
20↵	**学籍辅号**↵	↵	↵	24↵	**入学年月★**↵	↵	↵
21↵	**班内学号**↵	↵	↵	25↵	**入学方式★**↵	↵	↵
22↵	**年级**↵	↵	↵	26↵	**就读方式★**↵	↵	↵
23↵	**班级**↵	↵	↵	27↵	**学生来源**↵	↵	↵
学生个人联系信息↵							
28↵	**现住址★**↵	↵	↵	32↵	**邮政编码★**↵	↵	↵
29↵	**通信地址★**↵	↵	↵	33↵	**电子信箱**↵	↵	↵
30↵	**家庭地址★**↵	↵	↵	34↵	**主页地址**↵	↵	↵
31↵	**联系电话★**↵	↵	↵	↵	↵	↵	↵

图2-71　编辑学生基本信息表

步骤 4　通过表格左上角 ⊞ 标识，选中整个表格，单击鼠标右键，弹出快捷菜单，如图 2－72（a）所示，选择“表格属性”选项，弹出“表格属性”对话框，如图 2－72（b）所示。

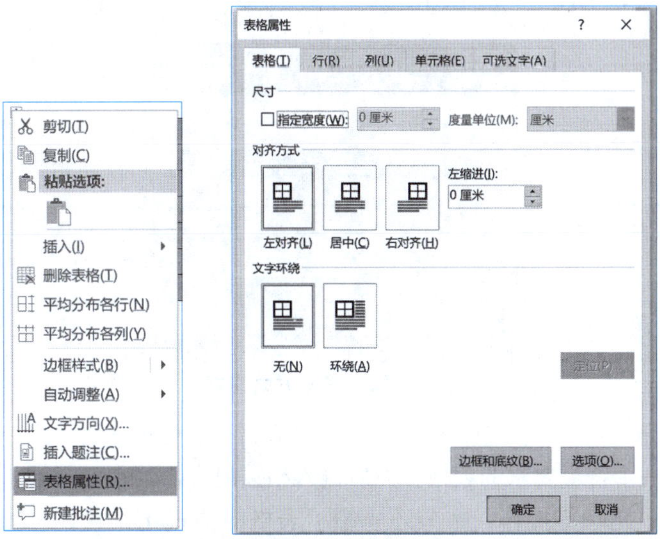

（a）　　　　　　　　　（b）

图 2－72　“表格属性”对话框

该对话框可以设置尺寸、对齐方式、文字环绕方式，通过选择右下角的“边框和底纹”选项，弹出“边框和底纹”对话框，如图 2－73（a）所示。再选择“边框”选项卡，在该对话框中根据自己的喜好设置“样式”“颜色”“宽度”等。单击“确定”按钮。

步骤 5　在“边框和底纹”对话框中选择“底纹”选项卡，如图 2－73（b）所示，分别在“填充”“图案”的下拉列表中进行底纹的颜色和图案的设置。单击“确定”按钮。

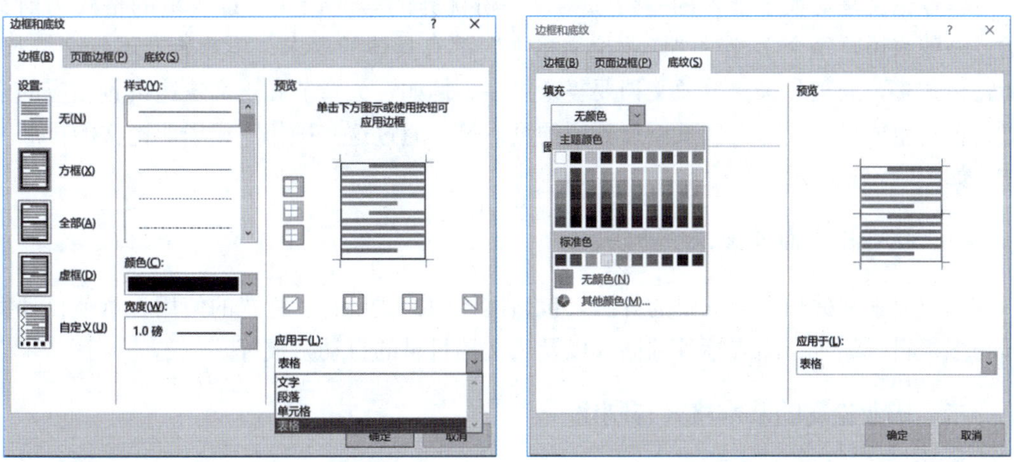

（a）　　　　　　　　　（b）

图 2－73　“边框和底纹”对话框

步骤 6 在“边框和底纹”对话框中选择“边框”选项卡，将不需要的边框设置成无，利用“字体”对话框设置字体格式，即可完成学生基本信息表的制作。若想完成图 2-66 所示的学生基本信息表，则选择“布局”选项卡→“页面设置”组中“纸张方向”中的横向即可，如图 2-74 所示。

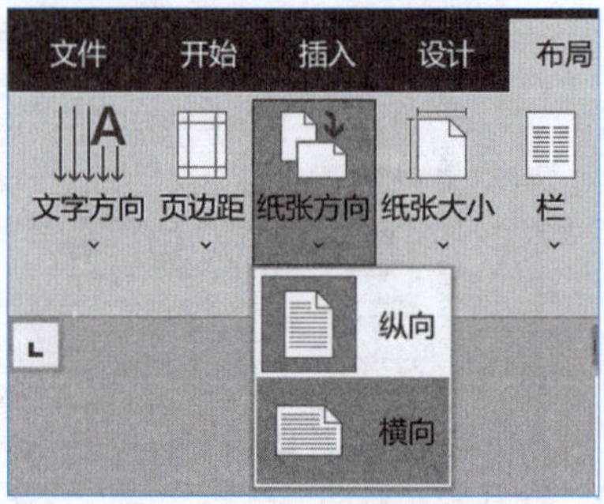

图 2-74 纸张方向设置

本节通过在 Word 2016 文档中插入一个规则表格，经过插入行、列、合并、拆分单元格等操作后获得一个符合要求的表格，然后输入相关内容，其中包括插入表格，在表格中进行合并、拆分、删除等操作。本节还介绍了表格的格式化设置，包括字体、字号、对齐方式设置，表格行高、列宽设置，边框、底纹设置等操作。除此之外，本节还介绍了页眉、页脚、字符加框、表格拆分、表格计算等功能。用户可以根据需求进行选择。

微课

制作学生信息表

做一做： 请同学们试着做一张有分析图表的班级成绩表。

第 5 节 长文档排版——毕业论文的编辑与排版

毕业论文是对大学学习的一份总结，一份优秀的毕业论文是以规范的格式为前提的。一般来说，每个学校对“毕业论文格式”都有具体的要求，毕业论文不仅文档长，而且格式多，处理起来比普通文档要复杂得多。例如，为章节和正文快速设置相应的格式、自动生成目录、为奇偶页添加不同的页眉等，通过这些操作完成毕业论文的排版工作，如图 2-75 所示。

一、毕业论文制作要求

本节要求掌握长文档编辑的方法，包括文档的格式设置、样式的使用、章节自动编号与多级目录编号、图表标签的插入以及长文档目录的自动生成等。

二、毕业论文的基本格式与制作

步骤 1 启动 Word 2016，创建一个新文档作为论文文档并在其中输入内容。

步骤 2 设置论文基本格式。

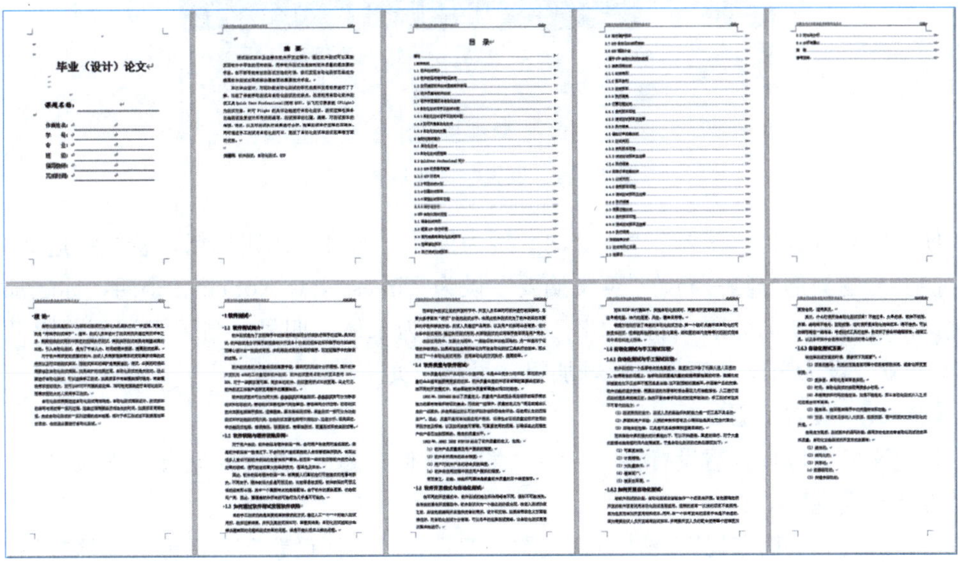

图 2 - 75　论文制作

（1）设置论文纸张的页边距上、下、左、右均为 2 厘米，如图 2 - 76 所示。

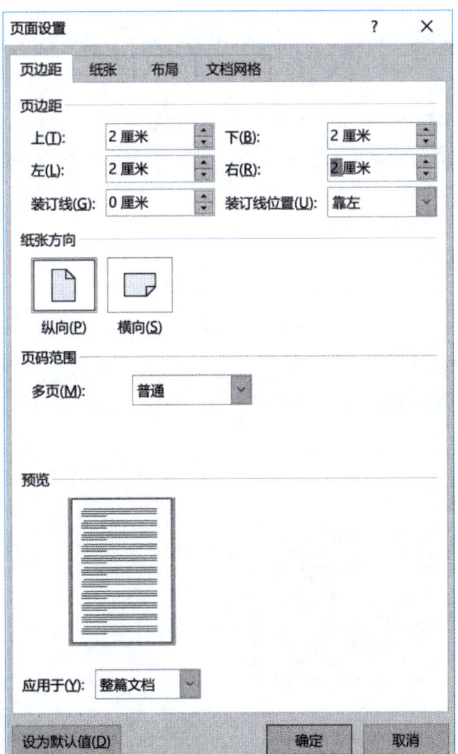

图 2 - 76　设置“页边距”

（2）通过“开始”选项卡→“字体”组，将“论文题目”设为黑体、小二号、加粗、居中，如图 2 - 77 所示。

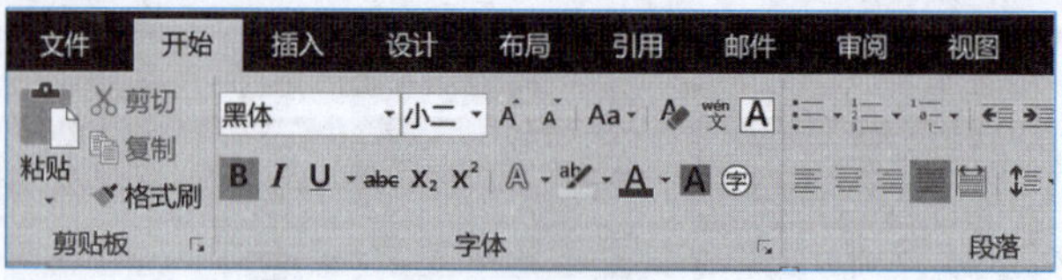

图 2-77 设置字体和对齐方式

使用同样方式将“摘要”“关键词”设为黑体、四号，标题加粗，悬挂缩进 2 个字符，摘要与题头部分隔一行；“英文摘要”设为 Times New Roman、小四，标题加粗；关键词部分与摘要部分隔一行；“论文内容”设为宋体、四号，与关键词部分隔两行；“参考文献”设为宋体、四号，标题加粗，另起一页。

步骤 3 设置页眉。

将论文的奇数页页眉设置为“****学院毕业论文”，偶数页页眉设置为“****项目设计与实现”。

（1）通过“页面布局”→“页面设置”组选择“页面设置”对话框启动器按钮，在弹出的“页面设置”对话框中选择“布局”选项卡，选中“奇偶页不同”选项，如图 2-78 所示。

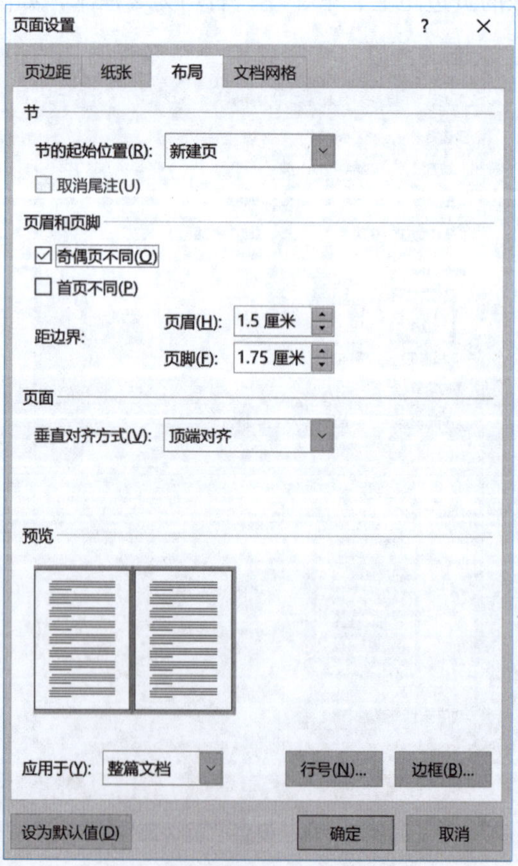

图 2-78 设置页眉布局方式

（2）选择“插入”→“页眉”，在展开的下拉菜单中选择“空白”选项，激活页眉区域，如图 2-79 所示。进入“页眉”编辑界面，奇数页和偶数页将出现不同的编辑界面。在奇数页页眉编辑界面域输入“****学院毕业论文”，如图 2-80 所示。在偶数页页眉编辑界面域输入“****项目设计与实现”，如图 2-81 所示。同时，设置它们的对齐方式为“居中”。再同样利用“页码”下拉列表设置页码及其对齐方式等格式需求，如图 2-82 所示。

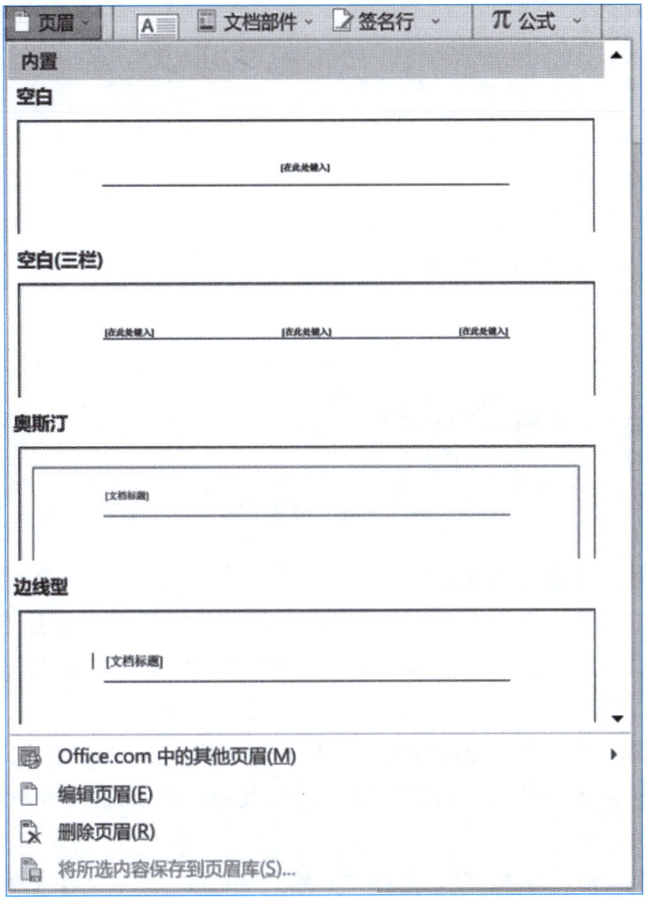

图 2-79　插入页眉

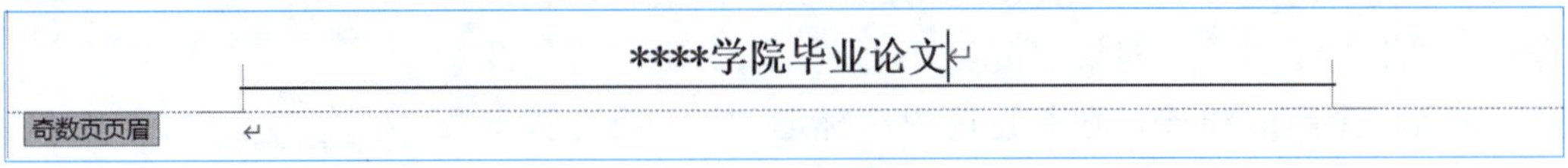

图 2-80　奇数页页眉的输入区域

图 2-81　偶数页页眉的输入区域

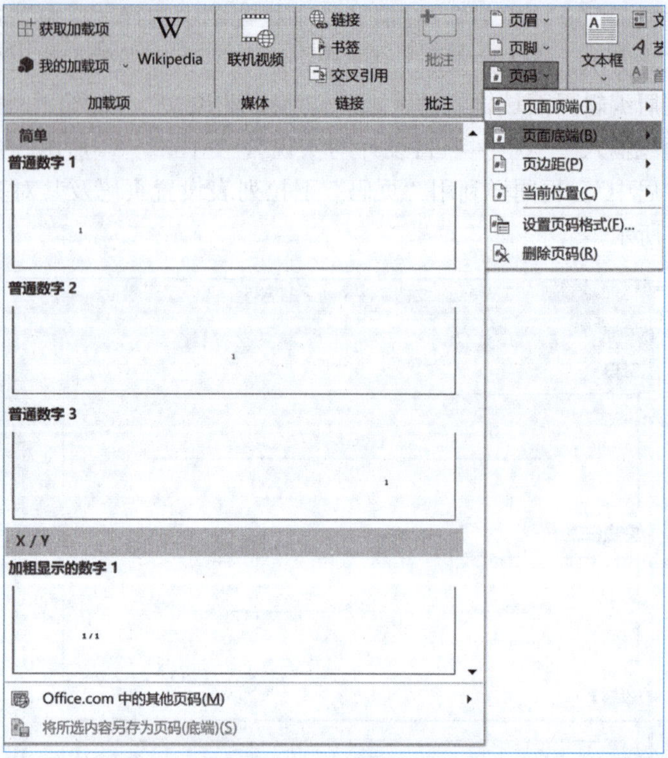

图 2－82　设置页码

步骤 4　利用样式进行格式设置。

前面介绍的都是依次操作，只能对一个内容进行格式设置，如需使文章中的标题设置醒目一些，可将标题设置成“黑体、小三、加粗”。如果用以前的方法，有几个标题就得设置几次，如果使用标题样式，一次就可以操作完成。

Word 2016 提供了一些已经设好的内部样式供选用，如“标题 1”“标题 2”“正文”等，每一种内部样式都有其默认格式。如果要给文章中的标题“第一章 概述”设置标题 1 的格式，即可应用。

（1）选中标题“第一章 概述”，选择“开始”→“样式”，只需选择所需的“标题 1”样式。

（2）如果对 Word 2016 提供的内部样式不满意，可创建符合自己要求的新样式。如果需要给小标题“1.1 研究背景及意义”设置一个新的样式，则首先选中小标题“1.1 研究背景及意义”，在“开始”选项卡“样式”选项组中，单击对话框启动器按钮，打开“样式”对话框，如图 2－83 所示。单击按钮，打开“根据格式化创建新样式”对话框，如图 2－84 所示。然后在“名称”文本框中输入“小标题”，并设置格式为“黑体、三号、加粗”，然后单击“确定”按钮。此时在“样式”组中就会出现“小标题”的新样式，单击即可应用。

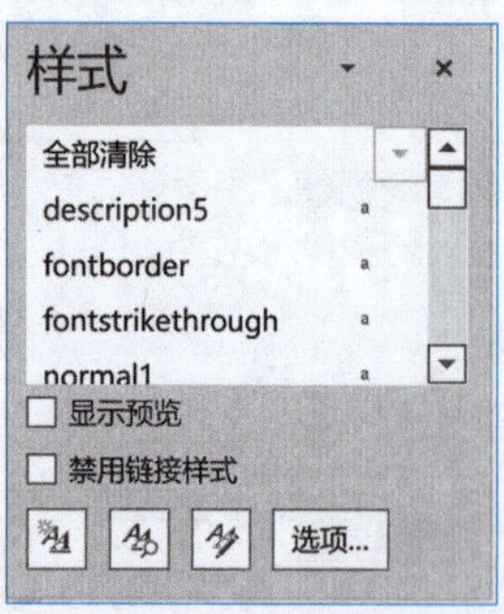

图 2－83　“样式”对话框

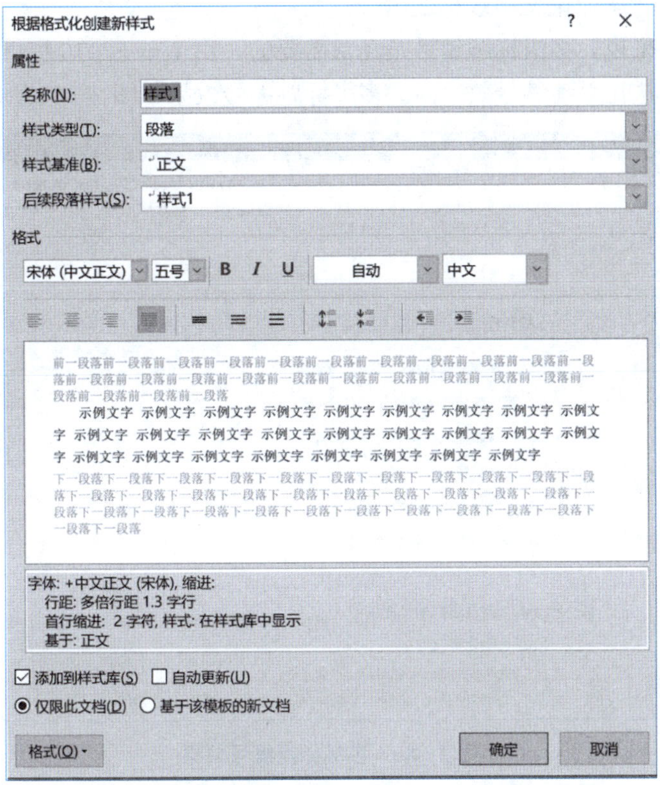

图 2-84 “根据格式化创建新样式”对话框

(3) 三级标题格式设置方法同上，如图 2-85 所示。

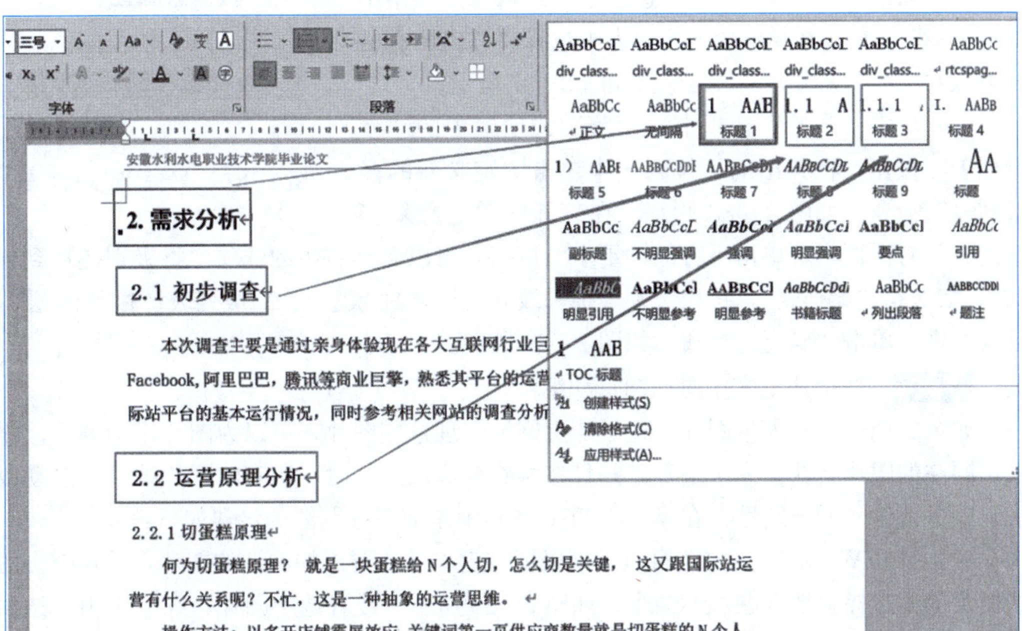

图 2-85 应用样式效果图

步骤 5 设置毕业论文多级标题编号。

对于长文档来说，多级标题编号是经常需要的，用 Word 2016 提供的编号功能来完成就更为必要，这比手动编号效率高。多级标题编号效果如图 2－86 所示。

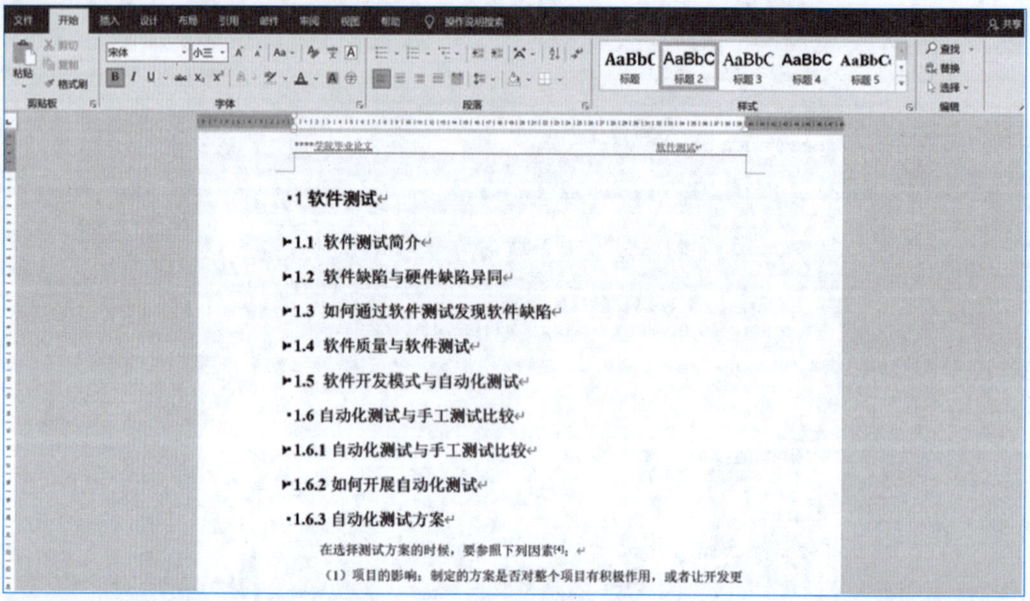

图 2－86　多级标题编号效果

设置长文档的多级标题编号的具体方法如下：

(1) 设置好文档中各级标题样式，将光标停留在任意一个一级标题中，单击“开始”选项卡“编辑”选项组中的“选择”按钮，在弹出的下拉列表中选择“选定所有格式类似的文本（无数据）”命令，如图 2－87 所示。

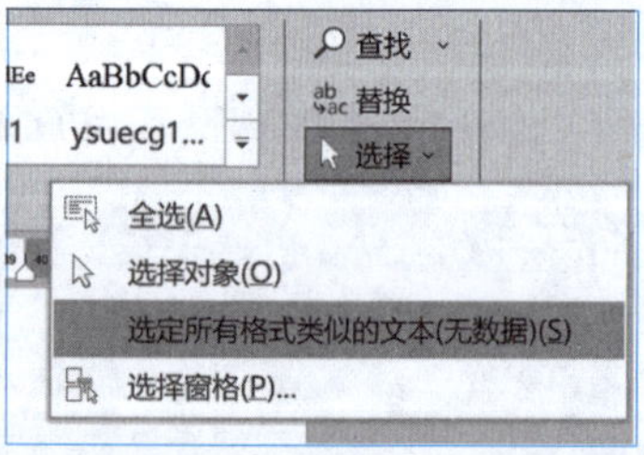

图 2－87　“选择”下拉列表

(2) 单击“开始”选项卡“段落”选项组中的“多级列表”按钮，在弹出的下拉列表中单击“定义新的多级列表”命令，如图 2－88 所示。在打开的“定义新多级列表”对话框中，单击下方的“更多”按钮，可以看到右边的选项“将级别链接到样式”，默认是“无样式”，按照级别，把一级列表链接到标题 1、二级列表链接到标题 2，依次类推，单击“确定”按钮，如图 2－89 所示。

步骤 6 在毕业论文中对插图自动编号。

如果文档中含有大量图片，为了能更好地管理这些图片，可以为图片添加题注。添加了题注的图片会获得一个编号，并且在删除或添加图片时，所有的图片编号会自动改变，以保持编号的连续性。在 Word 2016 文档中添加图片题注的步骤如下：

(1) 打开 Word 2016 文档窗口，用鼠标右键单击需要添加题注的图片，并在弹出的快捷菜单中选择“插入题注”命令，如图 2－90 所示。或者选中图片，在“引用”选项卡“题注”选项组中单击“插入题注”按钮。

(2) 在打开的“题注”对话框中单击“编号”按钮，如图 2－91 所示。

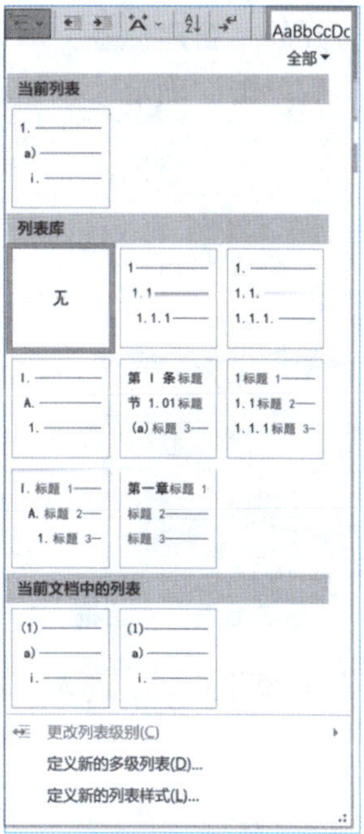

图 2－88　多级列表

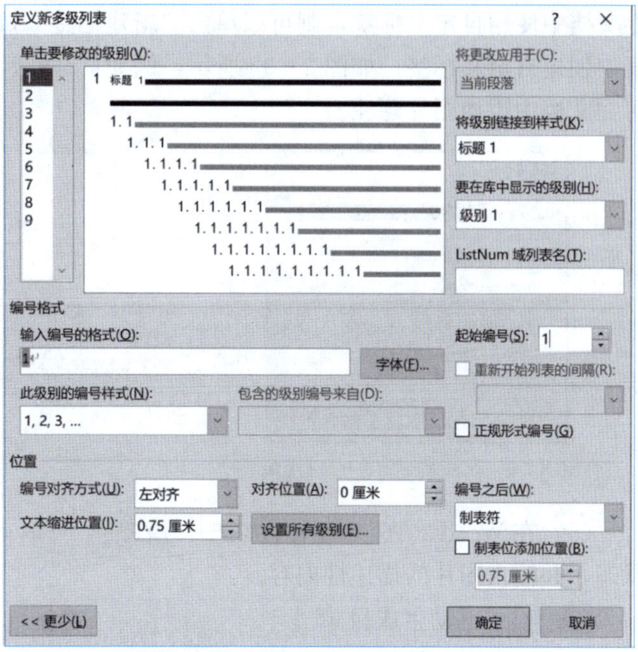

图 2－89　“定义新多级列表”对话框

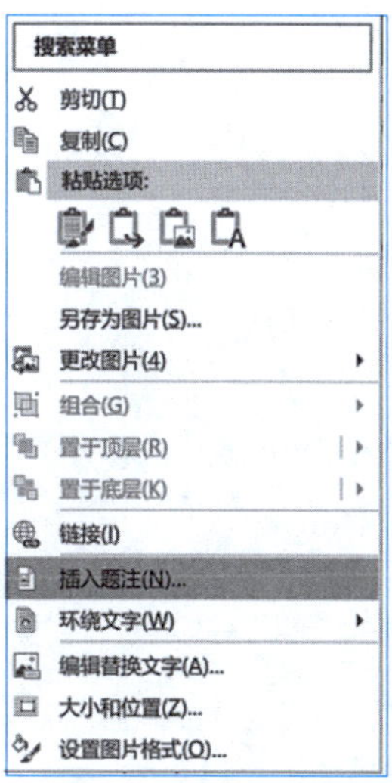

图 2－90　“插入题注”命令

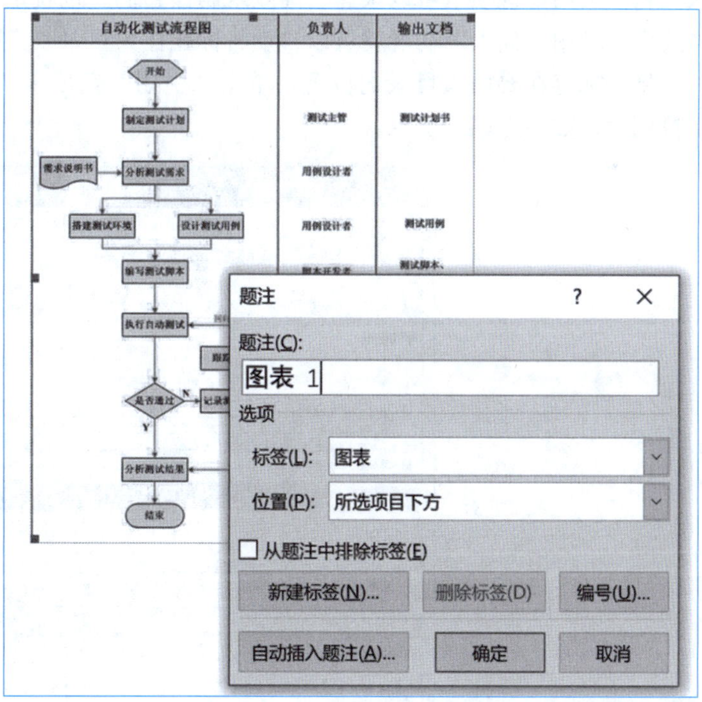

图 2－91　“题注”对话框

（3）打开“题注编号”对话框，单击“格式”下拉三角按钮，在弹出的格式列表中选择合适的编号格式，如图 2－92 所示。如果希望在题注中包含论文文档章节号，则需要选中“包含章节号”复选框，设置完毕后单击“确定”按钮。

（4）返回“题注”对话框，在“标签”下拉列表中选择“Figure”标签。如果希望在文档中使用自定义标签，则可以单击“新建标签”按钮。在打开的“新建标签”对话框中创建自定义标签，如图 2－93 所示，例如：“图”。设置完毕后单击“确定”按钮即可在文档中添加图片题注。

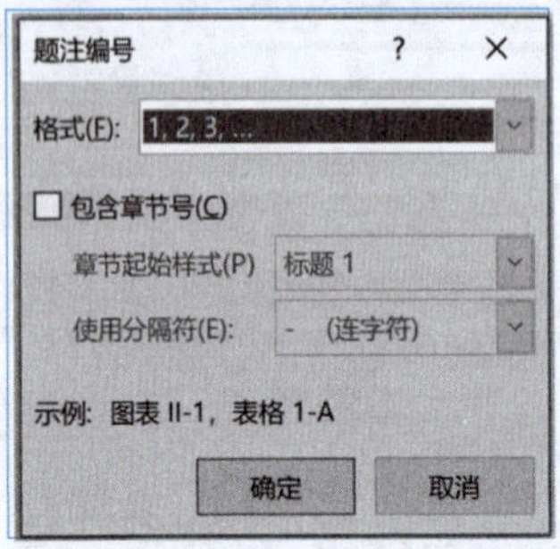

图 2－92　“题注编号”对话框

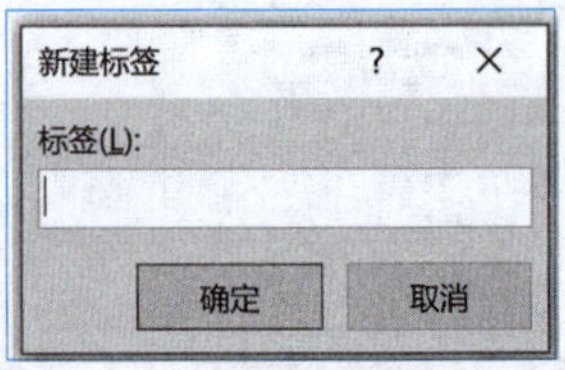

图 2－93　“新建标签”对话框

（5）在 Word 2016 文档中添加图片题注后，可以单击题注右边部分的文字进入编辑状态，并输入图片的描述性内容。

步骤 7　自动生成目录。

目录和索引也是长文档的重要组成部分，利用 Word 2016 的“样式”并结合“插入”和“引用”选项卡可以快速、高效地制作它们。也就是说，给各标题设置了不同的样式后，利用“插入”功能就可以自动将标题作为目录收集起来。方法如下：

将光标落在要插入目录的位置，单击“引用”选项卡“目录”选项组中的“目录”下拉列表，如图 2－94 所示。

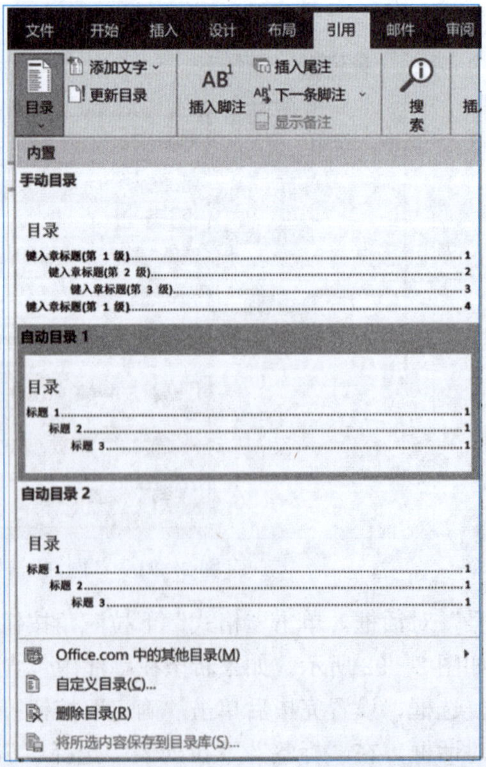

图 2－94　“引用”选项卡“目录”下拉列表

在弹出的下拉列表中选择“自定义目录”，弹出“目录”对话框，如图 2－95 所示，从中可以选择页码、对齐方式、制表符前导符等格式，即可完成目录的自动生成，如图 2－96 所示。

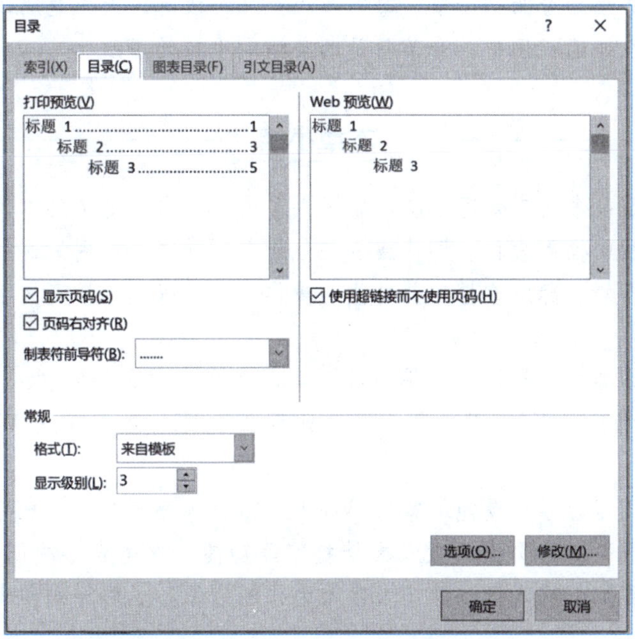

图 2－95 “目录”对话框

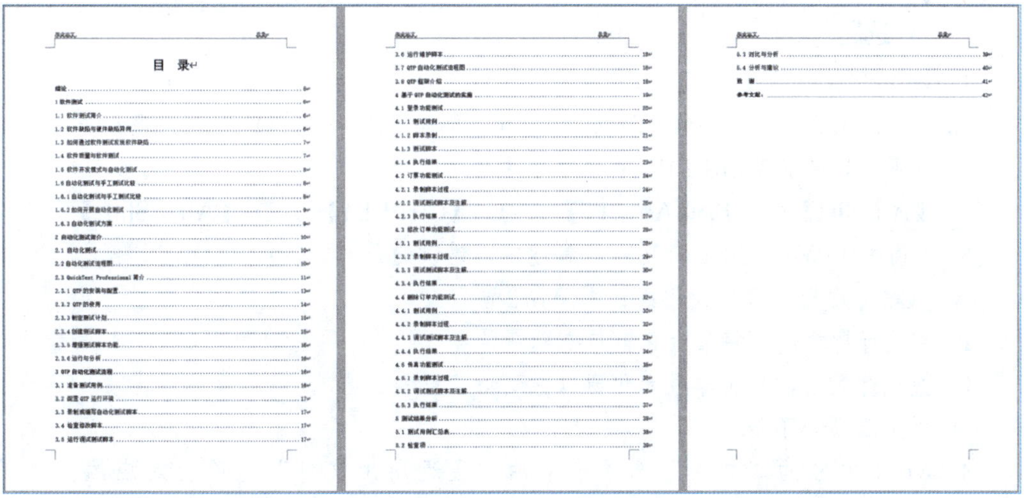

图 2－96 论文目录

步骤 8 保存论文。

选择“文件”→“保存”或者“另存为”命令，以“***毕业论文.docx”命名文档即可。

注意：“节”是 Word 2016 中用来划分文档的一种方式。引入“节”的概念，是为了在文档中设置不同的页面格式，例如在毕业论文中正文与前面的摘要、目录中设置不同的页眉和页脚、不同的页码、不同的页边距等。对于新建文档，Word 2016 将整篇文档视为一节，此时整篇文档只能采用同样的页面格式。为了在同一文档中设置不同的页面格式，必须将文档划分为若干节。每一节小至一个段落，大至整篇文档。划分节可借用分节符标识，在普通视图中，分节符是两条横向平行的虚线。

本章小结

Word 2016 是一个文字处理系统，它提供了录入文本、定义文本的各种格式，设置文章格式，在文档中插入表格、图片或者其他对象等功能。应用好这些功能可以使我们的文档变得多姿多彩。熟练掌握这些功能的操作技巧可以大大提高文字处理和文档编辑效率。

本章通过介绍各种文档制作、编写等案例，从文字和文件处理入手，到文档浏览、图文资料编排和特殊版面处理，直至篇章处理，由浅入深地说明 Word 2016 的操作方法。

通过本章的学习，学生要能够掌握 Word 2016 的基本操作、文档字符格式化、段落格式的设置、页眉页脚和页面设置及文档打印等功能，熟悉表格的创建、调整、修饰，掌握插入与编辑图片、文本框以及艺术字与公式的应用，了解样式和模板的使用方法。

课后习题

一、单选题

1. Word 具有的功能是（　　）。

A. 表格处理　　B. 绘制图形　　C. 自动更正　　D. 以上三项都是

2. 用快捷键退出 Word 2016 的最快方法是（　　）。

A.【Alt+F4】　　B.【Alt+F5】　　C.【Ctrl+F4】　　D.【Alt+Shift】

3. 下面关于 Word 2016 标题栏的叙述中，错误的是（　　）。

A. 双击标题栏，可最大化或还原 Word 窗口

B. 拖拽标题栏，可将最大化窗口拖到新位置

C. 拖拽标题栏，可将非最大化窗口拖到新位置

D. 以上三项都不是

4. Word 2016 的“文件”选项卡下的“最近所用文件”选项所对应的文件是（　　）。

A. 当前被操作的文件　　B. 当前已经打开的 Word 文件

C. 最近被操作过的 Word 文件　　D. 扩展名是 .docx 的所有文件

5. 在 Word 2016 编辑状态中，能设定文档行间距的功能按钮位于（　　）中。

A.“文件”　　B.“开始”　　C.“插入”　　D.“页面布局”

6. Word 2016 中的文本替换功能所在的选项卡是（　　）。

A.“文件”　　B.“开始”　　C.“插入”　　D.“页面布局”

7. 在 Word 2016 的编辑状态下，若“开始”选项卡→“剪贴板”选项组中的“剪切”和“复制”按钮呈浅灰色而不能用，则说明（　　）。

A. 剪贴板上已经有信息存放了　　B. 在文档中没有选中任何内容

C. 选定的内容是图片　　D. 选定的文档太长，剪贴板放不下

8. Word 2016 文档的默认扩展名为（　　）。

A. . txt　　B. . doc　　C. . docx　　D. . jpg

9. 在 Word 2016 中编辑文档时，为了使文档更清晰，用户可以对页眉和页脚进行编辑，如输入时间、日期、页码、文字等，但要注意的是页眉和页脚只允许在（　　）中使用。

A. 大纲视图　　B. 草稿视图　　C. 页面视图　　D. 以上都不对

10. 在 Word 2016 中，各级标题层次分明的是（　　）。

A. 草稿视图　　B. Web 版式视图　C. 页面视图　　D. 大纲视图

11. 在 Word 2016 中，下列操作中不能建立一个新文档的是（　　）。

A. 在 Word 2016 窗口的“文件”选项卡中选择“新建”命令

B. 使用快捷键【Ctrl+N】

C. 单击“快速访问工具栏”中的“新建”按钮

D. 在 Word 2016 窗口的“文件”选项卡中选择“打开”命令

12. 在 Word 2016 中，“打开”文档的作用是（　　）。

A. 将指定的文档从外存中读入，并显示出来

B. 将指定的文档从内存中读入，并显示出来

C. 为指定的文档打开一个空白窗口

D. 显示并打印指定文档的内容

13. 当前活动窗口是文档 d1. docx 下的窗口，单击该窗口的“最小化”按钮后（　　）。

A. 不显示 d1. docx 文档的内容，但 d1. docx 文档并未关闭

B. 该窗口和 d1. docx 文档都被关闭

C. d1. docx 文档未关闭，且继续显示其内容

D. 关闭了 d1. docx 文档但该窗口并未关闭

14. 在 Word 2016 编辑状态中，使插入点快速移动到文档尾的操作是按（　　）。

A.【Home】　　B.【Ctrl+End】　C.【Alt+End】　D.【Ctrl+Home】

15. 在 Word 2016 中，表格和文本是可以互相转换的，有关它的操作，不正确的是（　　）。

A. 文本能转换成表格　　B. 表格能转换成文本

C. 文本与表格可以相互转换　　D. 文本与表格不能相互转换

16. Word 2016 在打印文档之前，可以在“打印预览”中查看整篇文档的排版效果，打印预览在（　　）。

A.“文件”选项卡下的“打印”命令中

B. “文件”选项卡下的“选项”命令中

C. “开始”选项卡下的“打印预览”命令中

D. “布局”选项卡下的“页面设置”中

17. 在 Word 2016 中，如果在有文字的区域绘制图形，则在文字与图形的重叠部分（　　）。

A. 文字不可能被覆盖　　B. 文字可能被覆盖

C. 文字小部分被覆盖　　D. 文字大部分被覆盖

18. 在 Word 2016 编辑状态下，若光标位于表格外右侧的行尾处，按【Enter】键（回车键），结果为（　　）。

A. 光标移到下一行，表格行数不变

B. 光标移到下一行

C. 在本单元格内换行，表格行数不变

D. 插入一行，表格行数改变

二、操作题

操作题 1

微型计算机（简称“微机”）诞生于 20 世纪 70 年代。被称为微处理器的微型计算机中央处理器是单片半导体装置。也就是说，实现计算机所有逻辑和算术功能所必不可少的成千上万个单独的电路元件都制造在一块芯片上。完整的微型计算机系统由微处理器、存储器和外围设备组成。处理器、存储器和外围设备的电子控制装置通常一起放在一块或几块印刷电路板上。使用微处理器系统可以连接在一起做迄今为止只有小型计算机系统才能够做的工作。一般来说，微型计算机的指令系统比小型机略为简单，灵活度稍低，特别是比小型机慢很多。尽管小型机可以装上尺寸较大的主存，但是微型计算机的功能变得越来越强，并与小型机技术结合起来了。

微型计算机价格低廉，为计算机应用开辟了全新的领域。仅在大约 20 年前，具有中等性能的中央处理器可卖几万元。而现在有些微处理器售价低达 700 元。

微型计算机系统的使用范围比小型机发展更迅速。因为它们的价格非常低，所以现在在某一特定系统的应用中，只用计算机性能的小部分，就仍然比用其他方法做这项工作在经济上更合算。例如，如今工业机器人已投入使用。由于这个比较新的工业使用了最新的微型计算机而改善了产品的价格和性能，因此机器人的使用数量正在迅速增长。

将上述文稿录入，并按下面要求排版：

（1）添加标题“微型计算机”，要求：楷体、加粗、二号字、居中加下划线并将字间距加宽 2.5 磅，标题段前、段后间距设为 12 磅。

（2）用“MicroComputer”替换文字“微型计算机”，字体为“黑体”，字号为“小三”，字形为“倾斜”，标题不变。

（3）将页边距设为 2.0 厘米。

（4）设置正文字号为“四号”，行间距为“1.5 倍”，字间距为“2.0 磅”。

（5）将第 2 段文字与第 3 段文字交换位置。

操作题2

现某学院学生会文艺部要出一期《校园音乐比赛海报》，海报主要是对文字、段落和图片进行一些特效处理，使其更加吸引眼球。海报设计往往需要进行良好的设计构思。一般情况下，通过海报设计来进行宣传都希望获得最好的设计效果。宣传海报设计的表现形式多种多样，题材广阔，限制较少，强调创意及视觉语言，点线面、图片及文字可以灵活结合应用。所以我们需要利用艺术字、图形、图像来设计海报。

按下面要求设计：

(1) 比赛的宣传海报和摄影宣传海报属于海报类作品，关键是主题鲜明，由艺术字、图片背景等组成。

(2) 利用 Word 的表格处理功能来完成比赛赛程。

第 3 章 电子表格处理

学习目标

» 掌握 Excel 2016 的基本操作，学会创建、保存及管理电子表格；
» 掌握电子表格数据编辑、格式设置、页面设置以及打印等操作；
» 掌握数据处理与查询的方法；
» 掌握常用公式与函数的使用方法；
» 掌握图表的制作与编辑。

技能目标

» 具备使用 Excel 2016 进行电子表格创建、编辑、修改的能力；
» 具备使用 Excel 2016 进行电子表格美化的能力；
» 具备使用 Excel 2016 进行数据处理与查询的能力；
» 具备使用 Excel 2016 进行数据图表的绘制与编辑的能力。

素养目标

» 培养学生收集、处理、分析和应用信息数据的能力；
» 培养学生实事求是的学习态度；
» 培养学生良好的团队合作精神。

导读

在各机关、企业、事业单位办公中，经常有大量数据需要处理。例如，人事工资表中工资的计算、汇总、分析，公司销售表中销售额的统计、汇总、合并计算以及考勤表中职工请假、旷工、出勤等情况的分析统计等。对于这些数据的处理，传统方法是用人工方式来管理，但当要调阅、分析、归纳数据时，这种方法费时耗力，并且容易出错。

Excel 是微软（Microsoft）公司推出的办公软件 Office 中的一个重要组成成员，也是目前最流行、功能强大的关于电子表格处理的软件之一。它具有强大的计算、分析、图表以及打印设置等功能，是各企事业单位目前最常用的办公数据表格软件，广泛应用于人事管理、行政管理、财务管理、市场与营销管理、生产管理、仓库管理、投资分析等各个领域。

本章主要介绍微软 Office 2016 中的 Excel 软件进行数据处理的基本应用。

第 1 节 Excel 2016 基础知识

Excel 在 Office 办公软件中的功能是数据信息的处理、统计和分析。它是一个二维电子表格软件，能以快捷、方便的方式建立报表、图表和数据库。Excel 2016 提供了丰富的函数（表达式）和强大的图表功能，使用它对电子表格中的数据进行统计和分析，已成为用户在日常办公中从事一般性数据处理工作的首选工具。因此，本章的学习目标是，掌握如何快捷地建立数据表格，掌握运用函数和功能区功能进行统计和数据分析，掌握建立图表的技能。

从 1985 年第一个版本 Excel 1.0 到现在，Excel 的功能越来越丰富，操作也越来越简便，越来越受到办公人员的青睐。

一、Excel 2016 的启动与退出

（一）启动 Excel 2016

Office 中的各个办公软件的启动与退出方式都较为相似，在正常安装好 Office 系列软件的情况下，有以下 4 种方式打开 Excel 2016 工作表：

（1）在系统桌面空白处或其他文件夹的空白处单击鼠标右键，在弹出的菜单中执行菜单命令“新建”/“XLSX 工作表”后，会在桌面上或对应文件夹中出现一个默认名称为“新建 XLSX 工作表 . xlsx”的文件，双击该文件图标即可启动 Excel。

（2）单击任务栏的“开始”菜单图标，在 Windows 10 开始菜单的磁贴区选择单击图标，即可打开 Excel 2016 并进入。

（3）用鼠标右键单击任务栏“开始”菜单图标，单击“运行”菜单项，打开如图 3-1 所示的“运行”对话框，在对话框的文本框中输入“excel”，单击“确定”按钮，也能打开一个空白 Excel 工作簿。

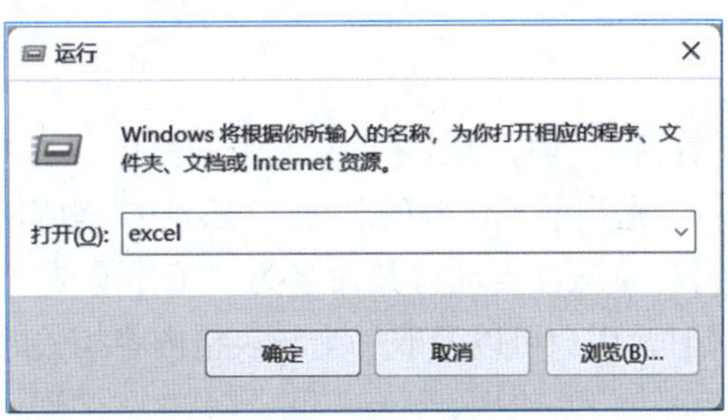

图 3-1 通过“运行”对话框打开 Excel 2016

（4）用鼠标双击一个已存在的 Excel 文档图标，启动 Excel 2016。

（二）退出 Excel 2016

Excel 2016 的退出方法通常有：

（1）单击 Excel 2016 程序窗口右上角的“关闭”按钮。

（2）选择“文件”→“关闭”命令。注意：只能关闭文档，不能退出程序。

（3）用【Alt+F4】组合键。

二、Excel 2016 的工作界面

进入 Excel 2016 后会直接进入空白工作表界面，如图 3-2 所示。Excel 2016 工作界面主要由快速访问工具栏、标题栏、选项卡、功能区、名称框、编辑栏、工作区、行号、列标等组成。与 Word 2016 操作界面相同的部分不再赘述，下面介绍一些与 Word 2016 操作界面不同的地方。

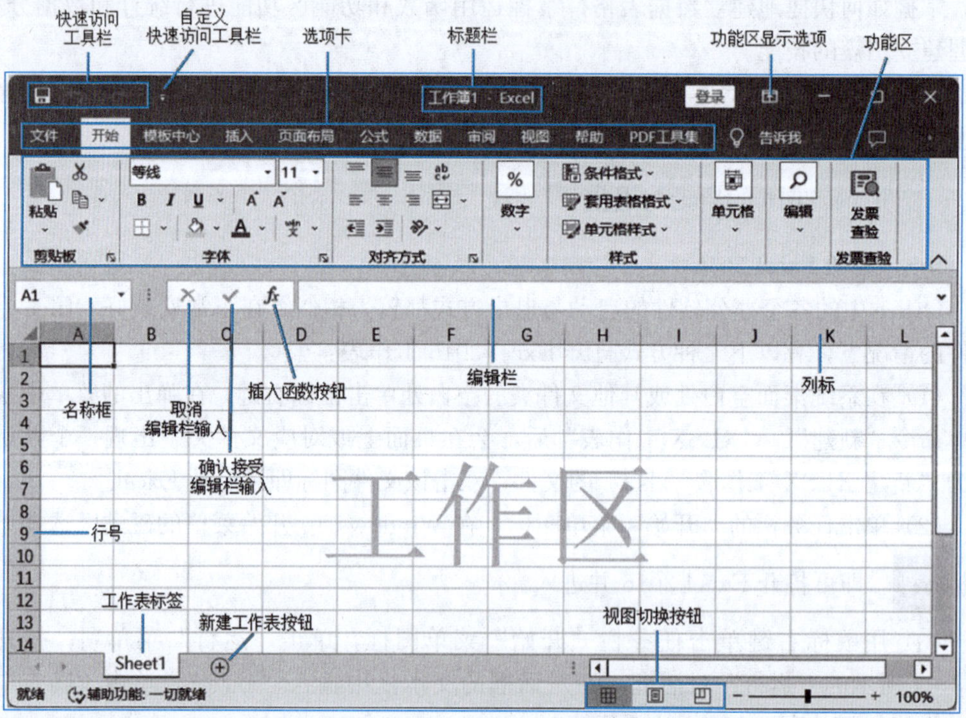

图 3-2　Excel 2016 工作界面

（一）标题栏

标题栏用于标识当前窗口程序或文档窗口所属程序或文档的名字，如“工作簿 1-Excel”。此处“工作簿 1”是当前工作簿的名称，“Excel”是应用程序的名称。如果同时又建立了另一个新的工作簿，Excel 自动将其命名为“工作簿 2”，以此类推。在其中输入信息后，需要保存工作簿时，用户可以另取一个与表格内容相关的更直观的名字。

（二）选项卡

选项卡包括“文件”“开始”“模板中心”“插入”“页面布局”“公式”“数据”“审阅”“视图”等。用户可以根据需要选择选项卡进行切换。

（三）功能区

每一个选项卡都对应一个功能区，功能区命令按逻辑组的形式组织，旨在帮助用户

快速找到完成某一任务所需的命令。为了使屏幕更为整洁，用户可以使用窗口右上角控制按钮下的▣按钮来设置功能区的显示或隐藏。

（四）快速访问工具栏

快速访问工具栏位于窗口的左上角（也可以将其放在功能区的下方），通常用于放置一些最常用的命令按钮。单击“自定义快速访问工具栏”按钮▪，可以设置“自定义快速访问工具栏”显示的位置，以及设置在“自定义快速访问工具栏”中需要显示或移除的常用命令按钮。

（五）名称框

名称框用于显示（或定义）活动单元格或区域的地址（或名称）。单击名称框旁边的下拉按钮可弹出一个下拉列表，列出所有已自定义的名称。

（六）编辑栏

编辑栏用于显示当前活动单元格中的数据或公式。用户可在编辑栏中输入、删除或修改单元格的内容。编辑栏中显示的内容与当前活动单元格的内容相同。

（七）工作区

在编辑栏下面是 Excel 工作区。在工作区中，列标和行号分别位于窗口的上方和左侧。列标用英文字母 A～Z、AA～AZ、BA～BZ 等命名，共 16 484 列；行号用数字 1～1 048 576 标识，共 1 048 576 行。

行号和列标的交叉处就是一个表格单元（简称“单元格”）。整个工作表包括16 484×1 048 576 个单元格。单元格的名称由对应的列标和行号组合而成，如 A1、B10。

单元格区域是指单个的单元格或者多个单元格组成的区域，或者是整行、整列等。单元格可以是相邻的，也可以是不相邻的。由相邻的单元格构成的矩形区域可以由其对角两个单元格名称用英文的“:”分隔组成的形式进行引用，如从 A1 到 D4 的矩形单元格区域可以表示为 A1:D4、D4:A1、A4:D1 或者 D1:A4。不相邻区域的引用，把对应组成的多个子矩形区域的引用依次用英文“,”分隔后组合即可，如 A1:D4,F2:G6。

（八）工作表标签

工作表的名称（或标题）出现在屏幕底部的工作表标签上。默认情况下，名称依次是 Sheet1、Sheet2 等，用户也可以为任一工作表指定一个更恰当的名称，但同一个工作簿中不同工作表的标签必须不同。

第 2 节　电子表格的制作与编辑——制作学生成绩表

学生成绩表一般包括学号、姓名、性别、出生日期等基本信息和各门课程的成绩数据。有了这些基本数据后，我们就可以进行后续的成绩数据的整合处理、分析和图表生成展示等操作。

本节我们通过一个学生成绩表的制作来学习 Excel 2016 在数据采集录入方面的基本操作。

一、新建与保存“学生信息”工作簿

打开 Excel 2016 软件，首先呈现如图 3－3 所示的界面，单击左侧“开始”或“新

建”，在右侧区域找到“空白工作簿”，单击它进入空白工作簿/工作表的工作界面，如前文图 3-2 所示。

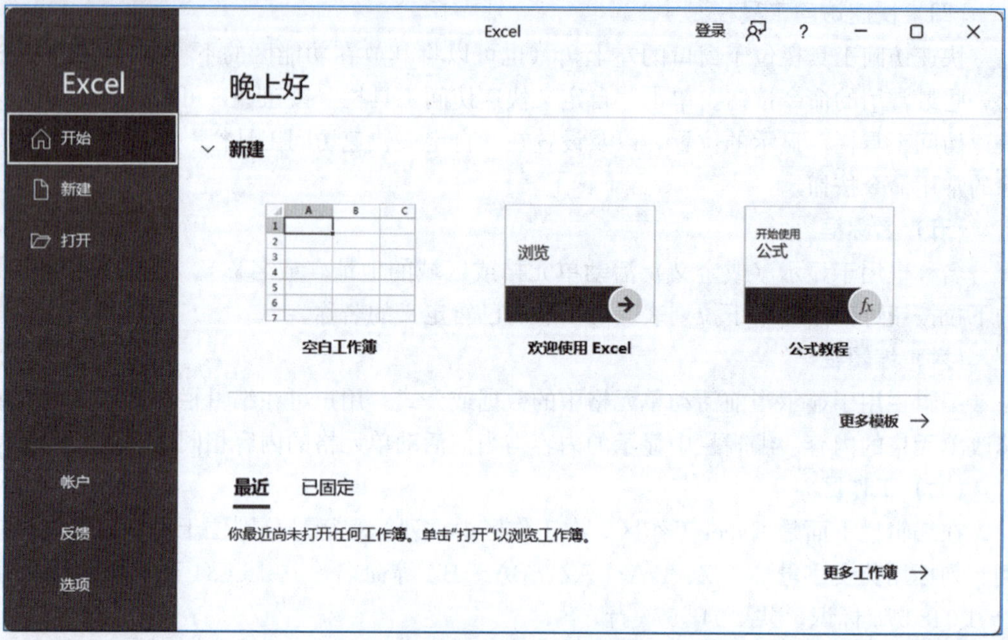

图 3-3 Excel 2016 起始页

我们可以看到标题栏显示“工作簿 1”，通过“文件”→“另存为”命令，将文件保存到桌面上或其他易于管理的位置，文件名为：“学生信息 . xlsx”。工作簿的新建、打开与保存等基本操作方式与 Office 其他办公软件类似，在此不再赘述。

相关提示

（1）Excel 2007 之后的版本创建的文件扩展名为“. xlsx”，Excel 2007 之前的版本文件扩展名为“. xls”，高版本 Excel 可以完全兼容低版本文件，但是低版本 Excel 不能直接打开编辑高版本文件。

（2）在录入、编辑数据等操作过程中要养成不断保存的习惯，以防突然断电或电脑故障等问题造成数据丢失。

（3）一个 Excel 文件称为工作簿，每个工作簿可以包含若干个工作表，工作表的基本构成单位是单元格，各类数据都是存放于单元格之内的。

二、学生成绩表设计与信息采集

（一）输入表格标题

1. 表格标题

表格标题（不是工作表的标签名）通常位于表格数据的最上方。我们准备在工作表的第一行位置输入表格标题，单击选中 A1 单元格，选中的特征为该单元格被加粗的黑线框包围，并且名称框会自动出现“A1”字样，如图 3-4 所示；直接输入表格标题

"学生成绩表"，内容会同时出现在单元格和编辑栏里，这两个位置都能对当前单元格的数据进行编辑。

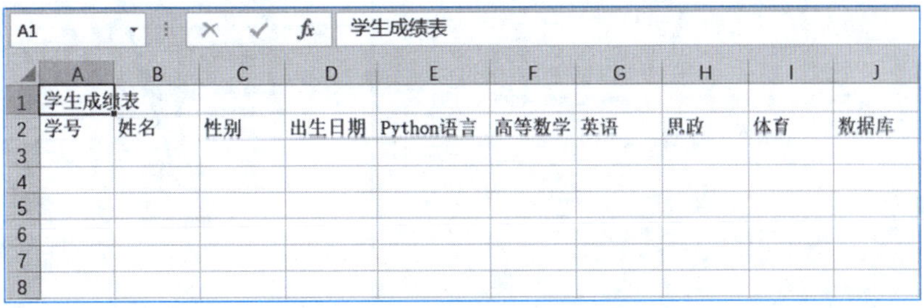

图 3-4　输入表格标题和列标题

2. 表格各列标题

按照上述选定单元格的方式，依次在 A2～J2 单元格中输入表格的各个列标题（学号、姓名、性别等），也就是称之为"表头"的内容，如图 3-4 所示。

相关提示

(1) 选取连续单元格区域有两种方式，如 A3:D20，先单击 A3 单元格，按住鼠标不放，向右下角拖动至 D20 单元格；或者单击 A3 单元格，按住【Shift】键不放，再单击 D20 单元格即可。

(2) 选取不连续的单元格，每单击一个单元格，按住【Ctrl】键不放即可。

(3) 如果需要在多个单元格中输入相同的内容，可选定相应的单元格，输入内容后按组合键【Ctrl+Enter】即可实现。

(二) 输入学号

Excel 2016 能识别的数据类型有数字、文本、日期、时间、公式等。文本类型数据表示一段信息文字，如姓名、籍贯、个人简介等，可以是汉字、英文字母、数字、空格和其他字符的组合。学号由 0～9 数字组成，仅作为编号使用，不具备数字计算特征，所以类似于身份证号码、电话号码等，一般要把这类数字作为文本类型数据处理。

普通的文本数据直接输入即可，但完全由数字字符构成的数字文本数据在输入前要特殊处理一下，否则会默认按数字类型数据对待。具体操作方式有 3 种：

(1) 在输入数字前，先输入一个英文的"'"符号，再进行数据输入；

(2) 在选定单元格后单击鼠标右键，单击"设置单元格格式"，在打开的对话框中，切换到"数字"选项卡，再在"分类"列表中选择"文本"，单击"确定"按钮，如图 3-5 (a) 所示；

(3) 选择要输入数字文本数据的单元格区域，在"开始"选项卡中找到"数字"分组，单击最上方的下拉组合框右侧的倒三角符号，在出现的下拉列表中选择"文本"，如图 3-5 (b) 所示。

一个班级的学生学号通常都是连续编号的，手动依次输入过于烦琐，我们可以应用 Excel 2016 内置的自动填充功能来完成，大大降低了工作量。具体操作方法有 2 种：

(1) 单击选中列标题"学号"下方的单元格，输入"202018001"；将鼠标指针移动

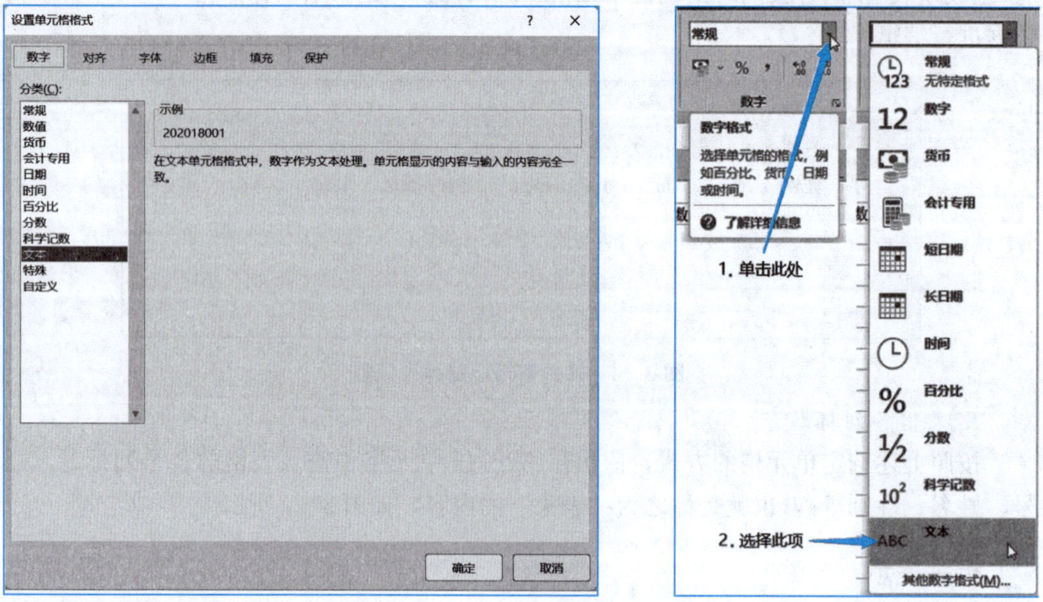

(a)　　　　　　　　　　　　　　(b)

图 3-5　设置单元格格式

到 A3 单元格右下角的填充柄（如图 3-6 所示）上，此时鼠标指针变成实心“+”形状。

用鼠标左键单击填充柄并按住不放向下拖动，A 列中的其他单元格将按照“202018002，202018003，202018004……”依次递增 1，实现自动填充（松开鼠标后，出现如图 3-7 所示的图标，在下拉列表中有相关填充选项，用户可根据实际需要进行选择）。

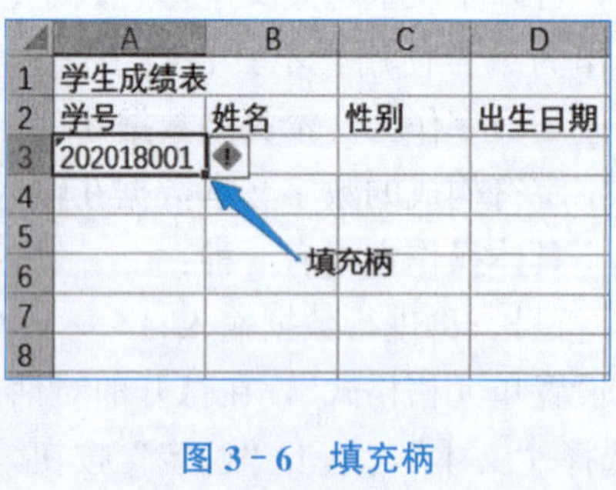

图 3-6　填充柄

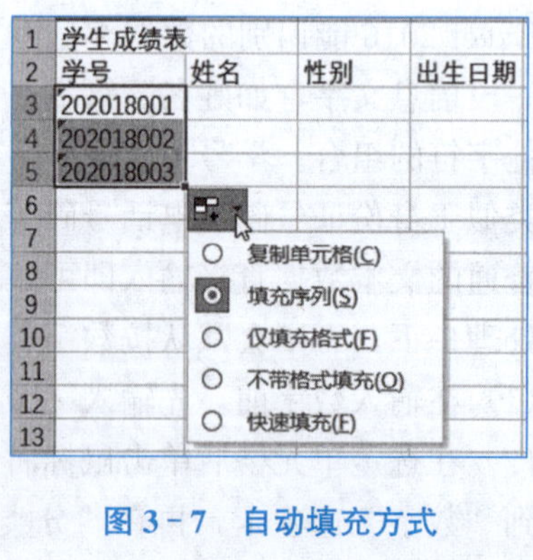

图 3-7　自动填充方式

（2）选定需要填充的单元格区域。先单击 A3 单元格，按住鼠标不放向下拖动至结束位置单元格 A20，或者单击 A3 单元格后松开鼠标，按住【Shift】键不放，再单击结束位置单元格 A20。在“开始”选项卡中找到“编辑”选项组，从“填充”下拉列表中选择“序列”，打开如图 3-8 所示的“序列”对话框。在“序列产生在”组中选择“列”，在“类型”组中选择“等差序列”，在“步长值”输入框中输入值“1”，单击“确定”按钮，即可完成自动填充。此方法还能填充任意等差、等比数列。

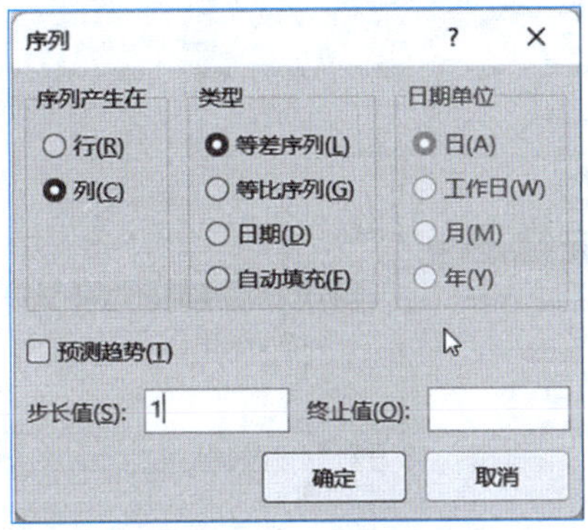

图 3-8　“序列”对话框

相关提示

Excel 2016 自动填充功能可以自动填充有规律的内容，包括填充相同内容，以等比、等差序列和日期时间序列填充，还可以自定义填充序列。

（1）初始值为纯数字型数据或文本型数据时，拖动填充柄后填充的是相同内容，即是复制单元格；拖动的同时按住【Ctrl】键不放，可使数字型数据自动加 1。

（2）初始值为文本型和数字型数据混合的时候，自动填充后文字内容相同，数字型数据会递增，如初始值为 B1，将自动填充内容为 B2，B3，B4……

（3）初始值为 Excel 内置序列中的数据类型，自动填充将按照软件预设的序列进行填充，如“一月，二月，……，十二月”等。

（三）输入姓名

Excel 2016 键入内容具有记忆功能，如果之前已经输入过姓名为“张三丰”的数据，在其他单元格中输入“张”字时，“张三丰”就会自动显示，直接按回车键，数据会自动填充进单元格。但该记忆功能仅限于包含文字或文字与数字组合的项，对于数字、日期或者时间的内容无法记忆。

（四）输入学生出生日期

常见的日期类型数据输入格式是“2004-05-11”或“2004/05/11”。编辑栏中输入的是日期、时间原始数据，在对应单元格中可以以不同的格式进行显示，如要设置学生出生日期的显示格式为“XXXX 年 XX 月 XX 日”的标准格式，具体有以下 2 种方法：

（1）鼠标置于“出生日期”列的列标上，指针变成↓，单击鼠标即可选中“出生日期”整个列。点击“开始”选项卡，在“数字”选项组中，单击上方的下拉组合框右侧的倒三角符号，在展开的下拉列表中选择“长日期”选项，则单元格中的日期显示为“2005 年 05 月 11 日”的样式，如图 3-9（a）所示。

（2）选中“出生日期”列后右击鼠标，单击“设置单元格格式”，在打开的对话框中，切换到“数字”选项卡，再在“分类”列表中选择“日期”，然后在右侧出现的“类型”列表中选择相应的格式，如图 3-9（b）所示。

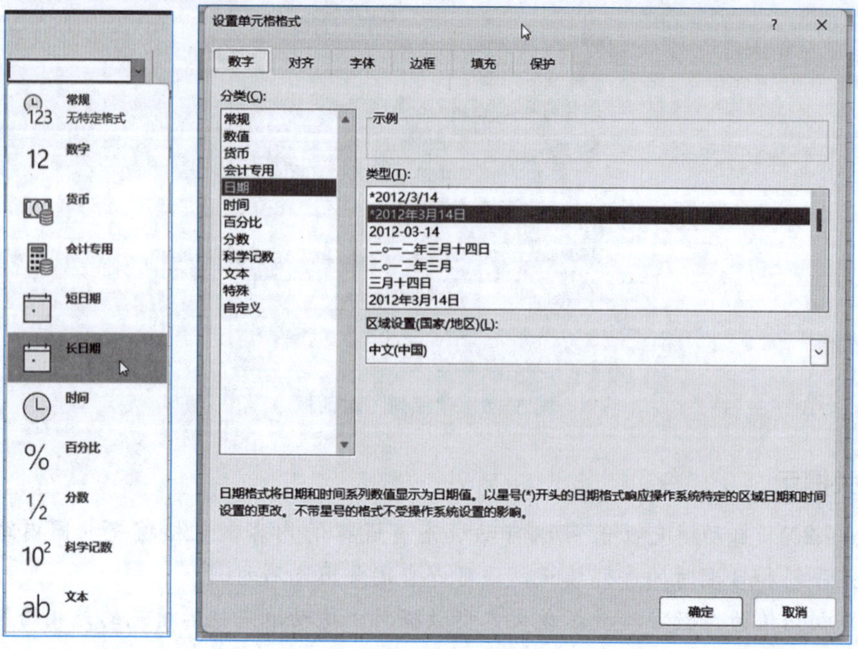

(a) (b)

图 3-9 设置单元格日期格式

相关提示

Excel 默认将日期和时间作为数字处理。如果表格中日期或时间的数字格式能被 Excel 自动识别，那么其单元格格式为内置的日期或时间格式。默认状态下，日期和时间数据的对齐方式为右对齐。如果是 Excel 无法自动识别的日期或时间格式，其内容则被视为文本，对齐方式为左对齐。输入日期或时间型数据时需要注意以下几点：

（1）日期分隔符使用“-”或“/”，即 2022-05-11、2022/05/11 或者 11-May-2022、11/May/2022，表示 2022 年 05 月 11 日。另外，Excel 为照顾中国用户的习惯，对日期的判断很灵活，月和日信息任一个在前，最终 Excel 保存的都是正确的格式。同时要注意分隔符“/”与分号的区别，比如输入 1/2，Excel 只能识别为日期型数据 1 月 2 日，而不是分数“1/2”，若要当做数值使用，则需要先输入数值的整数部分“0”和空格，即“0 1/2”，此时 Excel 会自动将其识别为数值 1/2。

（2）时间分隔符使用冒号“:”（为英文输入法状态下输入），即 16:08:16 或 16:8:16 表示下午 4 点 8 分 16 秒。用户可以只输入时和分，也可以只输入小时数和冒号，还可以输入小时数大于 24 的时间数据。如果采用 12 小时制输入时间，那么在时间后需要键入一个空格，然后输入“AM”或“PM”来表示上午或者下午，否则，Excel 将默认按照 24 小时制来计算时间。

（3）日期和时间同时输入的情况下，必须在两者之间用空格隔开。

（4）如果只有月和日信息，Excel 会使用计算机时钟当前的年份，查看单元格信息时将年份显示在月和日信息的前面，即在单元格中输入 9-19，继续在别的单元格中输入，再次查看“9-19”单元格时，编辑栏中显示的是“2022-09-19”。

（五）输入学生性别

性别只有“男”和“女”两种情况，类似于可从有限个数据列表中选择其一的数据形式，Excel 可以设置从下拉列表中选择输入内容，以此提高录入信息的速度和准确性。该操作通过设置数据有效性来完成，具体操作如下：

（1）选中“性别”列的 C3～C20 单元格，单击“数据”选项卡，单击“数据工具”选项组中的“数据验证”图标，弹出“数据验证”对话框，选中“设置”选项卡，在“允许”下方的下拉列表中选择“序列”，然后在“来源”下方文本框中输入相关的数据序列值，各个值之间用英文的“,”隔开。我们这里输入性别的序列值为“男,女”，如图 3－10（a）所示。

（2）选择“输入信息”选项卡，在“标题”文本框里输入“性别”，在“输入信息”文本框里输入“性别只能是"男"或者"女"”，如图 3－10（b）所示。此项操作是供输入信息的人员使用的，当鼠标指针置于设置了“输入信息”的单元格时，就会在旁边弹出提示框，内容为“性别只能是"男"或者"女"”。

（3）选择“出错警告”选项卡，进行出错设置，选中“输入无效数据时显示出错警告”选项，在“标题”文本框中输入“性别”，在“错误信息”文本框中输入“输入的性别数据不正确”，如图 3－10（c）所示。虽然提供了下拉列表选项，但是 Excel 单元格依然可以键入内容，此项操作就是为了在输入不正确的数据时，给用户弹出一个操作错误的提醒信息。

设置完成后，“性别”列的输入效果如图 3－10（d）所示。

（六）输入学生各科成绩

各科成绩是数字类型的数据，数字类型数据在单元格中默认是居右对齐显示的。

在课程成绩区域“E3:J20”内依次输入各科成绩。有效的成绩范围一般是 0～100，为避免输入了超出范围的错误成绩，在输入之前先设置数据验证条件。操作过程类似于“性别”输入验证的设置，依次单击“数据”选项卡，单击“数据工具”选项组中的“数据验证”图标，弹出“数据验证”对话框，选中“设置”选项卡，在“允许”下方的下拉列表中选择“整数”或者“小数”，在“数据”列表中选择“介于”，然后在“最小值”和“最大值”的文本框中分别输入 0 和 100，如图 3－11 所示。“输入信息”和“出错警告”选项卡内的相关设置可以参考前面的“输入学生性别”的讲解进行操作。

数据输入完成后，最终的效果如图 3－12 所示。

（七）在“出生日期”列右侧插入新列“籍贯”

有时由于人为的疏忽导致信息的遗漏，比如上图表格中少了一列学生籍贯信息，此时需要在原表格上增加一个新列，具体操作如下：

Excel 表格中可以随意插入新的行与列，但有默认的插入顺序，插入的新行会出现在选定行的上方，插入的新列会出现在选定列的左方。因此在“出生日期”列右侧插入新列，需要先选中“出生日期”右侧的 E 列“Python 语言”中任一单元格，然后单击“开始”选项卡下“单元格”选项组中“插入”下拉列表，选择“插入工作表列”，如图 3－13（a）所示。

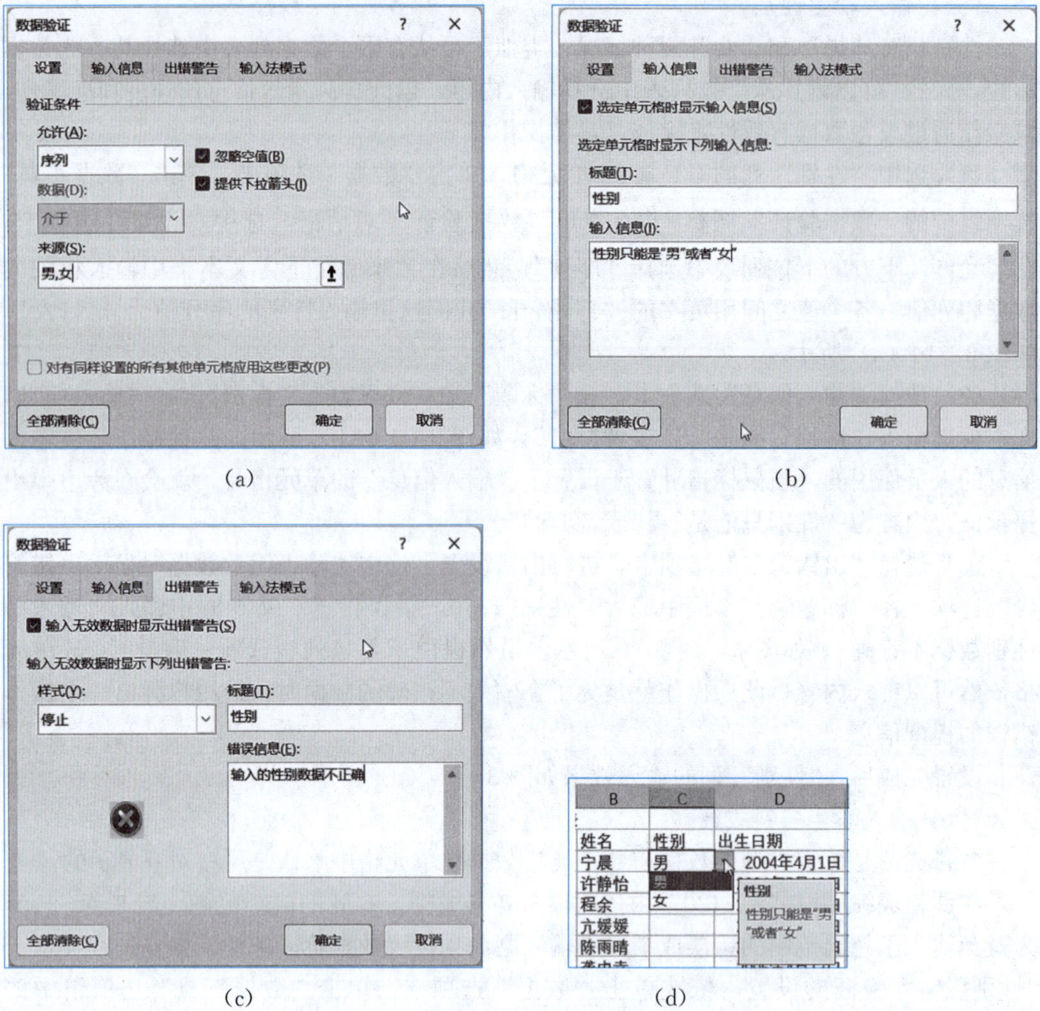

图 3-10　输入下拉列表设置及输入效果

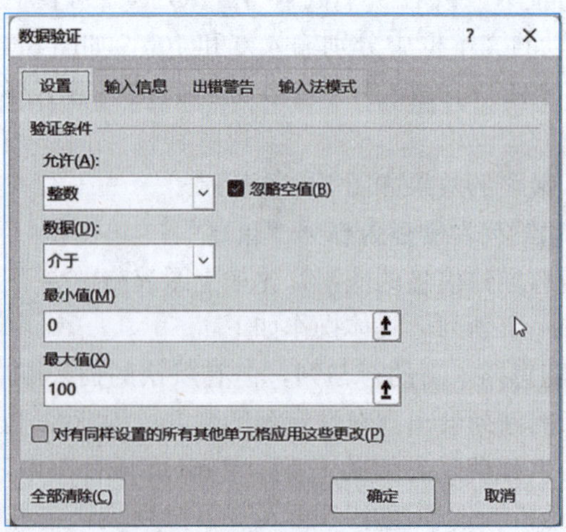

图 3-11　设置成绩的输入范围

	A	B	C	D	E	F	G	H	I	J
1	学生成绩表									
2	学号	姓名	性别	出生日期	Python语言	高等数学	英语	思政	体育	数据库
3	202018001	宁晨	女	2004年4月1日	91	86	98	81	79	70
4	202018002	许静怡	女	2004年5月18日	91	83	97	82	79	65
5	202018003	程余	男	2005年4月10日	94	85	96	85	73	70
6	202018004	亢媛媛	女	2005年6月11日	92	86	96	84	79	84
7	202018005	陈雨晴	女	2005年3月10日	90	86	95	81	81	80
8	202018006	龚中幸	女	2005年4月13日	98	83	97	88	73	65
9	202018007	杨白雪	女	2005年3月20日	93	90	97	99	90	70
10	202018008	陈静文	女	2005年5月20日	98	69	94	83	85	70
11	202018009	姜春悦	女	2004年4月16日	93	80	93	80	90	95
12	202018010	周玉娜	女	2005年2月17日	93	84	95	81	86	80
13	202018011	杜佳琦	男	2005年2月28日	91	79	75	84	83	84
14	202018012	张芸芸	女	2005年10月4日	52	83	50	81	79	70
15	202018013	王明辉	男	2005年8月20日	94	88	87	82	83	100
16	202018014	方义军	男	2005年5月8日	83	80	93	80	83	70
17	202018015	邓奇琪	男	2005年6月20日	93	85	90	81	75	75
18	202018016	李普汉	男	2004年7月2日	84	83	81	80	87	59
19	202018017	孙浩伟	男	2004年10月24日	92	84	95	90	76	75
20	202018018	陈一鸣	男	2005年10月2日	87	58	56	80	89	70

图 3-12　数据录入完成后的最终效果

或者直接在E列“Python语言”的列标位置右击鼠标，在弹出的快捷菜单中选择“插入”，即可在E列“Python语言”左侧添加一空白列，如图3-13（b）所示。

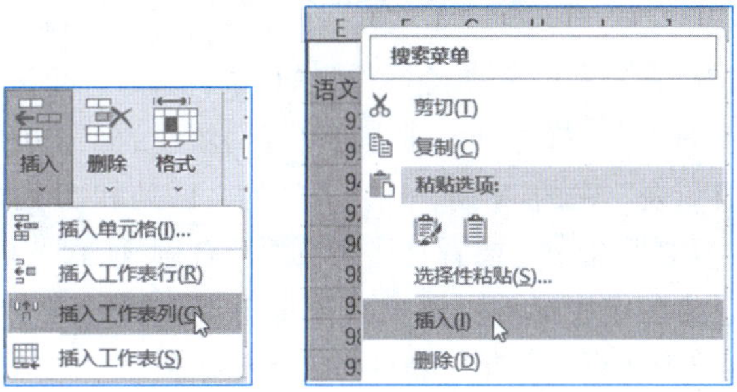

（a）　　　　　　（b）

图 3-13　插入空白列

如果需要一次插入多列（或行），则只需要选定与新列（或新行）相邻的连续多列（或行），如选定3列，则右击鼠标选择“插入”的列数就是3列，如图3-14所示。

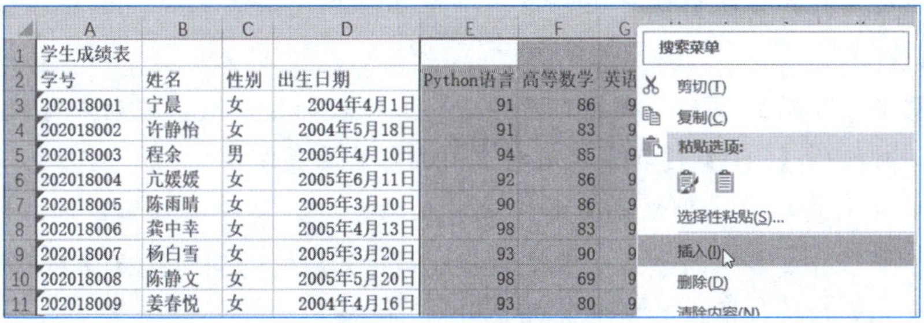

图 3-14　快速插入多列

行与列的删除操作类似插入操作，用户需要选定相应的行（或列），单击“开始”选项卡→“单元格”选项组→“删除”下拉列表，单击“删除工作表行”/“删除工作表列”，或单击鼠标右键选择“删除”命令。

（八）复制信息到其他工作表，并进行重命名

如果想把学生成绩表中的“学号”“姓名”“性别”“出生日期”“籍贯”等表示学生基本信息的数据单独放入一个工作表（学生基本信息表）中，操作步骤如下：

（1）重命名 Sheet1 为“学生成绩表”：双击左下角工作表标签“Sheet1”，标签“Sheet1”被选中，输入“学生成绩表”，或用鼠标右键单击标签，在弹出的快捷菜单中执行“重命名”命令，如图 3-15 所示。

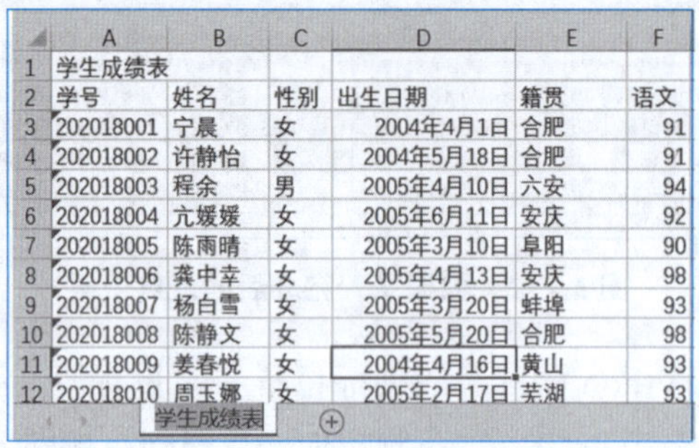

	A	B	C	D	E	F
1	学生成绩表					
2	学号	姓名	性别	出生日期	籍贯	语文
3	202018001	宁晨	女	2004年4月1日	合肥	91
4	202018002	许静怡	女	2004年5月18日	合肥	91
5	202018003	程余	男	2005年4月10日	六安	94
6	202018004	亢媛媛	女	2005年6月11日	安庆	92
7	202018005	陈雨晴	女	2005年3月10日	阜阳	90
8	202018006	龚中幸	女	2005年4月13日	安庆	98
9	202018007	杨白雪	女	2005年3月20日	蚌埠	93
10	202018008	陈静文	女	2005年5月20日	合肥	98
11	202018009	姜春悦	女	2004年4月16日	黄山	93
12	202018010	周玉娜	女	2005年2月17日	芜湖	93

图 3-15　工作表重命名

（2）单击工作表标签“学生成绩表”右侧的⊕，添加一个新工作表。把“学号”“姓名”“性别”“出生日期”“籍贯”五列信息复制到新建的工作表中，操作步骤如下：

① 选中“学生成绩表”中的 A 列、B 列、C 列、D 列和 E 列，右击鼠标，在弹出的快捷菜单中执行“复制”命令，或者直接按快捷组合键【Ctrl+C】；

② 单击刚才新建的工作表标签，切换到第 2 个工作表，选中 A1 单元格，右击鼠标，在弹出的快捷菜单中执行“粘贴”命令，或者按快捷组合键【Ctrl+V】。

（3）重命名新建的工作表标签为“学生基本信息表”。

知识延伸

（1）如果工作簿中工作表数较多而无法全部显示，则可通过按钮 ◂ ▸ … 进行滚动查看。

（2）删除工作表：使用鼠标右键单击需要删除的工作表标签，在快捷菜单中选择“删除”操作。

（3）移动或复制工作表：单击需要移动的工作表标签不放，拖动即可移动工作表；在拖动的同时按住【Ctrl】键即可实现对当前工作表的复制。

（4）单击⊕按钮，一次只能添加一张新工作表，若要一次添加多张工作表，可使用类似于添加多行或多列的方法：首先在按住【Ctrl】键的同时选定多张工作表标签，然后单击鼠标右键执行快捷菜单项中的“插入”命令。

（5）选择多个操作对象（如单元格、工作表、行、列等）的操作方式如下：

①如果要选择的多个对象位置相邻：单击第 1 个对象，然后按下【Shift】键不松开，再单击最后一个对象，最后松开【Shift】键。这样由第 1 个对象和最后一个对象包

含的全部位置相邻的对象均被选中。

②如果要选择的多个对象位置分散：单击第 1 个对象，然后按下【Ctrl】键不松开，再分别单击其他各个对象，最后松开【Ctrl】键。这样这些被点击的对象均被选中。

三、格式化工作表

当输入并整理完学生信息后，可以通过格式设置使得表格更加美观和清晰。具体操作如下：

（一）设置标题字体、大小和背景颜色

将工作表“学生成绩表”表格标题居中，设置字体为“华文新魏”，大小为 24，单元格背景填充为蓝色。

（1）选中 A1:K1 单元格，单击“开始”选项卡下的“对齐方式”选项组，单击“合并后居中”按钮，如图 3 - 16 所示。

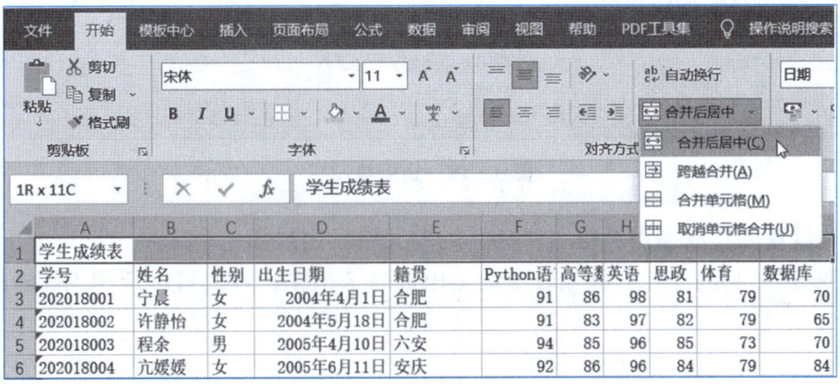

图 3 - 16　单元格合并后居中

（2）单击“字体”选项组中的“字体”下拉列表，选择“华文新魏”，在“字号”下拉列表中选择“24”。

（3）单击“字体”选项组中的  按钮，在下拉列表中选择“蓝色”，实现单元格的颜色填充，如图 3 - 17 所示。

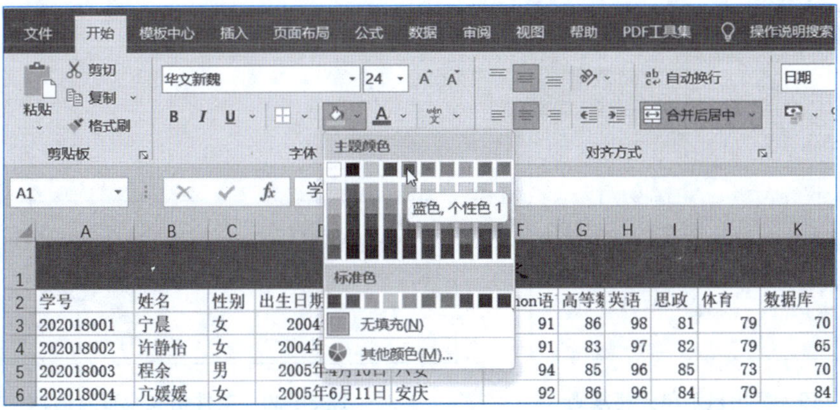

图 3 - 17　标题字体、字大小和背景颜色设置

（二）设置表格数据位置为垂直居中、水平居中

选中 A2:K20 单元格区域，切换至“开始”选项卡，单击“对齐方式”选项组中的垂直居中按钮和水平居中按钮。

（三）设置表格边框线

选中 A2:K20 单元格，单击“开始”选项卡，在“字体”选项组中单击“边框”按钮下拉列表，选择“所有框线”，如图 3-18 所示。

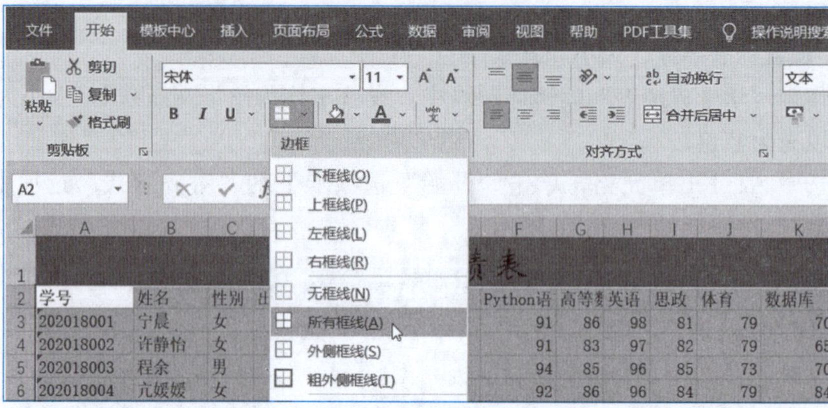

图 3-18　边框线设置

（四）设置课程成绩不及格（<60）的单元格突出显示

为了让不及格的课程成绩能够更加突出地显示出来，我们可以使用 Excel 的条件格式功能进行设置。Excel 2016 提供了丰富的条件格式，其作用是突显需要关注的单元格或区域，强调异常值，还能通过数据条、色阶、图标集等对数据进行直观的显示。

（1）选中课程成绩数据区域 F3:K20，单击“开始”选项卡，在“样式”选项组中点击“条件格式”按钮，从下拉列表中选择“突出显示单元格规则”为“小于”，如图 3-19 所示。在弹出的“小于”对话框中，可进一步设置条件值和显示的样式格式，如图 3-20 所示。

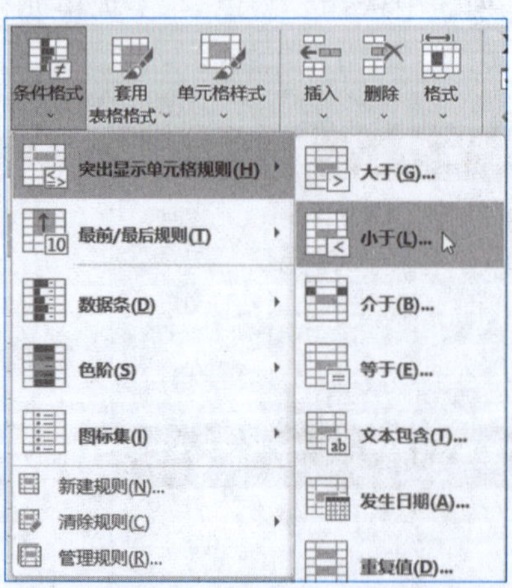

图 3-19　突出显示单元格规则

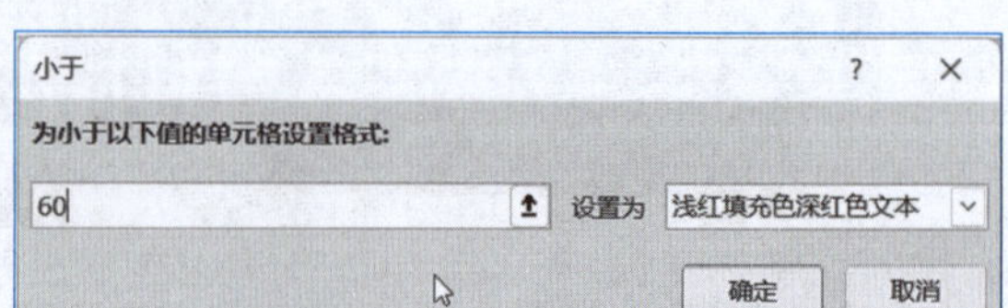

图 3-20　条件格式设置对话框

（2）在“为小于以下值的单元格设置格式”文本框中输入“60”，“设置为”右侧下拉列表中选择要显示的格式。下拉列表中如果没有满意的样式格式，可选择“自定义格式”，弹出“设置单元格格式”对话框，根据需要设置字形、颜色等格式。如图 3－21 所示，我们设置不及格的成绩单元格以红色加粗的样式显示。

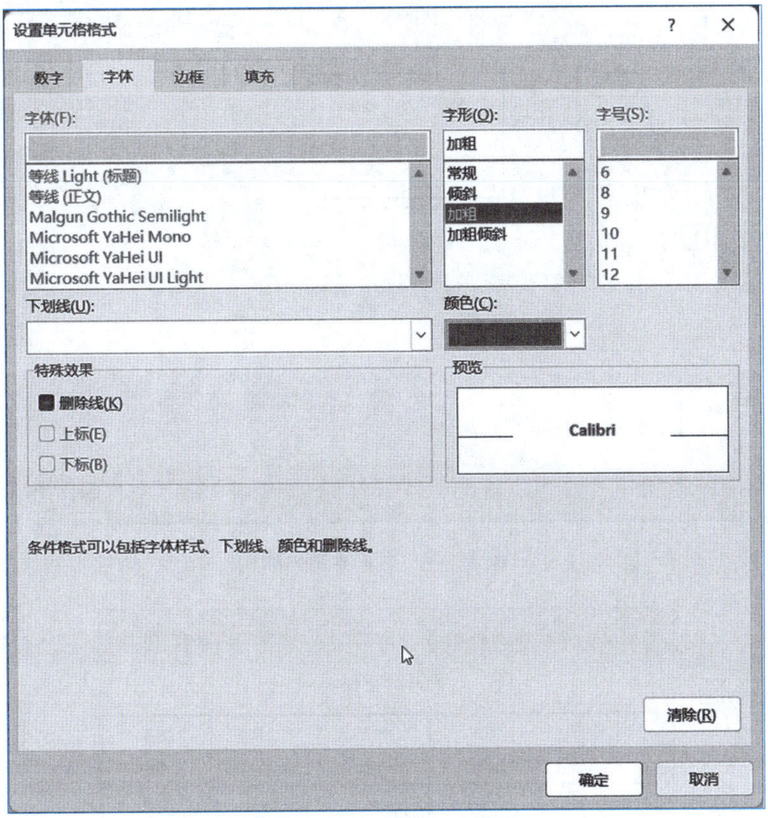

图 3－21　自定义条件格式

（五）设置工作表“学生基本信息表”单元格格式

（1）选中第 1 行，插入新行作为标题，输入“学生基本信息表”，选中 A1:E1，点击“合并后居中”按钮，并设置字体为“宋体”，字号大小为“16”，行高为“50”。

（2）选中 A2:D20 单元格区域，设置“水平居中”“垂直居中”。

（3）设置所有列的列宽为“14”，从第 2 行开始的所有行行高为“25”。

（4）将边框线设置为外粗内细：单击“开始”选项卡下“字体”选项组中的“边框”下拉列表，选择“其他边框”，在打开的对话框中，依次设置内外框线。设置框线操作时，应先选好直线样式、粗细和颜色，然后再单击要应用的边框部位，例如设置外框线时对应的操作步骤如图 3－22 所示。最终效果如图 3－23 所示。

学一学：单元格内容显示时出现“###########”的原因是单元格的列宽不够，无法容纳里面内容的显示。只需把列宽调整至足够大即可解决问题。

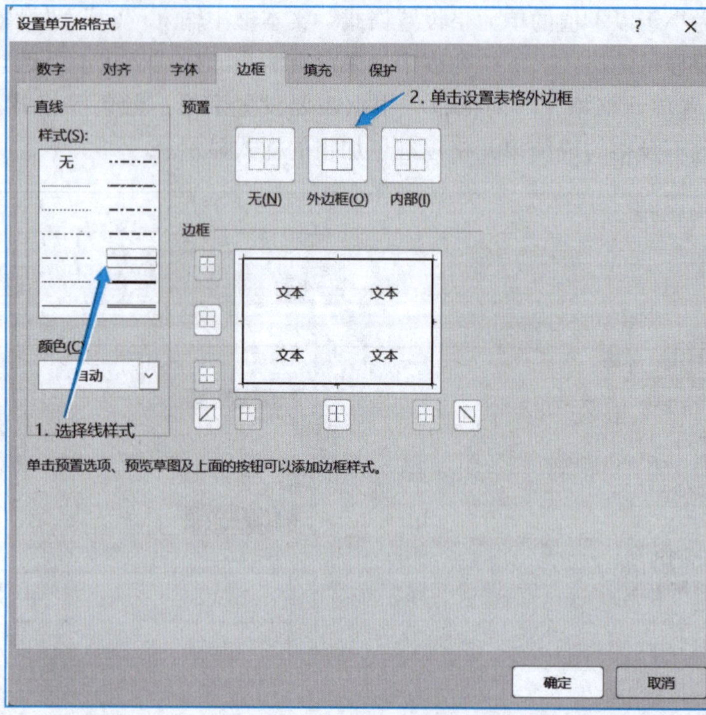

图 3-22 设置表格框线

学生基本信息表				
学号	姓名	性别	出生日期	籍贯
202018001	宁晨	女	2004年4月1日	合肥
202018002	许静怡	女	2004年5月18日	合肥
202018003	程余	男	2005年4月10日	六安
202018004	亢媛媛	女	2005年6月11日	安庆
202018005	陈雨晴	女	2005年3月10日	阜阳
202018006	龚中幸	女	2005年4月13日	安庆
202018007	杨白雪	女	2005年3月20日	蚌埠
202018008	陈静文	女	2005年5月20日	合肥
202018009	姜春悦	女	2004年4月16日	黄山
202018010	周玉娜	女	2005年2月17日	芜湖
202018011	杜佳琦	男	2005年2月28日	芜湖
202018012	张芸芸	女	2005年10月4日	安庆
202018013	王明辉	男	2005年8月20日	淮北
202018014	方文军	男	2005年5月8日	安庆
202018015	邓奇琪	男	2005年6月20日	安庆
202018016	李普汉	男	2004年7月2日	宣城
202018017	孙浩伟	男	###########	马鞍山
202018018	陈一鸣	男	2005年10月2日	安庆

图 3-23 学生基本信息表最终格式效果

四、打印工作表

表格设置完成以后，打印出来，分发给相关部门或者老师，方便存档。

（一）设置打印区域

由于工作表有多行和多列，会出现超出打印纸张范围的情况，并且不是所有的内容都需要打印，因此为取所需，打印前要设置打印的工作表区域。以“学生基本信息表”为例，单击对应工作表标签，选中需要打印的区域 A1:E20；单击“页面布局”选项卡，在“页面设置”选项组中“打印区域”下拉列表中选择“设置打印区域”，如图 3－24 所示。设置成功后，当选中打印区域 A1:E20 时，名称栏会默认显示“Print_Area”信息。

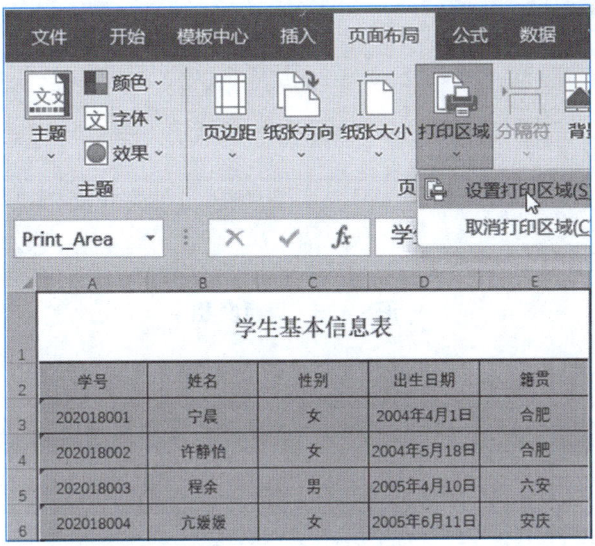

图 3－24　打印区域设置

（二）设置打印标题

表格内容过多时只能打印在多张纸上，但是 Excel 中列标题只在表格顶端出现，通过打印标题设置，能够实现每张纸上都能在顶端打印列标题，具体操作如下：单击“页面布局”选项卡，在“页面设置”选项组中单击“打印标题”，弹出“页面设置”对话框，单击“打印标题”下方“顶端标题行”文本框，选中工作表中第 2 行，文本框中自动显示“＄2:＄2Print_Titles”字样，单击“确定”按钮，如图 3－25 所示。

（三）设置纸张大小、页边距、纸张方向、表格居中

切换到“页面布局”选项卡，点击“页面设置”选项组中的“页边距”“纸张方向”“纸张大小”操作，设置页边距为“普通”，纸张方向为“纵向”，纸张大小为“A4”。如果现有页边距设置不能满足需要，可在下拉列表中点击 自定义页边距(A)... ，弹出“页面设置”对话框下的“页边距”选项卡，在此可以调节上、下、左、右四个方向的页边距以及页眉、页脚的位置，“居中方式”勾选“水平”，如图 3－26 所示。

（四）调整为合适大小

对于刚好超出打印范围一些部分的表格，可以通过使用“调整为合适大小”选项，

图 3－25　页面设置

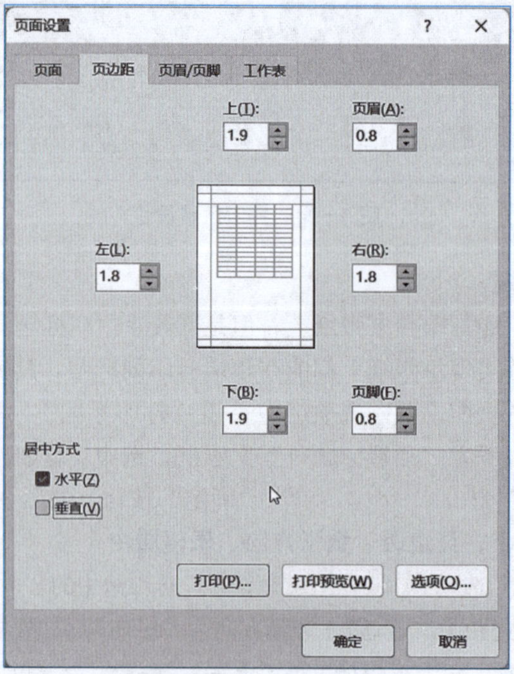

图 3－26　页边距设置

使得能够通过缩放把内容打印在打印范围之内。单击“页面布局”选项卡，找到“调整为合适大小”选项组，在“宽度”下拉列表中选择“自动”，在“高度”下拉列表中选择“自动”，如图 3－27 所示。

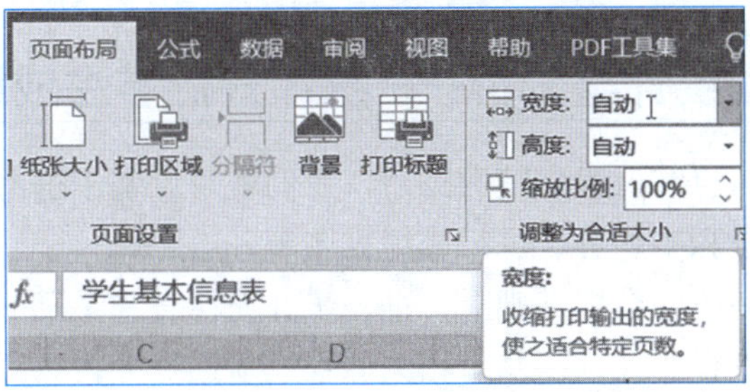

图 3 - 27　调整打印区域

（五）打印预览查看打印效果

全部设置完成以后，通过打印预览查看是否还需要调整，以免打印之后出现问题，增加工作量。具体操作如下：单击“文件”选项卡，在下拉列表中选择“打印”，右侧即可出现打印相关设置和预览图，如图 3 - 28 所示。

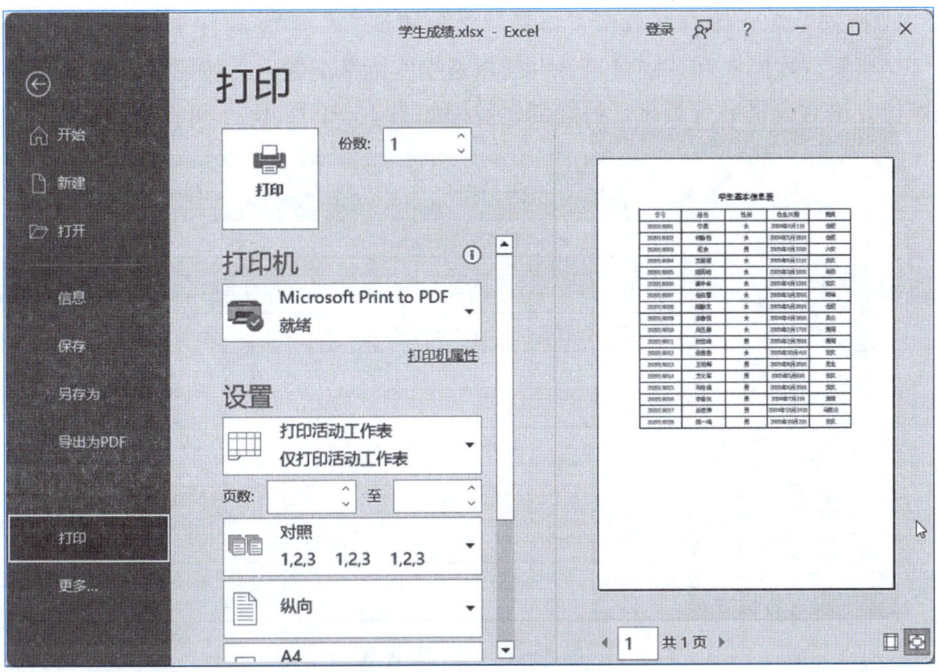

图 3 - 28　打印设置和预览

图 3 - 28 打印设置和预览界面右下角有两个按钮：第一个按钮为“显示边距”，点击后可直接在预览视图下调节打印纸张的边距；第二个按钮为“缩放到页面”，作用为缩放表格以方便查看整体效果。另外，用户通过正下方的翻页查看 1 共 1 页 能够检查之前设置的打印标题行的效果，查看是否每页都含有列标题。

微课
制作学生成绩表

记一记： 打印预览也可使用快捷组合键【Ctrl+F2】。

第 3 节　数据统计与分析——统计分析学生成绩

有了学生的基本信息和课程成绩数据后，我们就可以基于这些数据进行初步的统计和分析操作，如求总分和平均分、进行成绩排名等。

本节我们要在前一节的数据基础上，进一步补充德育和考勤分数，最终计算出学生的综合素质评分，并进行排名；以及对相关课程成绩进行分析，得到不同角度的分析结果数据。

一、制作综合测评表

在前一节的学生成绩工作簿中添加一个新工作表，工作表标签设为“综合测评表”。“综合测评表”包含“学号”“姓名”“性别”“德育”“智育”“体育”“旷课（次）”“事假（次）”“减分合计”“加分合计”“综合总分”和“名次”这些列，其中，“学号”“姓名”“性别”和“体育”数据直接从“学生成绩表”中复制过来，“德育”“旷课（次）”“事假（次）”和“加分合计”数据根据实际情况输入。按照前一节介绍的表格美化操作方法对表格进行美化，最终创建效果如图 3-29 所示。

综合测评表											
学号	姓名	性别	德育	智育	体育	旷课（次）	事假（次）	减分合计	加分合计	综合总分	名次
202018001	宁晨	女	90		79				1.87		
202018002	许静怡	女	98		79	1	1		2.75		
202018003	程余	男	90		73				0.6		
202018004	亢媛媛	女	85		79				0.6		
202018005	陈雨晴	女	99		81		2		0.6		
202018006	龚中幸	女	93		73				0.6		
202018007	杨白雪	女	90		90	1			0.6		
202018008	陈静文	女	88		85	1			0.6		
202018009	姜春悦	女	89		90				0.6		
202018010	周玉娜	女	96		86		2		0.6		
202018011	杜佳琦	男	87		83				0.6		
202018012	张芸芸	女	85		79				0.6		
202018013	王明辉	男	98		83	2			3.62		
202018014	方义军	男	86		83		3		2.44		
202018015	邓奇琪	男	92		75				0.3		
202018016	李普汉	男	99		87	4			2.61		
202018017	孙浩伟	男	95		76		1		0.3		
202018018	陈一鸣	男	94		89				0.3		

图 3-29　综合测评表

（一）计算“智育”成绩

每位学生的“智育”成绩是其除“体育”课程之外所有其他课程成绩的平均值。这里可以使用公式或 Excel 函数计算得到每位学生的“智育”成绩。

使用公式进行计算的操作方法为：

（1）单击第 1 个学生“智育”列单元格 E3，输入“=(”，然后单击“学生成绩表”工作表标签，在“学生成绩表”中依次单击第 1 个学生除“体育”之外的各课程成绩单元格，中间用“+”连接，在最后面输入“)/6”。最终在单元格对应的编辑栏中呈现的应该是“=(学生成绩表!F3+学生成绩表!G3+学生成绩表!H3+学生成绩表!I3+学生成绩表!K3)/6”。

（2）上一步完成后，直接按回车键或者用鼠标单击编辑栏左侧的✓，即可得到该学生的平均分。

使用 Excel 函数进行计算的操作方法为：

（1）单击第 1 个学生“智育”列单元格 E3，然后单击编辑栏左侧的插入函数按钮 *fx*，在弹出的“插入函数”对话框中的“选择函数”列表中选择“AVERAGE”函数，单击“确定”按钮，如图 3-30 所示。

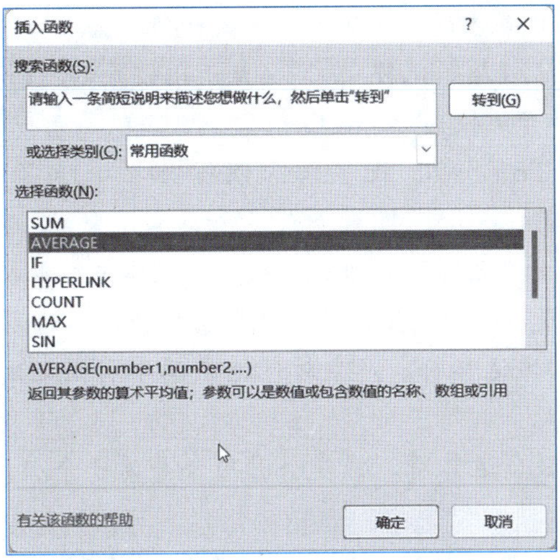

图 3-30　“插入函数”对话框

（2）在弹出的“函数参数”对话框中，鼠标光标定位进“Number1”文本框中，然后用鼠标单击“学生成绩表”工作表标签，在该工作表中依次选择 F3:I3 区域和 K3 单元格，最后单击“确定”按钮，便得到“智育”成绩，如图 3-31 所示。

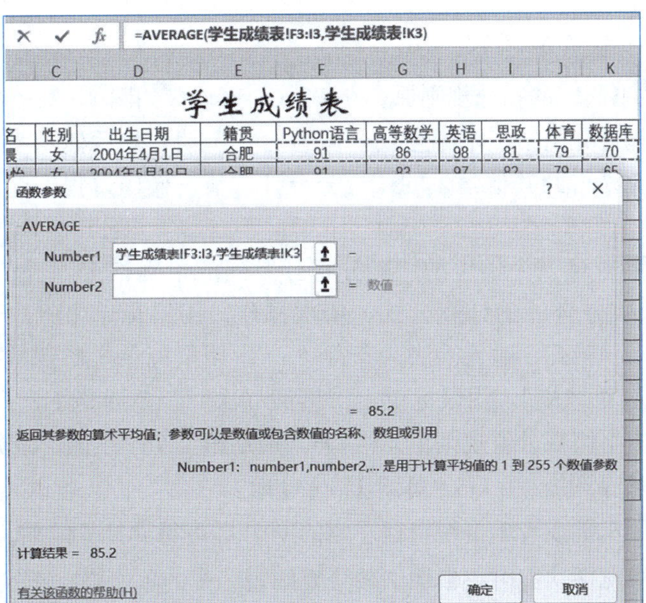

图 3-31　设置 AVERAGE 函数的参数

第一个学生的智育成绩计算完成后，通过填充柄填充功能便能得到其他学生的“智育”成绩。

知识延伸

Excel 单元格中可以使用公式运算得到数据，公式是以“＝”开头，后面跟着符合 Excel 语法要求的算式。算式中可以包含以下几种运算符：

(1) 常见算术运算符：＋（加号）、－（减号）、*（乘号）、/（除号）、%（百分号）、^（乘方），用以完成基本的数学运算，返回数值，如“＝2^2”，结果为 4。

(2) 比较运算符：＝（相等比较）、＞（大于比较）、＜（小于比较）、＜＞（不相等比较）、＞＝（大于等于比较）、＜＝（小于等于比较），用以实现数值之间的大小比较，返回结果是逻辑值 True（真）或 False（假），如“＝1＜＞0”，结果为 True。

(3) 文本连接运算符：&，能将两个或多个文本组合成一个文本，如“＝"安徽"&"水利水电"&"职业技术学院"”，结果是“安徽水利水电职业技术学院”。

(4) 引用运算符：是指可以将单元格区域引用合并计算的运算符号。

①“:”（冒号）：区域运算符，产生对包括在两个引用之间的所有单元格的引用，如 B5:B15。

②“,”（逗号）：联合运算符，将多个引用合并为一个引用，如 AVERAGE(B5:B15,D5:D15)。

③“ ”（空格）：交叉运算符，产生对两个引用共有的单元格的引用，如 SUM(A2:B4 B2:C4)。

（二）计算“减分合计”

“减分合计”由旷课次数和事假次数按照对应的计分规则进行累加求和得到，其计算公式为：

减分合计 ＝ 旷课次数 × 单次旷课减分值 ＋ 事假次数 × 单次事假减分值

“旷课”和“事假”的扣分规则保存在 P3:Q6 区域，如图 3－32 所示。

同样，我们先计算出第 1 个学生的“减分合计”值，然后使用“填充柄”填充来得到其他学生的“减分合计”值。操作过程如下：

减分规则	
	减分值（次）
旷课	0.15
事假	0.02

图 3－32　减分规则表

(1) 用鼠标单击第 1 个学生的“减分合计”列的单元格 I3，输入“＝”。按照减分合计的计算公式，依次操作：用鼠标单击“旷课（次）”单元格 G3，输入乘法运算符“*”，用鼠标单击旷课减分值规则单元格 Q5，输入加法运算符“＋”，用鼠标单击“事假（次）”单元格 H3，输入乘法运算符“*”，用鼠标单击事假减分值规则单元格 Q6。最终第 1 个学生的“减分合计”H3 对应的编辑栏中的结果应该是：＝G3*Q5＋H3*Q6。

(2) 直接按回车键或者单击编辑栏左側的✓，即可得到计算结果。

为了在使用填充柄功能时，引用“减分规则表”中的单元格时不发生相对变化，用户应对行号使用绝对引用。具体做法是：首先修改 I3 单元格中的公式，把 Q5 和 Q6 分别修改成 Q$5 和 Q$6，使公式变成“=G3 * Q$5+H3 * Q$6”；然后拖动 I3 单元格的填充柄，得到其他学生的“减分合计”列的值。

知识延伸

绝对引用和相对引用：

相对引用：是指在自动填充时公式中引用的单元格的行号和列标会随着公式位置的变化而变化，公式的计算数值会依据更改后的单元格地址的值而重新计算。

绝对引用：是指在自动填充时公式中引用的单元格的行号和列标不随着公式位置的变化而变化。如果公式引用的单元格在公式填充时其行号或列标要固定不变，则在行号和列标前加“$”符号，使其成为绝对引用。

如图 3-33 所示，I3 单元格公式为“=G3 * Q$5+H3 * Q$6”，“G3”单元格为相对引用，公式到了 I4 单元格中就会变成引用“G4”单元格，而 Q$5 单元格区域的行号为绝对引用，公式无论填充到哪一单元格内，行号都不会发生变化（列标可能会变化，因为列标是相对引用。要使行号和列标都不变化，则把行号和列标都设为绝对引用即可）。

跨工作表引用单元格：

如果被引用的单元格在另外一个工作表中，则被引用的单元格前要带上被引用单元格所在的工作表标签，工作表标签与单元格名之间用英文的“!”分隔。例如我们在计算“智育”成绩时，公式中引用了另一个工作表“学生成绩表”中的多门课程成绩，所以这些被引用的每门课成绩单元格前都带了工作表标签名。

（三）计算“综合总分”

“综合总分”的计算公式为：综合总分=德育×30%+智育×60%+体育×10%。按照前面的操作方法，首先在第 1 个学生的“综合总分”单元格 K3 中输入公式：=D3 * 30%+E3 * 60%+F3 * 10%，输入完毕后按回车键得到计算结果。

通过第 1 个学生的“综合总分”K3 单元格的填充柄填充得到其他学生的综合总分。综合测评表的各数据计算结果如图 3-33 所示。

	A	B	C	D	E	F	G	H	I	J	K	L
1	综合测评表											
2	学号	姓名	性别	德育	智育	体育	旷课（次）	事假（次）	减分合计	加分合计	综合总分	名次
3	202018001	宁晨	女	90	85.2	79			0	1.87	86.02	
4	202018002	许静怡	女	98	83.6	79	1	1	0.17	2.75	87.46	
5	202018003	程余	男	90	86	73			0	0.6	85.9	
6	202018004	亢媛媛	女	85	88.4	79			0	0.6	86.44	
7	202018005	陈雨晴	女	99	86.4	81		2	0.04	0.6	89.64	
8	202018006	龚中幸	女	93	86.2	73			0	0.6	86.92	
9	202018007	杨白雪	女	90	89.8	90	1		0.15	0.6	89.88	
10	202018008	陈静文	女	88	82.8	85	1		0.15	0.6	84.58	
11	202018009	姜春悦	女	89	88.2	90			0	0.6	88.62	
12	202018010	周玉娜	女	96	86.6	86		2	0.04	0.6	89.36	
13	202018011	杜佳琦	男	87	82.6	83			0	0.6	83.96	
14	202018012	张芸芸	女	85	67.2	79			0	0.6	73.72	
15	202018013	王明辉	男	98	90.2	83	2		0.3	3.62	91.82	
16	202018014	方义军	男	86	81.2	83		3	0.06	2.44	82.82	
17	202018015	邓奇琪	男	92	84.8	75			0	0.3	85.98	
18	202018016	李普汉	男	99	77.4	87	4		0.6	2.61	84.84	
19	202018017	孙浩伟	男	95	87.2	76		1	0.02	0.3	88.42	
20	202018018	陈一鸣	男	94	70.2	89			0	0.3	79.22	

图 3-33　综合测评表数据计算结果

二、综合测评排名

根据“综合总分”对学生进行排名，排名结果可以作为学生的推优、奖学金发放等方面的重要参考。

（一）根据“综合总分”进行排名

根据每个学生的“综合总分”值相对于其他学生的“综合总分”值的大小进行排名，具体操作步骤如下：

（1）单击第一个学生的“名次”单元格 L3，再单击编辑栏左侧的插入函数按钮 *fx*，在弹出的“插入函数”对话框中“搜索函数”文本框中输入“RANK”，单击右侧“转到”按钮进行搜索。搜索结果在下方“选择函数”列表中显示，单击选中“RANK. EQ”，最后单击“确定”按钮，如图 3-34 所示。

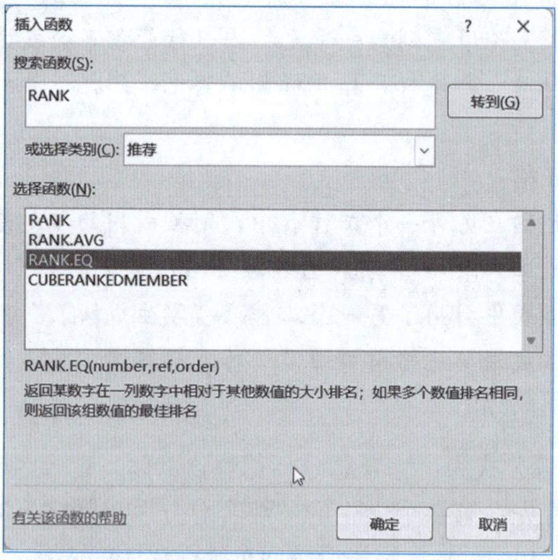

图 3-34　查找 RANK. EQ 函数

（2）在弹出的“函数参数”对话框中设置 RANK. EQ 函数的参数。如图 3-35 所示，在第 1 个参数 Number 中设置确定名次对应的数值，我们这里选择第 1 个学生的“综合总分”单元格 K3；在第 2 个参数 Ref 中设置确定名次所相对的一组数值，我们这里是根据全体学生“综合总分”值确定名次，所以 Ref 参数设置为 K$3:K$20；第 3 个参数 Order 用于指定名次的排序方式，填 0 或者空缺代表降序，其他值代表升序，我们这里不填。设置好参数后，单击“确定”按钮，L3 单元格便得到了该学生的名次。

说明：下一步通过填充柄填充功能得到其他学生的名次时，确定名次所引用的“综合总分”区域应该是固定不动的，所以 Ref 参数设置时应该把行号设为绝对引用。

（3）通过拖动 L3 单元格的填充柄向下填充得到其他学生的名次。

知识延伸

Excel 函数是一些预定义的公式，它们使用一些称为参数的特定数值按特定的顺序或结构进行计算。常用的 Excel 函数见表 3-1。

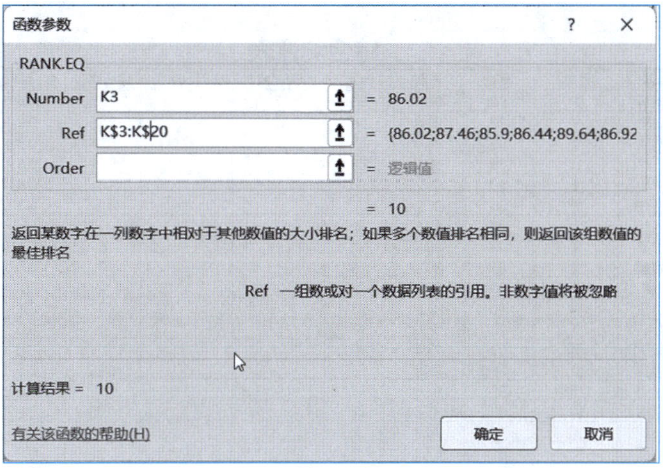

图 3-35 设置 RANK. EQ 函数的参数

表 3-1 常用的 Excel 函数

序号	函数签名	功能简介
1	SUM(number1,number2,…)	计算单元格区域中所有数值的和
2	AVERAGE(number1,number2,…)	计算单元格区域中所有数值的算术平均值
3	COUNT(value1,value2,…)	计算区域中包含数字的单元格的个数
4	IF(logical_test,value_if_true,value_if_false)	判断是否满足某个条件，如果满足则返回一个值，否则返回另一个值
5	MAX(number1,number2,…)	返回一组数值中的最大值，忽略逻辑值及文本
6	MIN(number1,number2,…)	返回一组数值中的最小值，忽略逻辑值及文本
7	SUMIF(range,criteria,sum_range)	对满足条件的单元格求和
8	COUNTIF(range,criteria)	计算某个区域中满足给定条件的单元格数目
9	HLOOKUP(lookup_value,table_array,row_index_num,range_lookup)	搜索数组区域首行满足条件的元素，确定待检索单元格在区域中的列序号，再进一步返回待选定单元格的值
10	VLOOKUP (lookup_value, table_array,col_index_num,range_lookup)	搜索数组区域首列满足条件的元素，确定待检索单元格在区域中的行序号，再进一步返回待选定单元格的值。默认情况下，表是以升序排序的

（二）根据名次进行排序

根据名次进行排序，把第 1 名排在最前面，最后 1 名排在最后面，即按照名次进行升序排序。操作步骤如下：

（1）单击“名次”一列的数据区域任意单元格，使活动单元格位于该区域内。

（2）单击“数据”选项卡，在对应的功能区的“排序和筛选”分组中单击 按钮，即可完成按“名次”列值的升序排序操作。最终的排序效果如图 3-36 所示。

综合测评表

学号	姓名	性别	德育	智育	体育	旷课（次）	事假（次）	减分合计	加分合计	综合总分	名次
202018013	王明辉	男	98	90.2	83	2		0.3	3.62	91.82	1
202018007	杨白雪	女	90	89.8	90	1		0.15	0.6	89.88	2
202018005	陈雨晴	女	99	86.4	81		2	0.04	0.6	89.64	3
202018010	周玉娜	女	96	86.6	86		2	0.04	0.6	89.36	4
202018009	姜春悦	女	89	88.2	90			0	0.6	88.62	5
202018017	孙浩伟	男	95	87.2	76		1	0.02	0.3	88.42	6
202018002	许静怡	女	98	83.6	79	1	1	0.17	2.75	87.46	7
202018006	龚中幸	女	93	86.2	73			0	0.6	86.92	8
202018004	亢媛媛	女	85	88.4	79			0	0.6	86.44	9
202018001	宁晨	女	90	85.2	79			0	1.87	86.02	10
202018015	邓奇琪	男	92	84.8	75			0	0.3	85.98	11
202018003	程余	男	90	86	73			0	0.6	85.9	12
202018016	李普汉	男	99	77.4	87	4		0.6	2.61	84.84	13
202018008	陈静文	女	88	82.8	85	1		0.15	0.6	84.58	14
202018011	杜佳琦	男	87	82.6	83			0	0.6	83.96	15
202018014	方义军	男	86	81.2	83		3	0.06	2.44	82.82	16
202018018	陈一鸣	男	94	70.2	89			0	0.3	79.22	17
202018012	张芸芸	女	85	67.2	79			0	0.6	73.72	18

图 3-36　按名次升序排序后的结果

操作提示

排序有两种情况，分别为：

(1) 只按某一列的数据进行排序。简便的操作方式是：首先把活动单元格定位在该列的数据区域中，然后在“数据”选项卡的“排序和筛选”分组中单击 A↓Z 进行升序排序或单击 Z↓A 进行降序排序。

(2) 按多个列的数据进行排序。操作方式是：把活动单元格定位在数据区域内的任何位置，然后在“数据”选项卡的“排序和筛选”分组中单击 ZA AZ 按钮，打开“排序”对话框进行相关排序选项设置，如图 3-37 所示。

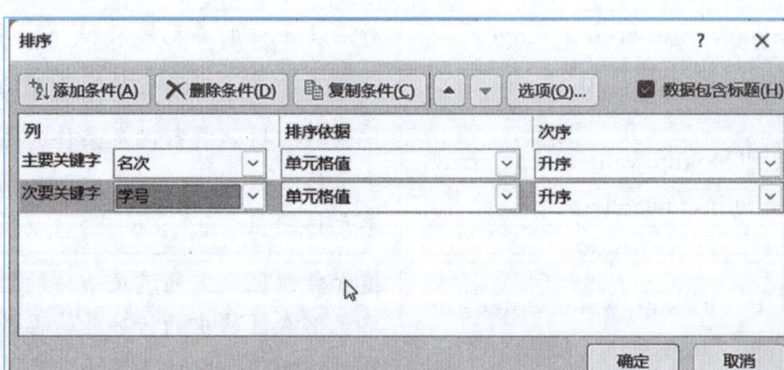

图 3-37　“排序”对话框

①右上角的“数据包含标题”复选项。如果数据区域含有列标题，则应该勾选此选项，这样排序时，列标题行保持位置不动。

②“主要关键字”。排序时首先参考的是进行大小比较的数据列，根据实际情况进行选择设置。例如，首先根据“名次”进行升序排序，则“主要关键字”设置为“名次”，“排序依据”设置为“单元格值”，“次序”设置为“升序”。

③“次要关键字”。在“主要关键字”值相同的情况下，可以进一步设置多个次要

参考的排序数据。单击上方的 添加条件(A)，可添加“次要关键字”；单击 删除条件(D)，可删除不需要的“次要关键字”。

三、按不同需求查看数据

当数据量很多时，不能一下子看全数据，此时会要求从不同的角度去查看数据。

（一）筛选数据

筛选数据操作是把暂时不想看到的数据行隐藏起来，只显示出要查看的数据行。如只想查看男生的成绩数据，则具体操作方法为：

1. 简单筛选

活动单元格定位在数据区域内，单击“数据”选项卡“排序和筛选”分组中的按钮。正常情况下，Excel 会自动识别出列标题行，并自动在每个列标题右边附加一个下拉按钮，单击它会展现出筛选值的进一步设置，如图 3－38 所示。我们单击“性别”列标题右侧下拉按钮，在展开的对话框中，只勾选“男”，按“确定”按钮，筛选后的结果如图 3－39 所示。

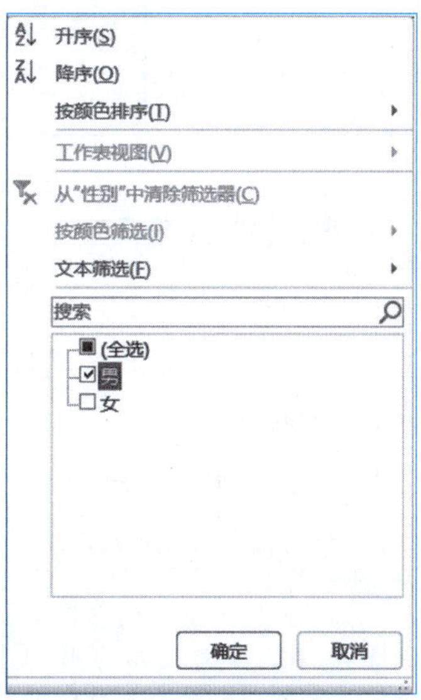

图 3－38　只勾选“男”，筛选出男生信息

	A	B	C	D	E	F	G	H	I	J	K	L
1	综合测评表											
2	学号	姓名	性别	德育	智育	体育	旷课（次	事假（次	减分合	加分合	综合总	名次
3	202018013	王明辉	男	98	90.2	83	2		0.3	3.62	91.82	1
8	202018017	孙浩伟	男	95	87.2	76		1	0.02	0.3	88.42	6
13	202018015	邓奇琪	男	92	84.8	75			0	0.3	85.98	11
14	202018003	程余	男	90	86	73			0	0.6	85.9	12
15	202018016	李普汉	男	99	77.4	87	4		0.6	2.61	84.84	13
17	202018011	杜佳琦	男	87	82.6	83			0	0.6	83.96	15
18	202018014	方文军	男	86	81.2	83		3	0.06	2.44	82.82	16
19	202018018	陈一鸣	男	94	70.2	89			0	0.3	79.22	17
21												

图 3－39　筛选操作完成后的结果

如果 Excel 不能自动识别出列标题行，则在进行筛选前，先选中作为列标题的行区域，然后再进行筛选的操作。

取消简单筛选，只需要再一次单击按钮即可。

2. 高级筛选

高级筛选通过条件区域的设置，可以实现对满足复杂条件的数据进行过滤筛选，还可以把筛选结果复制到指定的位置。条件区域的设置的具体操作方法为：

如果只有一个筛选条件，则把筛选条件对应的列标题放在空白区域的单元格中，筛选值的判断放在列标题下面的单元格中；如果有多个筛选条件，则把多个筛选条件对应的列标题放在同一行相邻的单元格中，筛选值的判断分别放在对应列标题下方的适当位置：若条件之间是“并且”的关系，则筛选值的判断应处于同一行；若条件之间是“或者”的关系，则筛选值的判断应处于不同行。如图 3－40（a）所示，表达的条件是“事假小于 2 次的男同学”，“事假小于 2 次”和“性别为男”是并且的关系；如图 3－40（b）所示，表达的条件是“事假小于 2 次或者男同学”，“事假小于 2 次”和“性别为男”是或者的关系，两者满足其一即可。

事假（次）	性别
<2	男

（a）

事假（次）	性别
<2	
	男

（b）

图 3－40　条件区域

高级筛选的操作步骤为：

把活动单元格定位到数据区域内，单击“数据”选项卡的“排序和筛选”分组中的高级按钮，打开如图 3－41 所示的对话框。

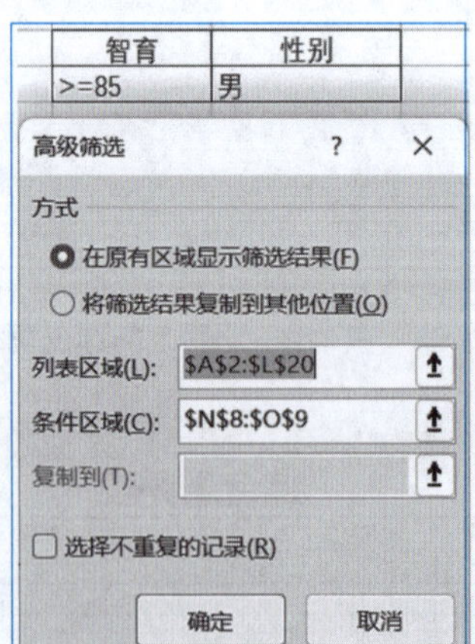

图 3－41　“高级筛选”对话框

“方式”用于设定最终的筛选结果显示位置，如果要把筛选的结果数据复制一份在别处显示，则选第 2 项，否则选第 1 项，则筛选结果在原来数据区域显示。

“列表区域”用于设置要进行筛选操作的原始数据区域，在对话框打开之前如果单元格已定位在数据区域内，则 Excel 大部分情况下会自动识别并填充好列表区域设置，如果不能识别则需要手动进行数据区域设置。

“条件区域”用于指定条件所放置的区域位置，根据实际情况进行设置即可。

最后，单击图 3－41 下方的“确定”按钮即可。要去掉“高级筛选”操作，单击“数据”选项卡的“排序和筛选”分组中的 清除 按钮。

（二）冻结窗格

当数据列或者行很多，不能在一个窗口内看完时，用户要想查看数据必然要通过水平滚动条或者垂直滚动条的滚动才能看到未显示出来的数据。在进行水平或垂直滚动时，用户大都希望列标题或者行标题能固定下来不动，这时就要用到“冻结窗格”功能。具体操作如下：

（1）情况一：只冻结首行或者只冻结首列。单击“视图”选项卡的“窗口”分组中的“冻结窗格”，在下拉列表中单击执行“冻结首行”或者“冻结首列”菜单命令，如图 3－42 所示。

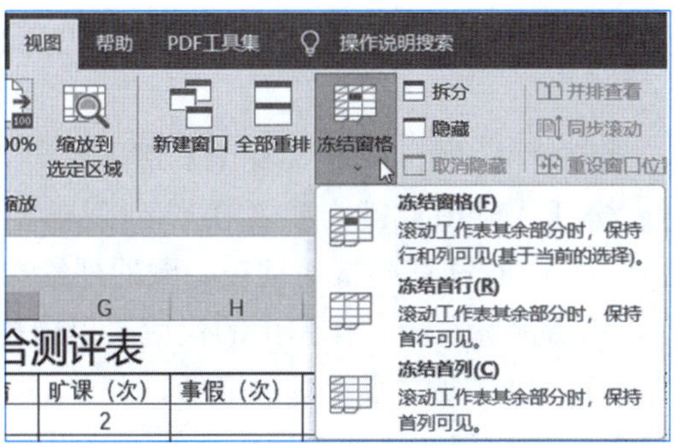

图 3－42 冻结窗格

（2）情况二：冻结的范围不限于首行和首列，可能是连续的多行、多列，或者连续的多行和多列同时要冻结。首先要确定好活动单元格的位置，然后执行图 3－42 中的“冻结窗格”命令。选定的活动单元格的上方和左侧在执行“冻结窗格”命令后被冻结，其余内容可以滚动查看。

执行窗格冻结后，图 3－42 下拉列表的“冻结窗格”会变成“取消冻结窗格”，单击它即可取消窗格冻结。

（三）隐藏行或者列

当某些行数据或者列数据暂时不想看到或者不是关注的重点时，用户可以通过隐藏操作把这些行或列隐藏起来不显示。

例如，“综合测评表”中的“德育”“智育”“体育”“旷课（次）”“事假（次）”“减分合计”和“加分合计”数据列暂时不想显示出来，则设置隐藏列操作步骤如下：

（1）选中需要隐藏的列。

（2）在被选中的区域内，单击鼠标右键，在弹出的快捷菜单中执行“隐藏”命令。

执行结果如图 3－43 所示，可以看到 C 列与 K 列之间的所有数据都被隐藏了（数据没有被删除，依然存在）。

	A	B	C	K	L
1	综合测评表				
2	学号	姓名	性别	综合总分	名次
3	202018013	王明辉	男	91.82	1
4	202018007	杨白雪	女	89.88	2
5	202018005	陈雨晴	女	89.64	3
6	202018010	周玉娜	女	89.36	4
7	202018009	姜春悦	女	88.62	5
8	202018017	孙浩伟	男	88.42	6
9	202018002	许静怡	女	87.46	7
10	202018006	龚中幸	女	86.92	8
11	202018004	亢媛媛	女	86.44	9
12	202018001	宁晨	女	86.02	10
13	202018015	邓奇琪	男	85.98	11
14	202018003	程余	男	85.9	12
15	202018016	李普汉	男	84.84	13
16	202018008	陈静文	女	84.58	14
17	202018011	杜佳琦	男	83.96	15
18	202018014	方义军	男	82.82	16
19	202018018	陈一鸣	男	79.22	17
20	202018012	张芸芸	女	73.72	18

图 3-43　隐藏列操作结果

如何把隐藏的行数据或列数据重新显示出来呢？以重新显示图 3-43 所隐藏的列数据为例，操作步骤为：

（1）选中被隐藏列左侧的列 C 列，按下【Shift】键不松开，然后用鼠标单击选中被隐藏列右侧的列 K 列，松开【Shift】键；或者在 C 列列标签按下鼠标左键不松开，拖动到 K 列列标签处松开鼠标。这样就间接地把被隐藏的列给选中了。

（2）在 C 列或 K 列，单击鼠标右键，在弹出的快捷菜单中执行“取消隐藏”命令，即可把 C 列和 K 列之间隐藏的数据列给重新显示出来。

行数据的隐藏和取消隐藏操作与列数据的操作类似，这里不再赘述。

（四）分类汇总

分类汇总就是把数据按照某一标准进行分类，然后在分完类的基础上对各类别相关数据分别进行求和、求平均数、求个数、求最大值、求最小值等方法的汇总。

例如，想查看男生和女生的综合总分的平均值，首先按“性别”对“综合测评表”中的数据进行分类，然后依次计算男生和女生的“综合总分”的平均值。具体操作步骤如下：

（1）打开“综合测评表”工作表，按“性别”列进行排序（升序或者降序都可以）。该操作完成的是分类的效果，排序后男生数据和女生数据分别集中在一起。

（2）单击数据区域中的任一单元格，切换到“数据”选项卡，单击“分级显示”选项组的“分类汇总”按钮 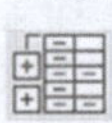，弹出“分类汇总”对话框，如图 3-44 所示。在“分类汇总”对话框中，选择“分类字段”为“性别”，“汇总方式”为“平均值”，“选定汇总项”为“综合总分”，单击“确定”按钮，效果如图 3-45 所示。

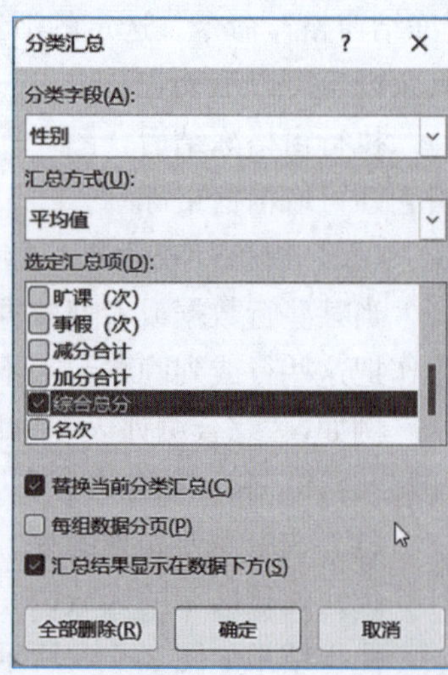

图 3-44　“分类汇总”对话框

在图 3 - 44 界面中单击左下角的“全部删除”按钮，即可取消分类汇总的结果。

通过图 3 - 45 左侧的 - 按钮可以收缩对应级别数据的显示，通过 + 按钮可以展开对应级别数据的显示，通过 1 2 3 按钮可以设置显示数字对应级别的数据。

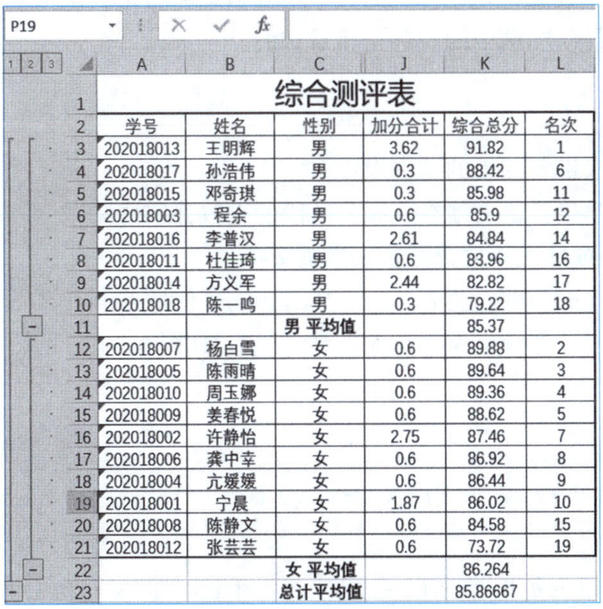

综合测评表					
学号	姓名	性别	加分合计	综合总分	名次
202018013	王明辉	男	3.62	91.82	1
202018017	孙浩伟	男	0.3	88.42	6
202018015	邓奇琪	男	0.3	85.98	11
202018003	程余	男	0.6	85.9	12
202018016	李普汉	男	2.61	84.84	14
202018011	杜佳琦	男	0.6	83.96	16
202018014	方义军	男	2.44	82.82	17
202018018	陈一鸣	男	0.3	79.22	18
		男 平均值		85.37	
202018007	杨白雪	女	0.6	89.88	2
202018005	陈雨晴	女	0.6	89.64	3
202018010	周玉娜	女	0.6	89.36	4
202018009	姜春悦	女	0.6	88.62	5
202018002	许静怡	女	2.75	87.46	7
202018006	龚中幸	女	0.6	86.92	8
202018004	亢媛媛	女	0.6	86.44	9
202018001	宁晨	女	1.87	86.02	10
202018008	陈静文	女	0.6	84.58	15
202018012	张芸芸	女	0.6	73.72	19
		女 平均值		86.264	
		总计平均值		85.86667	

图 3 - 45　分类汇总的结果

微课

统计分析学生成绩

议一议： 当某些行数据或列数据暂时不想看到或者不是关注的重点时，用户可以通过隐藏操作把这些行或列隐藏起来不显示。那么，隐藏的数据可以打印出来吗？

第 4 节　数据展示——制作学生成绩分析图表

一、图表概述

图表的作用是把数据视觉化，即用形状、颜色甚至图像来表现枯燥无味的数据，从而突出数据的主要特点和重要结论。

图表能随着数据的变化而变化，用户只需要输入原始数据就能生成美观的图表，并且可以在此基础上进一步增删图表元素与设置图表格式。

对于图表，表格数据是根本，各种图是表格数据以某种直观图形的形式在视觉上的呈现。

常见的图表有：

（1）直方图，又称作质量分布图，是由一系列高度不等的纵向条纹或线段表示数据分布的情况，一般用横轴表示数据的分组，纵轴表示分布情况。

（2）折线图，是用直线段将各数据点连接起来而组成的图形，以折线的方式显示数据的变化趋势。

(3) 条形图，是用宽度相同的条形的高度或者长短来表示数据多少的图形，可以横置或纵置，纵置时也称为柱形图。

(4) 饼图，可以显示一个数据序列中各项的大小与各项总和的比例，每个数据序列具有唯一的颜色或图形，并且与图例中的颜色是相对应的。

二、图表基本操作

下面通过一个应用案例来讲解图表的基本操作。

应用案例：用图表呈现学生英语成绩在不同分数段的人数分布情况。

(一) 分析统计得到英语成绩在不同分数段人数的数据

分数段划分为 [0,60)、[60,70)、[70,85)、[85,100]，使用 COUNTIF () 函数依次求出各分数段人数，对应计算结果保存在 M3:P4 区域，如图 3-46 所示。

英语成绩各分数段人数			
[0, 60)	[60, 70)	[70, 85)	[85, 100]
2	0	2	14

图 3-46 英语成绩各分数段人数

(二) 插入柱形图

选中保存有英语各分数段人数的数据区域 M3:P4，单击“插入”选项卡“图表”分组中的“插入柱形图或条形图”按钮，在下拉界面中单击“簇状柱形图”按钮，如图 3-47 所示，插入的柱形图如图 3-48 所示。

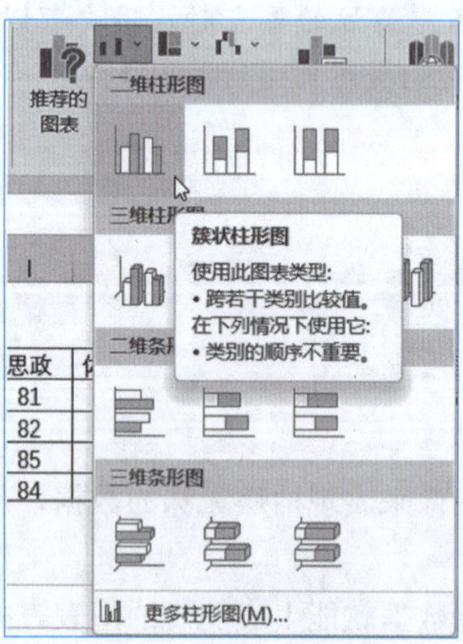

图 3-47 插入柱形图

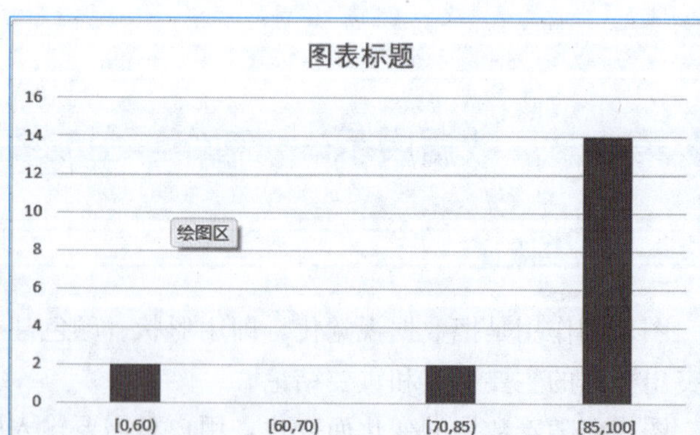

图 3-48 柱形图样式

(三) 设置图表格式

(1) 设置图表标题。单击图 3-48 上方的“图表标题”，使之变为编辑状态，输入“英语成绩各分数段人数”。

(2) 设为预设样式。单击图表使图表被选中（被选中的图表周围被 8 个小圆圈框住），这时选项卡区会增加一个“图表设计”选项卡，在“图表样式”分组中预置了一些样式，单击中意的样式即可使之应用到选中的图表上。

(3) 设置序列、横纵坐标轴的格式。用鼠标右键单击图 3-48 中对应的元素，然后在弹出的快捷菜单中找到带有图标且以文字“设置”开头的菜单项，设置元素的格式，会在 Excel 窗口的右侧（此位置会因设置不同而有变化）显示如图 3-49 所示的格式设置窗格，在其中可进行更多丰富格式的设置。

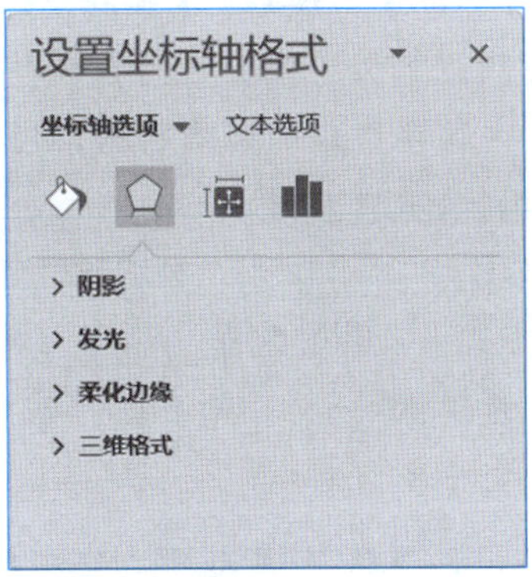

图 3-49　设置图表元素格式窗格

(4) 删除和添加图表元素。对于不想要的图表元素，用鼠标单击选中它，然后右键单击，在弹出的快捷菜单中单击“删除”命令，或者直接按键盘的【Delete】键删除。

要添加没有呈现的图表元素，首先选中要操作的图表，然后在“图表设计”选项卡的“图表布局”分组单击“添加图表元素”按钮，在展开的下拉列表中选择需要的图表元素。

微课
制作学生成绩分析图表

本章小结

Excel 虽然只是微软 Office 中的一个组件，但它的使用范围越来越广，其功能也越来越强大。Excel 不仅界面简洁，使用方便，而且不需要用户具备深厚的计算机专业能力就能成为一个出色的数据分析员。用 Excel 进行数据的管理和分析已经成为人们日常学习和工作时必备的重要技能。

本章通过学生成绩的创建、数据分析、图表展示等操作的演进，介绍了 Excel 的基本操作技能以及与之关联的理论方面知识。把这些知识和操作技能运用到日常工作中，能较好地提升我们的工作效率，希望大家好好学习、掌握和灵活运用。

课后习题

一、填空题

1. Excel 2016 默认的保存文件的后缀名为________。
2. 在 Excel 中，若要在某单元格内输入分数“1/2”，应输入________。

3. 在 Excel 中，在 E5 单元格内输入公式“=SUM(A$5:D$5)”，向下拖动填充柄后，则在 E7 单元格内的公式为________；向右拖动填充柄后，则在 F5 单元格内的公式为________。

4. 若要引用 Book1 工作簿中 Sheet1 工作表中的“A6”单元格，应输入________。

5. 在 Excel 中的某个单元格中输入文字，若要文字自动换行，可在“开始”选项卡→________组中，选择“自动换行”命令。若要文字强制换行，则应按快捷键________。

6. 除了直接在单元格中编辑内容外，用户还可以使用________进行编辑。

7. 向 Excel 单元格中输入由数字组成的文本数据，应在数字前加________。

8. 向单元格中输入公式时，公式前应冠以________。

9. 公式 SUM("3",2,TRUE)=________。公式 SUM("3",2,FALSE)=________。

10. Excel 单元格中，默认方式下，数值数据________对齐，日期和时间数据________对齐，文本数据________对齐，逻辑值________对齐。

二、操作题

1. 员工档案是公司为加强对员工的管理而建立起来的员工基本情况的资料，公司需要对员工档案进行统一规范的管理以降低公司人事部门的工作负担，并方便公司其他工作人员调阅查看。请根据所学知识和技能，制作设计出如图 3-50 所示的数据表。其中：(1)“出生日期”数据利用函数和公式从“身份证号码”数据计算得到；(2)“性别”“部门”“职务”和“职称”数据通过设置数据序列进行选择。

公司员工档案管理													
工号	姓名	性别	籍贯	部门	职务	职称	参加工作时间	出生日期	身份证号码	第一学历	办公电话	联系电话	基本工资
2014001	吕越彬	男	河南	行政部	职员	技师	2006-6-15	1989-1-17	52263519890117727X	硕士	6448561	15486548653	¥5,000.00
2014002	姜怡悦	女	湖南	销售部	副经理	高工	2004-12-25	1981-1-13	522635198101135000	博士	6448562	15151767755	*¥7,600.00*
2014003	杨高爽	女	北京	人事部	职员	工程师	2012-11-1	1974-8-24	522635197408242000	硕士	6448563	15156688359	¥5,200.00
2014004	刘灿朋	女	天津	销售部	职员	技师	2002-12-18	1973-6-21	522635197306216000	本科	6448564	18255366576	¥4,600.00
2014005	郭超群	女	上海	研发部	职员	工程师	2014-2-15	1985-4-25	522635198504252000	博士	6448565	13191969236	¥4,800.00
2014006	程辉	女	广州	销售部	职员	工程师	2013-7-5	1973-1-23	522635197301239000	本科	6448566	18125426855	¥4,300.00
2014007	安熙华	女	山西	行政部	职员	技师	2013-4-25	1988-9-22	451025198809227000	本科	6448567	15876325532	¥5,000.00
2014008	史雅畅	女	甘肃	销售部	职员	技师	2006-1-5	1980-8-24	451025198008241000	本科	6448568	13496879412	¥3,900.00
2014009	俞嘉懿	女	浙江	办公室	职员	技师	2011-5-9	1986-2-26	451025198602264000	本科	6448569	13167464198	¥5,100.00
2014010	任鸿涛	女	湖北	人事部	职员	技师	2006-9-14	1978-1-20	451025197801204000	博士	6448570	13546415615	¥4,600.00
2014011	陆建涵	男	黑龙江	研发部	副经理	高工	2007-11-4	1982-3-14	53262819820314783X	本科	6448571	13605649841	*¥6,900.00*
2014012	卢天铭	女	辽宁	研发部	职员	技师	2013-6-16	1979-7-13	532628197907137000	硕士	6448572	13400216465	¥5,600.00
2014013	雷嘉志	女	安徽	财务部	副经理	高工	2012-5-5	1974-7-11	532628197407119000	硕士	6448573	13965456112	*¥8,000.00*
2014014	吴天启	女	江苏	销售部	副经理	高工	2014-3-19	1971-8-15	532628197108158000	本科	6448574	15856456446	*¥7,300.00*
2014015	张安圆	女	江西	研发部	职员	工程师	2012-4-4	1985-4-28	532628198504287000	本科	6448575	13254565665	¥5,200.00
2014016	邹熙运	女	安徽	办公室	职员	技师	2012-6-5	1976-4-16	411525197604165000	硕士	6448576	18956456133	¥5,300.00
2014017	杨怿鑫	女	河南	客服部	职员	技师	2012-10-29	1983-9-25	411525198309256000	本科	6448577	18765464616	¥5,500.00
2014018	张佳慧	女	河南	研发部	经理	高工	2014-3-12	1980-1-19	411525198001199000	硕士	6448577	18344654543	*¥8,600.00*

图 3-50　公司员工档案

2. 基于图 3-50 数据，完成以下操作：

(1) 统计分析不同学历的平均基本工资，并用柱状图呈现出来；

(2) 统计分析公司员工男女人数占比，并用饼状图呈现出来。

第 4 章

演示文稿制作

学习目标

» 掌握 PowerPoint 2016 的基本操作，学会创建、保存及管理演示文稿；
» 掌握演示文稿中内容与格式的编辑等操作；
» 熟悉演示文稿的美观化修饰等操作；
» 掌握演示文稿中动画的设置等操作；
» 掌握演示文稿的放映与打印等操作。

技能目标

» 具备使用 PowerPoint 2016 进行演示文稿创建、编辑、修改的能力；
» 具备使用 PowerPoint 2016 进行演示文稿美化的能力；
» 具备使用 PowerPoint 2016 进行演示文稿放映与展示的能力。

素养目标

» 通过多媒体演示文稿的制作，使学生感受信息技术的魅力，提升审美素养；
» 培养学生良好的自我展示与沟通能力；
» 培养学生的团队合作精神。

导读

PowerPoint 是微软公司开发的演示文稿软件，简称 PPT。PPT 作为一个专业的演示文稿制作软件，有以下功能：幻灯片的制作与编辑、演示文稿的制作与播放、打印功能、制作讲义备注和大纲、制作投影仪幻灯片等。PowerPoint 是微软公司开发的演示文稿软件。用户可以在投影仪或计算机上进行演示，也可以将演示文稿打印出来制作成胶片，以便应用到更广泛的领域中。用户利用 Microsoft Office PowerPoint 不仅可以创建演示文稿，还可以在互联网上召开面对面会议、远程会议或在网上给观众展示演示文稿。Microsoft Office PowerPoint 制作出来的演示文稿，其格式后缀名为 .ppt、.pptx，或者也可以保存为 pdf 文件、图片格式等。

第 1 节 PowerPoint 2016 基础知识

一、PowerPoint 2016 基本操作

（一）启动 PowerPoint 2016

PowerPoint 2016 的启动可通过以下几种方式完成：

（1）从“开始”菜单中启动 PowerPoint 2016。

（2）通过快捷图标启动 PowerPoint 2016。

（3）通过已完成的文档启动 PowerPoint 2016。

（二）退出 PowerPoint 2016

PowerPoint 2016 的退出也可以通过以下几种方式完成：

（1）单击 PowerPoint 2016 程序窗口右上角的“关闭”按钮。

（2）选择“文件”→“关闭”命令。

（3）使用【Alt+F4】组合键。

二、PowerPoint 2016 的工作界面

PowerPoint 2016 的工作界面由标题栏、“文件”按钮、快速访问工具栏、功能区选项卡、工作区、幻灯片/大纲窗格、备注区和状态栏等部分组成，其使用方法与 Word 2016 应用程序中相对应部分的使用方法相同。PowerPoint 2016 的工作界面如图 4-1 所示。

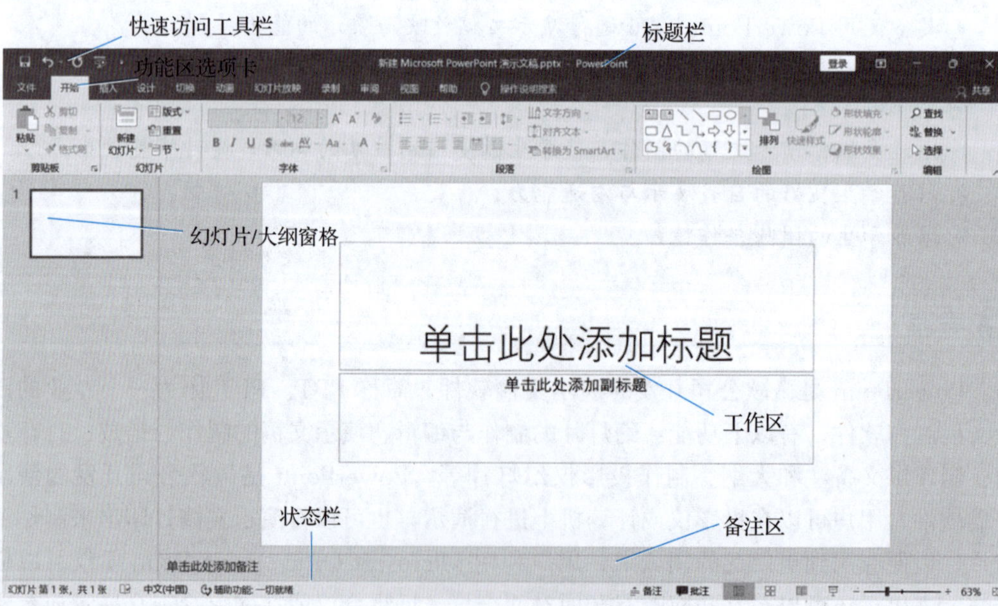

图 4-1　PowerPoint 2016 的工作界面

（一）标题栏

标题栏中显示软件的名称和正在编辑的文件名称，如果是一个新建文件，则默认为“新建 Microsoft PowerPoint 演示文稿”。

（二）“文件”按钮

软件中单击“文件”按钮弹出菜单，里面包含新建、打开、保存、打印和关闭等常用文件操作命令。

（三）快速访问工具栏

快速访问工具栏包含常用的命令按钮，如保存、撤销、恢复等。

（四）功能区选项卡

功能区选项卡将一些常用的命令按钮按选项卡分组，显示在功能区中，以方便使用。PowerPoint 2016 提供了“开始”“插入”“设计”“切换”“动画”“幻灯片放映”“录制”“审阅”和“视图”等选项卡。

（五）工作区

工作区是用来编辑幻灯片的区域，每一张幻灯片都是在这里制作完成的。

（六）备注区

备注区用来编辑幻灯片的一些备注文本。

（七）幻灯片/大纲窗格

这个区域中，可以通过“幻灯片视图”或“大纲视图”快速查看和编辑整个演示文稿中的任意幻灯片。

（八）状态栏

当前状态栏里显示当前文档相应的一些状态要素。

第 2 节　演示文稿的创建——制作“个人简介”演示文稿

在 PowerPoint 2016 中，创建的幻灯片都保存在演示文稿中，因此，用户首先应该了解和熟悉演示文稿的基本操作。这里主要包括演示文稿的新建、保存、添加和删除等。

一、新建演示文稿

新建演示文稿可以通过以下几种方式完成：

（1）启动 PowerPoint 2016 后，软件将自动新建一个空白演示文稿。

（2）选择“文件”选项卡，选择“新建”命令，单击“空白演示文稿”按钮（或选择其他主题），再单击“创建”按钮，即可得到新建的演示文稿，在中间区域可以选择多种模板类型。

（3）打开文件夹，在空白处单击鼠标右键，在弹出的菜单中选择“新建”命令，然后在其子菜单中选择“Microsoft PowerPoint 演示文稿”命令，即可新建一个演示文稿。

二、保存演示文稿

在制作演示文稿的过程中，可以随时保存，这样可以避免因为意外情况而丢失正在制作的文稿。保存演示文稿可以通过以下几种方式完成：

（1）保存新建的演示文稿，通过“文件”→“保存”选项保存演示文稿；

（2）保存已有的演示文稿，通过“文件”→“保存”选项保存演示文稿；

（3）另存演示文稿，通过“文件”→“另存为”选项保存演示文稿。

三、添加幻灯片

打开要进行编辑的演示文稿，选择添加位置，如第一张幻灯片，在“开始”选项卡的“幻灯片”选项组中单击“新建幻灯片”下方的下拉按钮，则可在第一张幻灯片后面添加一张指定版式的新幻灯片，如图 4-2 所示。

四、删除幻灯片

删除幻灯片可以通过以下几种方式完成：

（1）在左侧幻灯片/大纲窗格，选择需要删除的幻灯片，直接按下【Delete】键，即可将该幻灯片删除。

（2）在左侧幻灯片/大纲窗格，使用鼠标右键单击要删除的幻灯片，在弹出的菜单中选择“删除幻灯片”命令，即可删除该幻灯片，如图 4-3 所示。

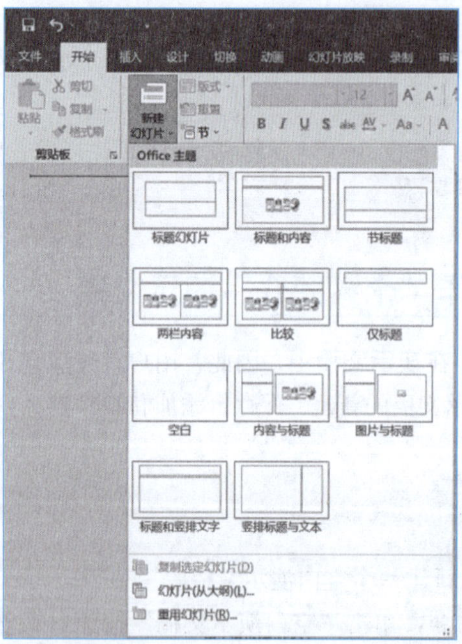

图 4-2　添加幻灯片

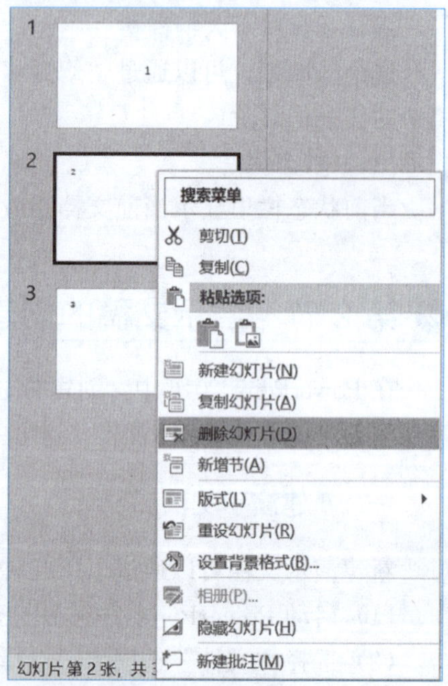

图 4-3　删除幻灯片

五、复制幻灯片

复制幻灯片可以通过以下几种方式完成：

（1）在左侧幻灯片/大纲窗格，选择需要复制的幻灯片，切换到“开始”选项卡，再单击“剪贴板”组（如图 4-4 所示）中的“复制”按钮进行复制。选中目标位置前的幻灯片，再单击“剪贴板”组中的“粘贴”按钮。

图 4-4　剪贴板

（2）选择需要复制的幻灯片，用鼠标右键单击“复制幻灯片”，会在当前选中目标幻灯片位置后复制一个幻灯片，再通过鼠标左键移动到合适的位置上。

六、更改幻灯片版式

选中需要更换版式的幻灯片，在“开始”选项卡的“幻灯片”组中单击“版式”按钮，在弹出的下拉列表中选择需要的版式即可，如图 4－5 所示。

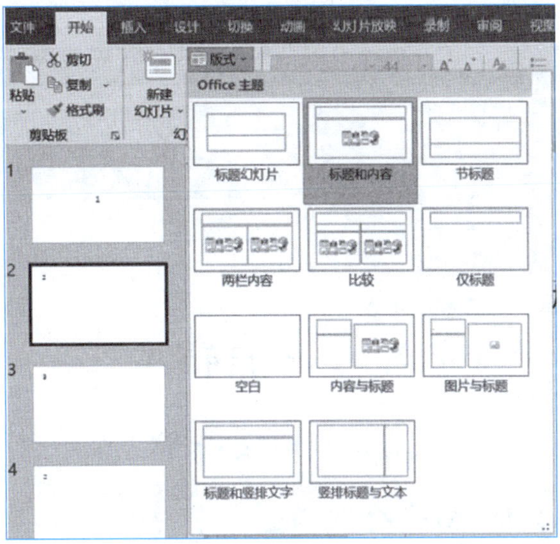

图 4－5　更改幻灯片版式

七、输入与编辑文本内容

（1）输入文本内容的方法如下：

①在幻灯片中出现占位符，将鼠标放到上面的占位符中单击，即可在其中插入闪烁的光标，而文字也将消失。

②在光标处直接输入文字，完成后在占位符外侧单击即可。

使用同样的方法在下面的占位符中输入文字，如图 4－6 所示。

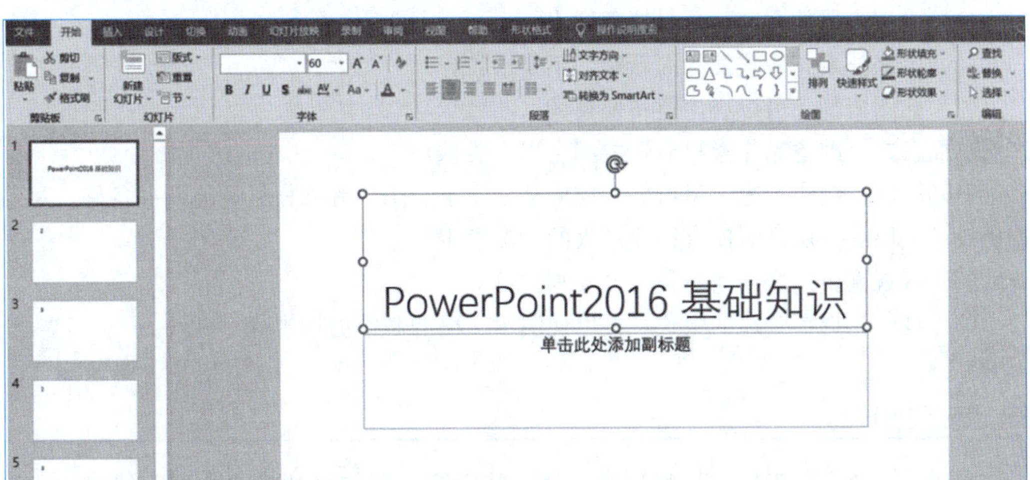

图 4－6　输入文字

（2）编辑文本内容的方法如下：

①输入文本后将其选中，在“开始”选项卡中，通过“字体”组可对其设置字体、字号等字符格式；

②通过“段落”组可对其设置对齐方式、项目符号、编号和缩进等格式，其方法和Word类似，如图4-7所示。

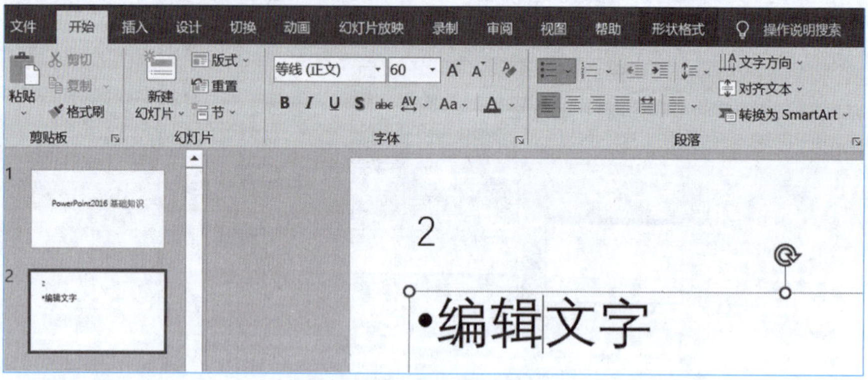

图4-7　编辑文本内容

八、完成“个人简介”演示文稿的创建

演示文稿的创建可以按下列步骤完成：

（1）制作幻灯片：按内容制作幻灯片，选择合适的版式。

（2）幻灯片操作：按需要对幻灯片进行新建、删除、复制、选择等操作。

（3）保存演示文稿：文件保存到桌面，文件名为：个人简介.pptx。

在创建演示文稿之前，首先根据任务需求对个人简介建立文稿，并按“学业情况”“获奖”及“特长”几方面整理出相应的文字素材。

其次，根据幻灯片的内容，准备相应的文字、图片等对象素材。在准备素材之前，应先了解演示文稿的制作要点：

（1）少用大段的文字，尽量按条列出；

（2）风格朴素，版式简约而新颖，不要求特异；

（3）插图清晰，可以小，但不要模糊。

总而言之，准备制作素材时，要满足以下要求：

（1）完整：制作内容应尽可能考虑周全，文字、图片等素材尽量前期准备好，尽量避免设计文稿需要用到时没有提前录入的情况发生。

（2）客观真实：个人简介各部分要真实可信。

（3）规范：选择合适的版式，可以让演示文稿的制作更加规范、高效。

案例制作

制作一个含有5张幻灯片的演示文稿，其中第1张幻灯片是“主页”幻灯片，如图4-8所示（注意：“李好”应改成设计者自己的名字）。

制作“主页”幻灯片，其动作按钮组有 4 个按钮，它们都是由单击鼠标触发的。“结束”按钮超链接到“结束放映”，其他 3 个按钮分别超链接到“学业情况”“获奖”及“特长”幻灯片。

步骤：

（1）在演示文稿中添加 5 张幻灯片。将第 1 张幻灯片的版式设置为“标题幻灯片”，如图 4－8 所示。

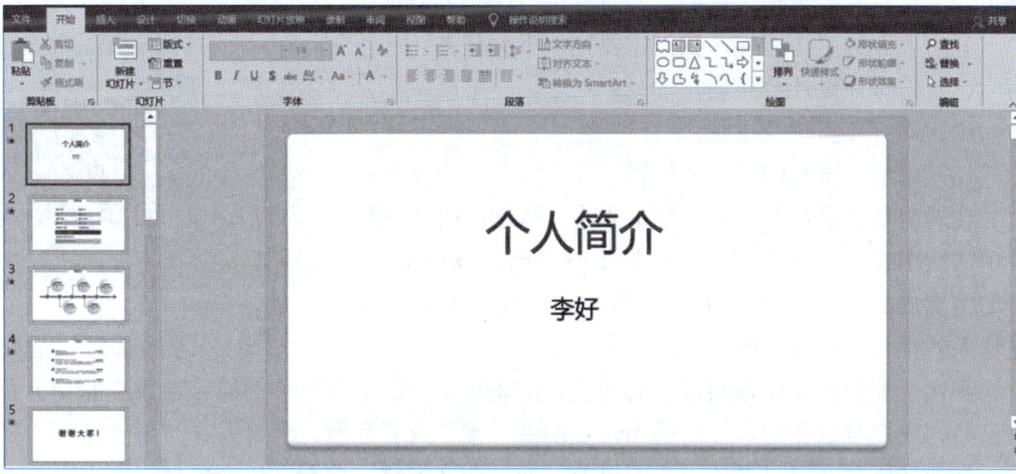

图 4－8　个人简介

（2）演示文稿中的第 1 张幻灯片的切换效果为：涟漪（华丽型）。

（3）新建三张幻灯片：第 2、3、4 张幻灯片。

（4）将第 2、3、4 张幻灯片的版式设置为“标题和内容”，并按下列要求制作：

3 张幻灯片的标题分别为“基本信息”“学业情况”和“获奖”，其幻灯片文字内容及格式由设计者自行设定。

（5）在演示文稿中添加第 5 张幻灯片：“谢谢聆听”，如图 4－9 所示。

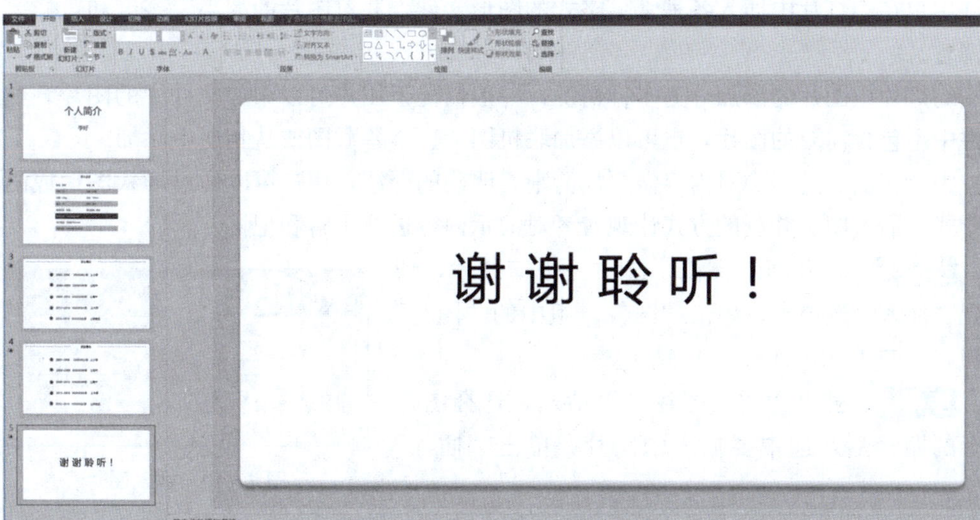

图 4－9　个人简介 5 张幻灯片

幻灯片制作完毕，通过两种方式来放映：一是顺序方式，按第 1～4 张顺序放映；二是跳转方式，通过“动作按钮”跳转到所需的任一张幻灯片。

第 3 节　演示文稿的美化——美化“个人简介”演示文稿

上一节所讲的“个人简介”演示文稿只是完成了一个白底黑字的初稿，界面比较单调，为了让它变得美观，我们需要对其进行美化和修饰。

分析上面的工作情境，我们需要完成下列任务：

(1) 幻灯片设计及布局。

(2) 幻灯片美化及排版。

(3) 图形、图片的插入及编辑。

微课

制作“个人简介”演示文稿

在对演示文稿进行美化之前，我们首先根据任务需求对幻灯片中的文本进行提炼组织。在设计幻灯片时，我们只需要选择其中的重点内容插入幻灯片中，适当的图片插入也是十分必要的，这样人的视线才不会疲劳。

其次，我们需要根据幻灯片的内容，准备合适的对象素材。例如：在第二张中介绍自己时，我们可以在幻灯片的适当位置准备一幅个人彩色照片素材；在“学业情况”中展示学业经历时，可以设计一个图形等。通过图文混排，演示文稿会更加丰富多彩。

最后，我们在规范幻灯片的排版和布局上，可以利用动画和切换让幻灯片上的各对象元素效果更强烈、对象关联更紧密。

演示文稿要注意的内容不在多，贵在精炼；色彩不在多，贵在和谐；动画不在多，贵在需要。

一、在幻灯片中插入与编辑图片

在幻灯片中插入图片能够丰富幻灯片的内容，增强幻灯片的演示效果。PowerPoint 允许用户在幻灯片中插入各种常见格式的图形文件，并对图片的大小、亮度和色彩等进行调整。

幻灯片中图片的添加分为多种情况，一般情况下用户可以添加文件中的图片，如果文件中不包含需要的图片，也可以添加联机图片、屏幕截图或从相册中添加。

为了在演示过程中对内容做更加清晰、明确的介绍，用户可以通过插入图形或图片的形式，通过图文并茂的方式让观看者对演示内容进行了解和记忆。

步骤 1　打开演示文稿，选中一张幻灯片，切换到“插入”选项卡，单击“图像”组中的“图片”按钮，如图 4－10 所示。

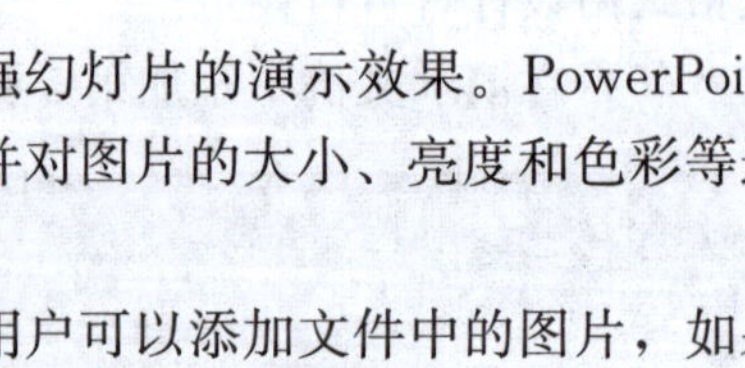

图 4－10　插入图片

步骤 2　弹出“插入图片”对话框，选择图片保存的路径后，选中要插入的图片，单击“插入”按钮。

步骤 3 我们可以看到在幻灯片中插入了一张图片，图片的大小覆盖了整个幻灯片，拖动图片的拐角进行大小调整。

二、插入形状

选择“插入”选项卡，单击“插图”选项组中的“形状”按钮，在弹出的对话框中选择需要的图片，单击“插入”按钮。

所需形状插入幻灯片中，根据需要调整位置和大小即可。

三、插入 SmartArt 图形

在 PowerPoint 中可以插入 SmartArt 图形，其中包括列表图、流程图、循环图、层次结构图、关系图、矩阵图等。

新建一个幻灯片，选择“插入”选项卡，单击“插图”选项组中的“SmartArt”按钮，打开“选择 SmartArt 图形”对话框，在对话框左侧可以选择 SmartArt 图形的类型，中间选择该类型中的一种布局方式，右侧则会显示该布局的说明信息。

四、插入艺术字

打开需要编辑的演示文稿，选中要插入艺术字的幻灯片，选择“插入”选项卡，单击“文本”选项组中的“艺术字”按钮，在弹出的对话框中选择需要的艺术字样式。

幻灯片中出现一个艺术字文本框，直接在占位符中输入艺术字内容，根据需要调整位置和大小即可，如图 4－11 所示。

图 4－11 插入艺术字

我们可以在基本信息和学业情况那里插入图形，使文字更加突出，如图 4－12 和图 4－13 所示。

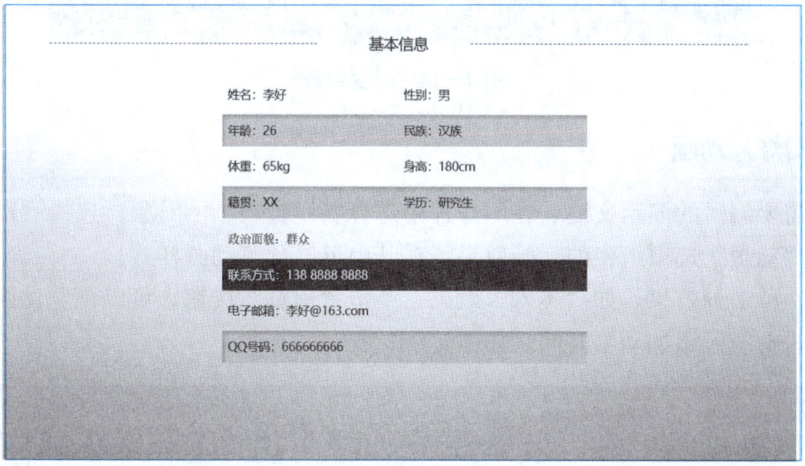

图 4－12 插入图形

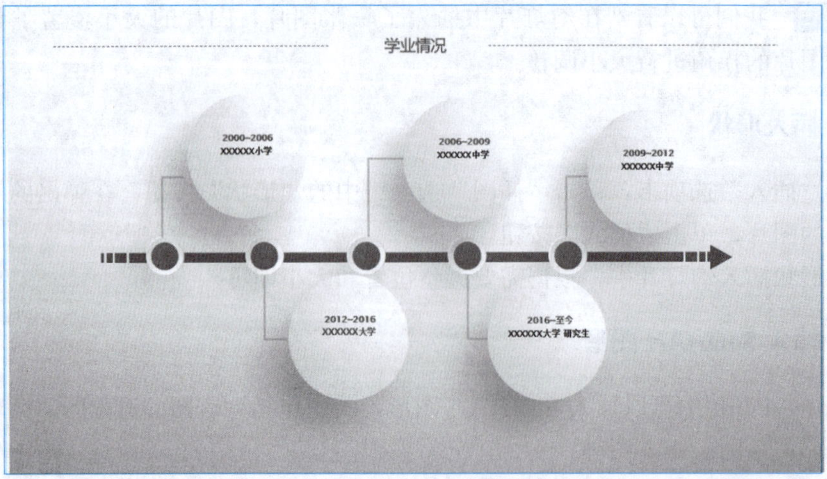

图 4-13　插入图形

五、设计

对于幻灯片设计，我们可以选择不同的版式或设置背景，例如我们可以把封面换个底图，如图 4-14 所示。

图 4-14　设置背景

六、幻灯片动画

打开需要编辑的演示文稿，在幻灯片中选择要设置动画的对象，选择“动画”选项卡，单击“动画”选项组中的动画效果，在其中可以预览动画样式。

选择一种动画效果，如“飞入”效果，单击“预览”按钮，可以预览动画效果。也可以在计时功能区添加动画时间，如图 4-15 所示。

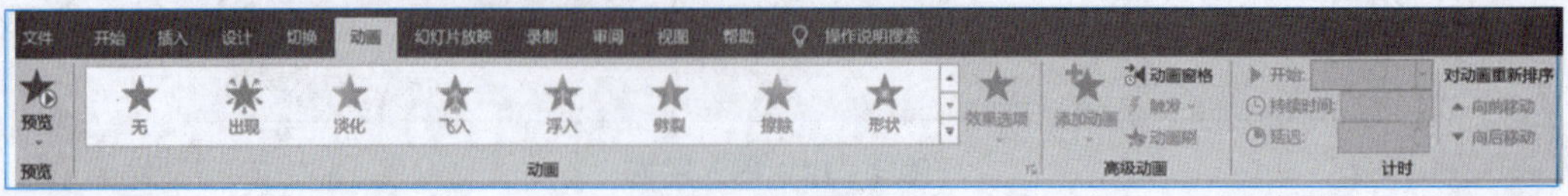

图 4-15　插入动画

给幻灯片设置“进入”动画，是最常用的设置。幻灯片自定义动画设置方法为：单击一个幻灯片里面的对象，单击菜单选项“动画”→“添加动画”→“进入”或“更多进入效果”，就可以看到有多种“进入”的动画方案：基本型、细微型、温和型、华丽型。选择一种动画方案便可以，如图4-16所示。

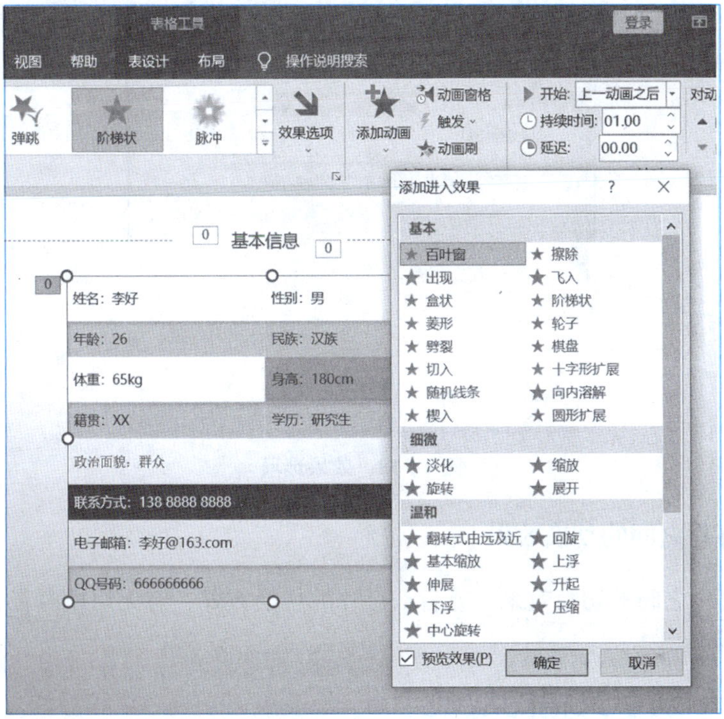

图4-16 插入自定义动画

给幻灯片设置“强调”“退出”动画，这两个幻灯片动画制作操作步骤与“进入”动画没有差异：单击菜单选项“动画”→“添加动画”→“强调”或“退出”→选择动画方案。如果我们想了解幻灯片中一段文字或一幅图片设置了什么动画，可以单击“动画窗格”按钮，在打开的动画窗格中可对动画的顺序进行排列，如图4-17所示。

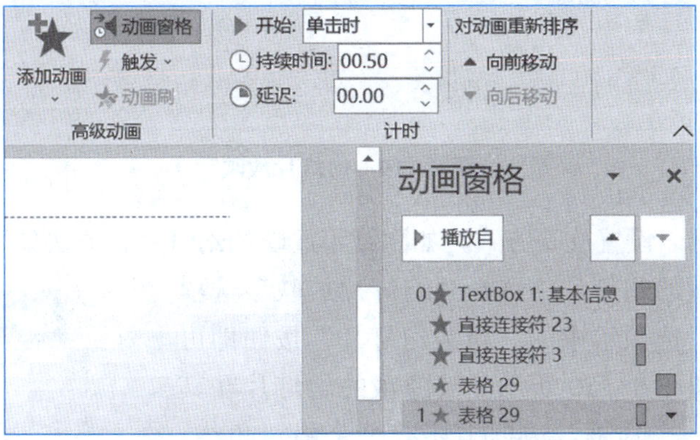

图4-17 动画窗格

对幻灯片的动画细节进行设置：在动画窗格中用鼠标右键单击某个动画，选择“效果选项”→“效果”，这里可以设置动画的运动方向，也可以设置动画播放的时候配合的声音，声音还可以试听，如图 4－18 所示。

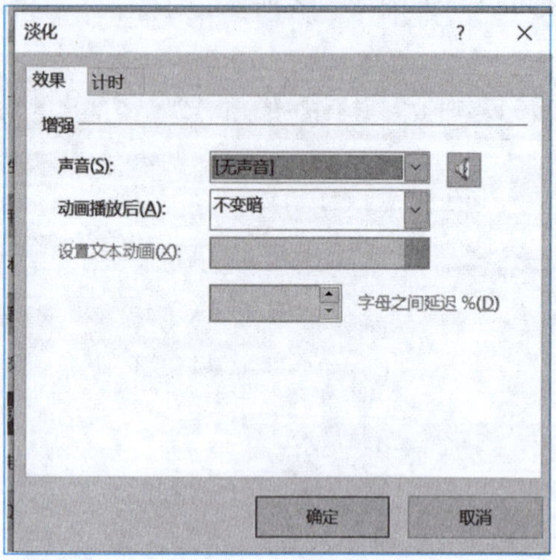

图 4－18　效果选项

七、幻灯片之间的切换效果

设置幻灯片之间的切换效果，或者幻灯片的切换方式、有无切换声音。

第 4 节　演示文稿的放映

一、幻灯片的放映

设置幻灯片的放映方式：从头开始、从当前幻灯片开始、联机演示（允许他人在网上观看幻灯片，如视频会议等），如图 4－19 所示。

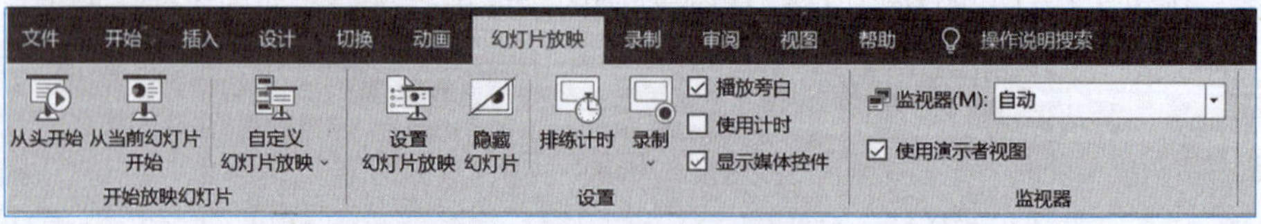

图 4－19　幻灯片放映

另外，用户可以设置放映方式，如隐藏不放映的幻灯片，方法如下：

选择需要隐藏的幻灯片，选择“幻灯片放映”选项卡，单击“设置”选项组中的“隐藏幻灯片”按钮即可隐藏该幻灯片，如图 4－20 所示。被隐藏的幻灯片在其编号的四周出现一个边框，边框中还有一个斜对角线，表示该幻灯片已经被隐藏，当用户播放演示文稿时，会

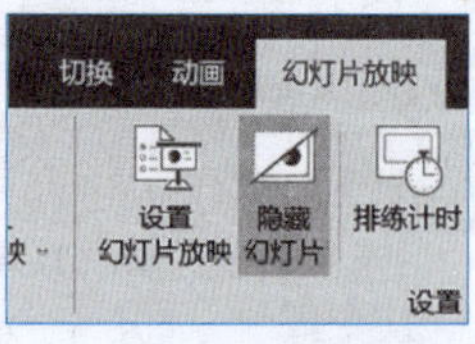

图 4－20　隐藏不放映的幻灯片

自动跳过该张幻灯片而播放下一张幻灯片。

当设置好幻灯片的放映方式后，用户就可以开始放映幻灯片了。选择“幻灯片放映”选项卡，单击“开始放映幻灯片”选项组中的“从头开始”按钮，即可从第一张开始放映幻灯片；单击“从当前幻灯片开始”按钮，即可从当前选择的幻灯片开始放映；单击“广播幻灯片”按钮，再单击“启动广播”按钮等操作，即可广播幻灯片。

在放映带有演讲者备注的演示文稿时，用户可使用演示者视图进行放映。演讲者可在一台计算机上查看带有演讲者备注的演示文稿，而观众可在其他监视器上观看不带备注的演示文稿，这样可方便演讲者操作，而不用花太多时间背稿。

在放映演示文稿的过程中，如果没有时间控制播放流程，用户可对幻灯片设置放映时间或旁白，从而创建自动运行的演示文稿。

二、排练计时

选择“幻灯片放映”选项卡，单击“设置”选项组中的“排练计时”按钮，将会自动进入放映排练状态，其左上角将显示“录制”工具栏，显示预演时间。

在放映屏幕中单击鼠标，可以排练下一个动画效果或下一张幻灯片出现的时间，鼠标停留的时间就是下一张幻灯片显示的时间。排练结束后将显示提示对话框，询问是否保留排练的时间。

单击“是”按钮确认后，此时会在幻灯片浏览视图中每张幻灯片的左下角显示该幻灯片的放映时间。

微课

美化、放映个人简介演示文稿

做一做：请同学们为自己的家乡做一份图文并茂的宣传 PPT。

本章小结

PPT 是一个专业的演示文稿制作软件。用户可以在投影仪或计算机上演示 PPT，也可以将演示文稿打印出来，制作成胶片，以便应用到更广泛的领域中。利用 PPT，用户不仅可以创建演示文稿，还可以在互联网上召开面对面会议、远程会议或在网上给观众展示演示文稿。演示文稿中的每一页叫作幻灯片，每张幻灯片都是演示文稿中既相互独立又相互联系的内容。一套完整的 PPT 文件一般包含片头动画、封面、前言、目录、过渡页、图表页、图片页、文字页、封底、片尾动画等；所采用的素材有文字、图片、图表、动画、声音、影片等。PPT 正成为人们工作与生活的重要组成部分，在工作汇报、企业宣传、产品推介、婚礼庆典、项目竞标、管理咨询等领域都有应用。

课后习题

一、填空题

1. PowerPoint 2016 有________、________、________、________和________五种

视图。

2. PowerPoint 2016 默认的保存文件的后缀名为________。

3. PowerPoint 2016 的设计中，幻灯片大小可以分为两类，分别是________和________。

4. 选择连续多张幻灯片时，选中第一张幻灯片，然后按住________键，再用鼠标选择最后一张幻灯片。

5. 演示文稿母版包括幻灯片母版、________和________。

6. PowerPoint 2016 在复制幻灯片时，提供了________、________和________三种方式。

二、操作题

使用“新建”命令创建新演示文稿，选择“幻灯片”设计模版，完成以下操作：

演示文稿有 3 张幻灯片。

第一张幻灯片采用“标题幻灯片”版式，主标题填写“成绩分析”，副标题填写“计算机科学与技术系”。

插入第二张幻灯片，采用“标题和文本”版式，标题填写“本学期学习的课程”，文本填写本学期所学习的课程名称，一个课程名称占一行文本，如“高等数学”“英语”“信息技术基础”“大学物理”等。对本幻灯片采用“动画方案”设置动画效果，选择“向内溶解”方式。

插入第三张幻灯片，采用“标题和图表”版式，标题填写“成绩表”。图表对应的成绩单见表 4－1：

表 4－1　成绩单

	高等数学	英语	信息技术基础	大学物理
李明	87	72	83	78
刘鸿	80	69	73	82
王鹏	76	69	82	80
赵亮	85	79	85	79

要求在幻灯片中以柱形图的方式显示上述成绩表，并设置图表的动画以“菱形”的方式进入。

设置演示文稿的播放，为演示文稿的幻灯片切换设置“随机切换方式”，切换速度选择“中速”；利用“排练计时”功能，设定自动播放所需要的时间；设置演示文稿播放为“循环播放”。

文件以文件名 p5. ppt 保存。

第 5 章 计算机网络基础

学习目标

- 了解计算机网络的概念、功能、用途和分类；
- 理解计算机网络的构成；
- 理解计算机网络常用协议；
- 理解常见的计算机网络体系结构；
- 掌握 TCP/IP 协议和 IP 地址相关知识。

技能目标

- 具备发送邮件、即时通信和使用搜索引擎的基本网络应用能力；
- 具备计算机网络体系结构的基本认知，有配置和划分子网的能力；
- 能够识别和选择网络硬件设备；
- 具备网线制作的基本能力。

素养目标

- 培养学生的沟通能力和团结协作精神；
- 培养学生分析问题、解决问题的能力；
- 培养学生勇于创新、爱岗敬业的工作作风；
- 培养学生吃苦耐劳的精神以及强烈的社会责任心和正义感。

导读

2021 年，工业和信息化部发布《“十四五”信息化和工业化深度融合发展规划》《“十四五”软件和信息技术服务业发展规划》和《“十四五”大数据产业发展规划》，提出将工业互联网平台普及率提升到 45%。2022 年，国务院印发的《“十四五”数字经济发展规划》指出：“加快建设信息网络基础设施。建设高速泛在、天地一体、云网融合、智能敏捷、绿色低碳、安全可控的智能化综合性数字信息基础设施。有序推进骨干网扩容，协同推进千兆光纤网络和 5G 网络基础设施建设，推动 5G 商用部署和规模应用，前瞻布局第六代移动通信（6G）网络技术储备，加大 6G 技术研发支持力度，积极参与推动 6G 国际标准化工作。积极稳妥推进空间信息基础设施演进升级，加快布局卫星通信网络等，推动卫星互联网建设。提高物联网在工业制造、农业生产、公共服务、应急管理等领域的覆盖水平，增强固移融合、宽窄结合的物联接入能力。”

本章主要介绍计算机网络基础及其代表技术的基本概念、结构特点、拓扑结构、分类、传输介质等内容。

第 1 节　计算机网络基础知识

一、计算机网络的概念

计算机网络是基于计算机科学技术和电子通信技术，使所有连接到网络中的计算机在物理上通过通信线缆连接到一起，并通过统一制定的网络协议作为数据传输的规范，来实现数据通信、资源共享、分布式处理等的应用。

二、计算机网络发展阶段

计算机网络从产生到发展，总体来说可以分成 4 个阶段。

第 1 阶段：20 世纪 60 年代末到 20 世纪 70 年代初为计算机网络发展的萌芽阶段。其主要特征是：为了增加系统的计算能力和资源共享，把小型计算机连成实验性的网络。第一个远程分组交换网叫 ARPANET，是由美国国防部于 1969 年建成的，第一次实现了由通信网络和资源网络复合构成的计算机网络系统，标志着计算机网络的真正产生。ARPANET 是这一阶段的典型代表。

第 2 阶段：20 世纪 70 年代中后期是局域网络（Local Area Network，LAN）发展的重要阶段。其主要特征是：局域网络作为一种新型的计算机体系结构开始进入产业部门。局域网技术是从远程分组交换通信网络和 I/O 总线结构计算机系统派生出来的。1976 年，美国施乐（Xerox）公司的帕罗奥多（Palo Alto）研究中心推出以太网（Ethernet），它成功地采用了夏威夷大学开发的无线电网络系统 ALOHA 的基本原理，使之发展成为第一个总线竞争式局域网络。1974 年，英国剑桥大学计算机研究所开发了著名的剑桥环（Cambridge Ring）局域网。这些网络的成功实现，一方面标志着局域网络的产生，另一方面，它们形成的以太网及环网对以后局域网络的发展起到了导航的作用。

第 3 阶段：整个 20 世纪 80 年代是计算机局域网的发展时期。其主要特征是：局域网完全从硬件上实现了国际标准化组织（ISO）的开放系统互联通信模式协议的能力。计算机局域网及其互联产品的集成，使得局域网与局域网互联、局域网与各类主机互联、局域网与广域网互联的技术越来越成熟。综合业务数据通信网络（ISDN）和智能化网络（IN）的发展，标志着局域网的飞速发展。1980 年 2 月，美国电气电子工程师学会（IEEE）提出了局域网标准草案，其中的绝大部分内容已被国际标准化组织（ISO）正式认可。作为局域网的国际标准，它标志着局域网协议及其标准化的确定，为局域网的进一步发展奠定了基础。

第 4 阶段：20 世纪 90 年代初至现在是计算机网络飞速发展的阶段。其主要特征是：计算机网络化，协同计算能力发展以及全球互联网（Internet）的盛行。计算机的发展已经完全与网络融为一体，体现了“网络就是计算机”的口号。目前，计算机网络已经真正进入社会各行各业，为社会各行各业所采用。另外，虚拟网络、FDDI 及 ATM 技术的应用，使得网络技术蓬勃发展并迅速走向市场，走进平民百姓的生活。

三、计算机网络的分类

计算机网络有多种分类的方式：

（一）按网络覆盖范围

网络覆盖范围是指网络所覆盖地域的大小。按网络覆盖范围，计算机网络可分为局域网、城域网和广域网。

微课

计算机网络的分类

（1）局域网（Local Area Network，LAN）指网络覆盖范围在几十米到几千米内，一般用于连接工厂、办公大楼或校园内的所有计算机。局域网内连接的计算机间一般都可以实现较高的数据传输速率，如常见的百兆网、千兆网等。另外，局域网内的计算机间都可以很方便地实现资源共享，但是与局域网以外的计算机间交换数据则要复杂得多。

（2）城域网（Metropolitan Area Network，MAN）覆盖范围比局域网要大，通常是将多个结构类似或类型相近的局域网连接到一起，以实现更大范围内资源共享的网络。

（3）广域网（Wide Area Network，WAN）覆盖范围最大，把所有的计算机网络连接到一起就形成了广域网。广域网中连接了不同类型的网络，这些网络间可能互不兼容，这就需要通过网关（Gateway）设备来进行转换才能互通数据。广域网提供了最全面的信息服务，目前网络中应用最广泛的互联网（Internet）就是最大的广域网。

（二）按网络连接方式

按网络连接方式，即网络中各节点进行数据传输的途径，计算机网络可以分为有线网络和无线网络两种。

有线网络中的各节点间利用我们可以实际看得见的网络连接线进行连接。常见的网络连接线有同轴电缆、双绞线和光纤。

无线网络与有线网络基本相同，最大的区别在于传输媒介的不同。无线网络是利用无线电波作为信息的传输媒介，利用无线电技术取代网络连接线。

四、计算机网络的拓扑结构和功能

（一）计算机网络的拓扑结构

网络拓扑结构是指网络中的计算机利用通信线缆连接和数据传输的方式。常见的拓扑结构有：总线结构、环型结构、星型结构、树型结构、网状结构等。

（二）计算机网络的功能

（1）数据通信：计算机网络主要提供传真、电子邮件、电子数据交换（EDI）、电子公告牌（BBS）、远程登录和浏览等数据通信服务。

（2）资源共享：凡是入网用户均能享受网络中各个计算机系统的全部或部分软件、硬件和数据资源。

（3）提高计算机的可靠性和可用性：网络中的每台计算机都可通过网络相互成为后备机。一旦某台计算机出现故障，它的任务就可由其他计算机代为完成，这样可以避免在单机情况下，一台计算机发生故障引起整个系统瘫痪的现象，从而提高系统的可靠性。而当网络中的某台计算机负担过重时，网络又可以将新的任务交给较空闲的计算机完成，均衡负载，从而提高了每台计算机的可用性。

（4）分布式处理：通过算法将大型的综合性问题交给不同的计算机同时进行处理。用户可以根据需要合理选择网络资源，就近快速地进行处理。

议一议：请同学们讨论一下各种网络类型的实例。

第 2 节　计算机网络的体系结构

一、网络协议

计算机网络经过了几十年的发展，对计算机来讲，它始终接收和发送的都是 0、1 代码，而计算机本身并不能识别这些代码的含义。网络协议（Network Protocol）的作用就是给出数据在网络发送和接收过程中的标准，使得网络中的计算机按照相同的格式传输数据。只有这样，这些数据才能被计算机接收并还原成原有的内容，才有意义。随着网络技术和计算机技术的发展，在不同时期，出现了很多不同的网络协议，这些协议间互不兼容，因此在组建网络过程中尽量使用同一种协议。如果遇到多种协议并存于同一网络的情况，就需要路由器等设备进行协议的转换。

二、OSI 参考模型

开放式系统互联（Open System Interconnect，OSI）参考模型由 ISO 提出，其作用就是解决不同类型网络体系间互不兼容的问题。OSI 参考模型给出了不同的网络开放系统间连接起来的标准，并将计算机网络分成了 7 层。OSI 参考模型的主要内容是定义了每一层的作用与功能，以及各层间的关系及数据传输的标准。

OSI 参考模型包括的 7 层分别是：物理层、数据链路层、网络层、传输层、会话层、表示层和应用层。各层间的具体关系如图 5-1 所示。

例如，数据要从 A 点传输到 B 点。按照 OSI 参考模型，A 点数据将由应用层开始，经过表示层、会话层等直到 A 点的物理层，然后通过实际的物理线路，再传输到 B 点的物理层、数据链路层，直到 B 点的应用层，这时 B 点才收到数据。

下面简单介绍一下各层的作用：

物理层（Physical Layer）：提供物理通信线路的连接方式，保证了 0、1 比特流数据传输到目的地。

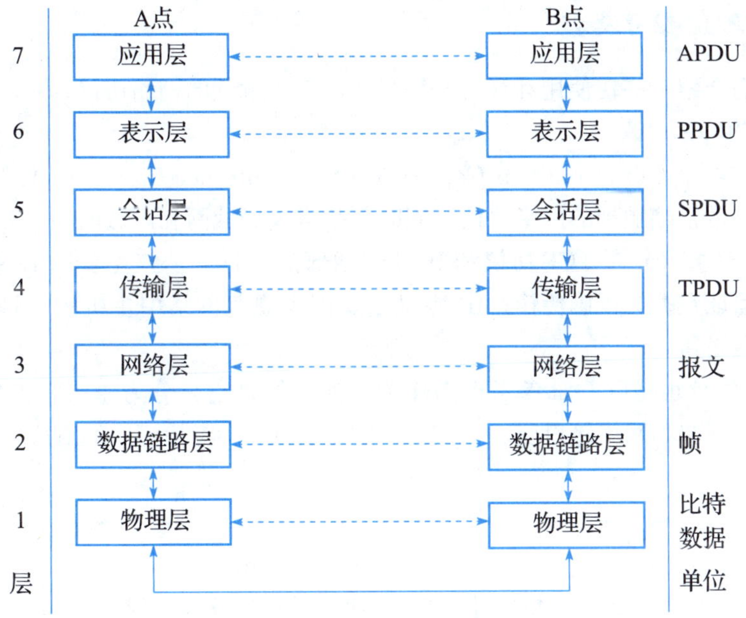

图 5-1　OSI 参考模型

数据链路层（Data Link Layer）：主要作用是在不可靠的物理线路上保证数据的可靠传输，防止或修复数据（以数据帧的形式）在传输中可能出现的错误；还有一个重要的作用就是，建立数据传输的缓冲区，对数据传输速率不同的双方起到调节作用，防止数据传输速率高的一方向数据传输速率低的一方传输时出现数据“溢出”的故障。

网络层（Network Layer）：主要把数据以报文的形式进行封装以便于传输，同时保证不同类型的网络间报文数据能够互通。

传输层（Transport Layer）：主要对网络中传输的数据进行校验，以确保数据传输的准确。传输层所面对的是网络两端的主机，因此，传输层中传送的报文数据还包含目标主机中的程序信息。

会话层（Session Layer）：主要用来协调并建立网络两端主机间的会话关系，并对该会话进行管理及控制。这其中包括确定通信协议、通信方式、纠错模式等，然后进行数据的传输并最终断开该连接。

表示层（Presentation Layer）：主要是使不同的计算机系统在传输数据前将数据转换成一致的标准或格式，包括数据的语法、语义转换。这样，表示层以下的各层将不需要考虑数据间的格式转换，而只需要保证数据传输的准确即可。网络中数据的压缩与解压缩、加密与解密就是在这一层中完成的。

应用层（Application Layer）：主要是为用户提供一个网络应用环境，网络中所用到的众多协议都包含在这一层中，并由这一层开始传送数据，最终接收数据。

OSI 参考模型定义了各层所要实现的功能，但是并没有确定各层所用的协议和实现的方法，只是由 ISO 订立了一个国际标准。由于 OSI 参考模型太过复杂，因此它并未真正投入实际应用。但是许多实际应用的网络协议是以 OSI 参考模型为基础演变而来的。

三、TCP/IP 参考模型

下面我们介绍一些在使用计算机网络过程中会接触到的网络协议。

（一）TCP/IP 协议

TCP/IP 协议（Transmission Control Protocol/Internet Protocol，传输控制协议/网际协议）是最常接触到的网络协议，同时也是实现局域网和广域网间互联的最重要的协议。TCP/IP 协议分为 TCP 协议和 IP 协议两部分：TCP 协议主要用来建立可靠的网络连接，并保证数据的正确传输；IP 协议主要用来规范网络中主机的寻址方法，以及建立高效的网络路由。

TCP/IP 协议也是以 OSI 参考模型作为参照，但是它只分为 4 层，包括：应用层、传输层、互联网层和网络接口层。TCP/IP 模型与 OSI 参考模型间的对应关系如图 5-2 所示。

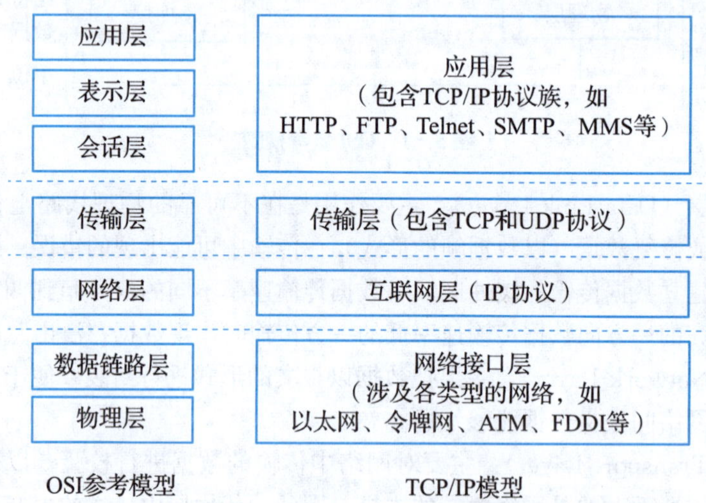

图 5-2　TCP/IP 模型与 OSI 参考模型对照图

（二）TCP/IP 协议族

下面介绍 TCP/IP 协议族，它属于 TCP/IP 协议的应用层，是使用网络提供的各项服务时最常遇到的一类子协议。因此，了解它们的作用对我们使用网络有很大帮助。

HTTP：超文本传输协议（Hyper Text Transfer Protocol）的英文缩写，现在网络中使用最广泛的 WWW（World Wide Web）服务、通常所说的网页浏览就是基于该协议。

FTP：文件传输协议（File Transfer Protocol）的英文缩写，主要作用是利用网络进行文件的远程传输。虽然 FTP 协议的功能比较简单，但是它具有传输速度快、安全性高、设置灵活等优点，因此有着广泛的应用。

SMTP 和 POP3：SMTP 是简单邮件传输协议（Simple Message Transfer Protocol）的英文缩写，用来发送电子邮件到指定的邮件服务器中。POP3 是邮局协议第 3 版（Post Office Protocol version 3）的缩写，用来从邮件服务器中接收指定账户的电子邮件。

Telnet：远程登录协议。利用该协议，用户可以在本地计算机中通过拨号或线缆连接等方式登录到远程主机上，执行远程主机中的命令，享受远程主机提供的服务。

流媒体协议：这是近些年出现的一些协议，主要作用是利用网络传输实时的视频或音频。由于网络中数据传输不稳定，经常会出现延迟的问题，同时实时的视频或音频要求数据能够稳定、连续地传输，因此该类协议就要克服这些不利因素对数据传输造成的影响，这也是流媒体协议的主要作用。常见的流媒体协议有实时传输协议（Real-time Transport Protocol，RTP）、实时传输控制协议（Real-time Transport Control Protocol，RTCP）、实时流协议（Real-time Streaming Protocol，RTSP）等。流媒体领域技术比较先进的产品包括 Real 公司的 Real System、Apple 公司的 QuickTime、Microsoft 公司的 Windows Media 等，几家公司推出的流媒体协议间互不兼容。

（三）IPX/SPX 协议

IPX/SPX 协议由 Novell 公司开发，它是该公司推出的 NetWare 网络操作系统所使用的标准网络协议。用户在连入 NetWare 类型的网络时，需要安装该协议。

（四）NetBEUI 协议

NetBEUI 协议也称为 NetBIOS 扩展用户接口，由 IBM 公司推出。该协议具有效率高、速度快、体积小的优势，非常适用于小型网络。但是，该协议不支持路由功能，因此组建大型网络时，用户还需要借助其他协议进行路由转换。

学一学： 一个网络协议包括语法、语义、时序（规则）三要素。语法用来规定信息格式，语义用来说明通信双方应当怎么做，时序则详细说明事件的先后顺序。

第 3 节　构建网络常用的网络设备和操作系统

一、网络设备

微课

常用网络设备

（一）网络连接线

网络连接线也就是我们说的网络传输介质。常见的传输介质包括：同轴电缆（Coaxial Cable）、双绞线（Twisted Pair）和光纤（Fiber）等。几种传输介质间的对比参见表 5 - 1。

表 5 - 1　网络传输介质间的对比

分类	下级分类	接口	传输速率	优点	缺点	其他
同轴电缆	分为细缆和粗缆	BNC 口、T 型连接器	10MB、100MB	抗干扰能力较强，技术成熟	传输速率低，已基本淘汰	结构图见图 5 - 3

续表

分类	下级分类	接口	传输速率	优点	缺点	其他
双绞线	分为屏蔽与非屏蔽两大类，再下分 3 类线（CAT3）、4 类线（CAT4）、5 类线（CAT5）、超 5 类等	RJ-45 口，也称水晶头	10MB（CAT3）、100MB（CAT5）、1 000MB（超 5类）	技术成熟，价格低廉，安装容易	抗干扰能力差	结构图见图 5－4
光纤	分为多模光纤和单模光纤	光纤模块	≥10GB	传输速率高，频带宽，信号衰减小，抗干扰能力强	安装及维护成本高	结构图见图 5－5

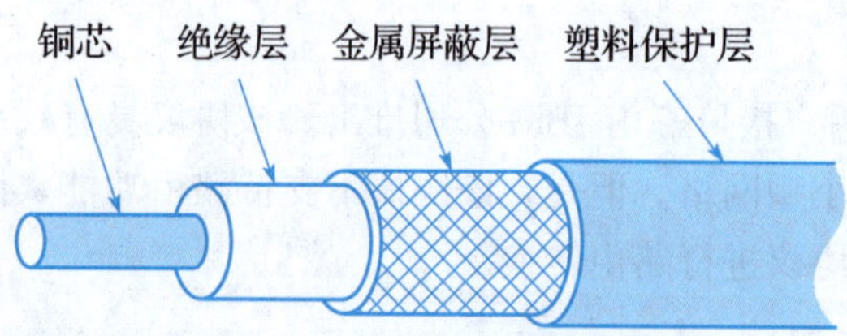

图 5－3　同轴电缆结构图

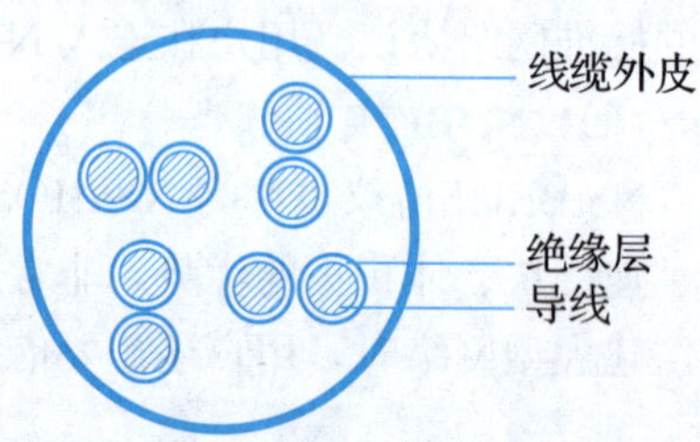

图 5－4　双绞线结构图

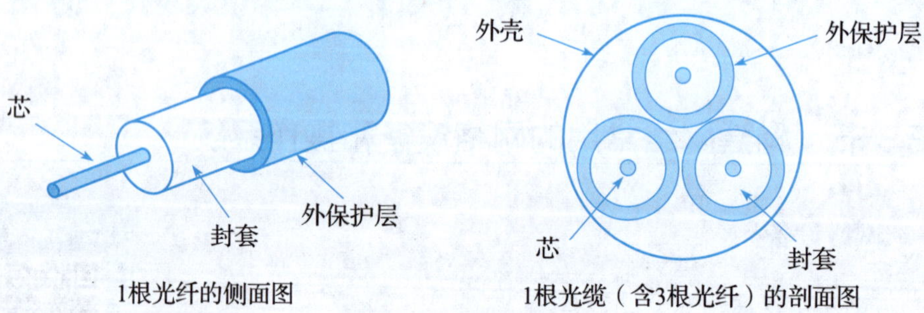

图 5－5　光纤结构图

（二）网络适配器

网络适配器（Network Adapter）就是我们平时所说的网络接口卡（Network Interface Card，NIC）或网卡，这是计算机连接网络连接线用的设备。现在常见的网卡一般都是利用 PCI 插槽连接到主板上，或者是直接集成在主板上。面板上一般都会集成 RJ-45 口或 BNC 口，用来连接双绞线或同轴电缆，传输速率常见的为 10MB/100MB 自适应的网卡，也有较高档的网卡，传输速率可以达到 1 000MB。

（三）调制解调器

我们当需要利用电话线接入互联网时，不能直接把电话线连接到计算机上。这是因为电话线中传输的是模拟信号，而不是计算机能够识别的数字信号，这时就需要有调制解调器（Modem）这样的设备进行模拟信号与数字信号间的转换。调制解调器可以分为拨号 Modem 和专线 Modem。拨号 Modem 利用普通电话线即可实现网络的接入，但传输速率较低。专线 Modem 最常见的是 ADSL Modem，即利用普通的电话线，建立专用的数据传输通道，可以实现较高的数据传输速率，但需要在线路两端增加专用的设备，安装起来较麻烦。

（四）集线器

集线器（Hub）是局域网连接中常用的设备，它主要用来构建小型局域网。集线器面板上有用来连接网线用的 RJ-45 端口，按拥有的端口分有 8 口、16 口、24 口等多种，并且部分高档集线器间可以做堆叠。利用集线器建立局域网时，只要把所有需要接入网络的计算机利用双绞线连接到集线器上，这些计算机在物理层上就形成一个网络了。

利用集线器连接到一起的计算机实际上是共享集线器中的一条线路，因此当有多组数据同时需要传送时相互间会产生冲突。当集线器所连接的计算机较多或同时有大量数据需要传送时，使用集线器的传输速率会大大降低。

（五）交换机

交换机（Switch）的概念起源于电话系统中的交换概念，即在通信请求的两端点间建立专用的传输线路，以保证数据的传输速率和传输的安全性。交换机的外观和使用方法都与集线器很相似，但是它们间数据传输的原理并不相同。交换机中的不同端口间都拥有单独的传输线路，即使在接入网络的计算机很多或数据传输量很大的情况下，交换机也能够保证很好的数据传输速率。

近年来，交换机的价格不断下降，已与集线器的价格相差不多，而交换机又有着优于集线器的性能，因此在网络应用较频繁的环境中，交换机已基本取代集线器，成为组建高速局域网的主要设备。

（六）路由器

路由器（Router）是用来进行不同网络间的互联，实现不同网络间数据交换的设备。路由器不是组建局域网的必需设备，一般只是在较大范围的企业应用，通常涉及连接多种类型的网络，并需要提供更高级的网络功能，如隔离子网、抑制广播风暴。

不同的路由器管理方式各不相同，所支持的网络协议即网络类型也有所区别。另外，很多路由器都自带网络防火墙功能。这些都是我们选择使用路由器过程中需要注意的问题。

（七）无线网的连接设备

无线网是利用无线信号来传输数据，为组建局域网提供了更大的灵活性。构建一个无线网需要有专用的设备，包括无线网接入点（Access Point，AP）设备和无线网卡（Wireless Interface Card，WIC）。AP 设备可以置于房间中的任何地方，其作用与传统的集线器或交换机相类似，主要用来发送或接收无线电信号，并且作为数据传输的“中转站”。AP 设备有一定的覆盖范围，可以达到几十到几百米范围，多个 AP 设备可以组成更大范围的无线网络。AP 设备也可以直接连到交换机的端口上与传统的有线网络连接到一起。无线网卡置于客户端计算机中，其作用与传统的网卡类似，只不过接收和发送的是无线信号。一般只要无线网卡处于 AP 信号的覆盖范围内即可实现数据共享。

无线网还有一种工作模式，称为 ad-hoc 模式。在这种模式下，两台电脑间通过无线网卡即可实现数据通信，不需要经过 AP 设备。

另外，选择无线网设备时一定要注意该设备所兼容的无线网标准，采用不同标准组建的无线网间可能会互不兼容，导致无法进行数据通信。现在已经出台的无线网标准有 IEEE 所制定的 802.11 系列标准（包括 802.11a、802.11b、802.11g、802.11n 等）、蓝牙（Bluetooth）技术标准等。另外，随着技术的发展还会有新的标准出台。

（八）网络服务器

服务器实际上是计算机的一种，但是它与我们平常接触的计算机不同。搭建服务器的主要目的不是娱乐，而是要对网络中的其他计算机提供各种各样的数据服务。例如我们浏览网页，实际上是有专门的 WWW 服务器来提供网页信息；我们收发电子邮件，实际上是有相应的 E-mail 服务器来提供支持。

服务器外表看起来与普通的计算机区别不大，只是体积显得比较大。但是服务器内部实际上包含很多普通计算机所不拥有的技术，如对称多处理机（SMP）技术、独立磁盘冗余阵列（RAID）技术、热插拔技术、智能监控技术、高级电源管理技术等。由于服务器经常需要处理大量数据，并要有很高的数据吞吐量，因此很多服务器都配置了多个处理器及多块硬盘，并有更高的总线速度。

二、网络操作系统

网络操作系统（Network Operation System，NOS），是网络的心脏和灵魂，是向网络计算机提供网络通信和网络资源共享功能的操作系统。它是负责管理整个网络资源和方便网络用户的软件的集合。由于网络操作系统是运行在服务器之上的，因此有时我们也把它称为服务器操作系统。

目前局域网中主要存在以下几类网络操作系统。

（一）Windows 类

微软公司的 Windows 系统不仅在个人操作系统中占有绝对优势，而且在网络操作系统中具有非常强劲的力量。这类操作系统配置在整个局域网配置中是最常见的，但由于它对服务器的硬件要求较高，且稳定性能不是很高，因此一般只用在中低档服务器中，高端服务器通常采用 Unix、Linux 或 Solairs 等非 Windows 操作系统。在局域网中，微软的网络操作系统主要有：Windows 2019 Server/Advance Server 等。

（二）NetWare 类

NetWare 操作系统虽然远不如早几年那么风光，在局域网中早已失去了当年雄霸一方的气势，但是仍以对网络硬件的要求较低而受到一些设备比较落后的中小型企业，特别是学校的青睐。NetWare 在组建无盘工作站时具有很大的优势，且因为它兼容 DOS 命令，其应用环境与 DOS 相似，经过长时间的发展，具有相当丰富的应用软件支持，技术完善、可靠。目前常用的版本有 3.11、3.12、4.10、V4.11、V5.0 等中英文版本。NetWare 服务器对无盘站和游戏的支持较好，常用于教学网和游戏厅。目前这种操作系统有市场占有率呈下降趋势，这部分的市场主要被 Windows 和 Linux 系统瓜分了。

（三）Unix 系统

目前常用的 Unix 系统版本主要有：Unix SUR 4.0、HP-UX 11.0、SUN 的 Solaris 8.0 等。Unix 系统支持网络文件系统服务，提供数据等应用，功能强大，由 AT&T 和 SCO 公司推出。这种网络操作系统的稳定性和安全性非常好，但由于它多数是以命令方式来操作的，因此不容易掌握，特别是对于初级用户。正因如此，小型局域网基本上不使用 Unix 作为网络操作系统，Unix 一般用于大型的网站或大型的企、事业局域网中。Unix 网络操作系统历史悠久，拥有丰富的应用软件的支持，其良好的网络管理功能已为广大网络用户所接受。Unix 本是针对小型机主机环境开发的操作系统，是一种集中式分时多用户体系结构。因其体系结构不够合理，Unix 的市场占有率呈下降趋势。

（四）Linux 系统

这是一种新型的网络操作系统，它的最大特点就是源代码开放，可以免费得到许多应用程序。目前也有中文版本的 Linux，如 Red Hat（红帽）、红旗 Linux 等，在国内得到了用户充分的肯定，主要体现在它们的安全性和稳定性方面较好，与 Unix 有许多类似之处。但目前这类操作系统主要应用于中高档服务器中。

说一说：请同学们讨论一下，说说自己都见过哪些网络连接设备。

第 4 节　Internet 基础知识

一、IP 地址

连入网络中的计算机需要有唯一的标识来进行区分，才能准确地相互传输数据。IP 地址是应用最广泛的一种标识网络中计算机的方法。

IP 地址是长度为 32 位的二进制数，每 8 位二进制数为一组，存储到计算机中正好是 4 个字节。连入互联网中的每台计算机都有唯一的一个 IP 地址，并以此作为该计算机的标识。我们平时书写 IP 地址时，一般都将每一字节的二进制数转换为十进制数，4 个十进制数间用点号分隔，如 211.71.195.100 即是一个合法的 IP 地址。

IP 地址又分为两部分，即网络 ID 和主机 ID。网络 ID，也叫网络地址，用于标识计算机处于哪一个独立的网络中，即常见的某一局域网。主机 ID，也叫主机地址，用于标识计算机处于网络中的哪一个节点。

为了便于对 IP 地址进行统一的管理，通过对 IP 地址中的网络地址进行划分，IP 地址分成 A、B、C、D 和 E 五类。具体内容如下：

A 类：IP 地址中的第一个字节表示网络 ID，且数值介于 1～126 之间，其余 3 个字节表示网络中的主机 ID。该类地址多用于特大型网络，网络中允许的最大主机数为 $2^{24}-2$，即 16 777 214 个（注：主机 ID 的二进制数全为 0 或 1 时为保留地址，不能使用）。

B 类：IP 地址中的前两个字节表示网络 ID，其中第一个字节的数值介于 128～191 之间，后两个字节表示主机 ID。该类地址多用于大、中型网络，网络中允许的最大主

机数为 $2^{16}-2$，即 65 534 个。

C 类：IP 地址中的前三个字节表示网络 ID，其中第一个字节的数值介于 192～223 之间，最后一个字节表示主机 ID。该类地址多用于中、小型网络，网络中允许的最大主机数为 $2^{8}-2$，即 254 个。

D 类：该类地址用于多路广播用户，其 IP 地址的第一个字节的数值介于 224～239 之间。

E 类：该类地址用于网络测试、实验等特殊用途，其 IP 地址的第一个字节的数值介于 240～255 之间。

上面介绍了 IP 地址分类的方法，这种分类只是形式上的划分，为的是便于统一管理，这几类 IP 地址上传输数据时并没有什么区别。当看到一个 IP 地址时，我们根据第一个数字就可以判断出它属于哪一类地址。例如 IP 地址为 211.71.195.101，我们可以判断出这是一个 C 类地址。

现有的 IP 地址是由国际组织网络信息中心（Network Information Center，NIC）统一管理、统一分配的，也称为 IPv4 体系。IP 地址所允许的总量是一定的（必定小于 2^{32}，即 40 多亿个），并且 IP 地址在分配上存在一定的不公平。因此，IP 地址资源的匮乏情况近年来愈加突出，尤其是在发展中国家。为了解决这个问题，新的 IP 地址解决方案，即 IPv6 体系，应运而生。IPv6 现在仍然在不断的发展和实验中，并且已经在一定范围内得到应用。IPv6 中的 IP 地址由 128 位二进制数组成，它所能提供的地址资源非常丰富，几乎可以不受限制。有人提出过一个比喻，使用 IPv6，世界上的每一粒沙子都会有一个 IP 地址。也就是说，在 IPv6 体系下，网络可以更好地满足我们对数字化生活的需要，不再需要地址的转换等烦琐的设置，可以在我们身边应用得更加广泛。

二、子网掩码

设置 IP 地址过程中，我们还需要设置子网掩码。

子网掩码也是由 32 位二进制数组成，它的功能是用来区分 IP 地址中的网络地址和主机地址。尽管我们已经对 IP 地址进行了分类，但是这种分类并不是固定的，有时会根据实际需要进行更灵活的划分。计算机本身难以直接区分出 IP 地址中的网络地址和主机地址，因此就要借助子网掩码进行网络地址和主机地址的标识。

在子网掩码中，二进制数为 1 的位表示对应 IP 地址中的位是网络地址，为 0 的位表示对应 IP 地址中的位是主机地址。针对 A、B、C 三类 IP 地址默认的子网掩码见表 5-2。

表 5-2　IP 地址与子网掩码

网络类型	示例用 IP 地址	子网掩码（二进制数表示）	对应子网掩码
A	61.34.192.77	1111111100000000 00000000 00000000	255.0.0.0
B	166.71.80.5	11111111 11111111 00000000 00000000	255.255.0.0
C	211.71.195.102	11111111 11111111 11111111 00000000	255.255.255.0

如表 5-2 中所示，不同类别的 IP 地址所要设置的子网掩码也不一样，利用子网掩

码，计算机可以很清楚地划分出 IP 地址中的网络地址和主机地址。

子网掩码还有一个用途，就是进行子网的划分，下面举例说明。

例如：子网掩码为 255.255.255.224。首先，十进制数的 255 转换成二进制数是 11111111，224 转换成二进制数是 11100000，因此该子网掩码就表示 IP 地址中的前 3 个字节再加上第 4 个字节的前 3 位数（即前 27 位二进制数）是网络地址，而不是默认的 C 类地址中前 3 个字节（即前 24 位二进制数）代表网络地址。这样做的目的是使 IP 地址第 4 个字节的前 3 位二进制数也用来表示网络地址，就能有 2^3 共 8 种不同的组合，也就是在一个 C 类网段的基础上可以再划分出 8 个不同的子网，每个子网下可以包含 30 台左右的主机。

互联网的飞速发展使得 IP 地址的分配频频告急，系统和网络管理都要占用大量 IP 地址，而且每个设备都要有一个 IP 地址，包括服务器、路由器、集线器、交换机、个人计算机，甚至一台电视机也可以通过一个 IP 地址变成互联网的设备。解决 IP 地址资源紧缺的问题有如下两种方法：

（1）代理服务器就是一个提供替代连接且充当服务的网关。简单地说，就是一个安装有代理服务器程序的计算机。代理服务器位于内部用户和外部服务之间，代理在幕后处理所有用户和互联网之间的通信以代替相互间的直接交谈。因此只有代理服务器需要一个合法的 IP 地址，而其他用户机不需要合法的 IP 地址，而只需要一个内部本地地址就可以实现与互联网的连接，这样就大大节省了 IP 地址资源。

（2）网络地址转换（Network Address Translation，NAT）功能是在一个网络内部定义本地 IP 地址，在网络内部各计算机间通过内部 IP 地址进行通信，而当内部计算机要与外部互联网进行通信时，具有 NAT 功能的设备（如路由器）负责将其内部的 IP 地址转换为合法的 IP 地址（即经过申请的 IP 地址）进行通信。NAT 可以解决多个用户共用一个合法的 IP 地址与外部互联网进行通信的问题。

这些办法只能在一定程度上缓解一下 IP 地址不够用的问题，但不能从根本上解决。而当前互联网使用的 IPv4 使用 32 位寻址空间，制约了互联网的发展，为此产生了下一代 IP 协议，目前推出的是 IPv6。

IP 地址由一长串十进制数字组成，分为 4 段 12 位，不容易记忆。为了方便用户的使用，便于计算机按层次结构查询，就有了域名。域名系统是一个树状结构，由一个根域（名字为空）下属若干的顶级域，顶级域下属若干个二级域、三级域、四级域或更多。顶级域有两种划分方法：通用域和地理域。通用域是指按照机构类别设置的顶级域，主要包括 com（商业组织）、edu（教育机构）等。另外，随着互联网的不断发展，又有 7 个新的通用顶级域名也根据实际需要不断被扩充到现有的域名体系中来，见表 5－3。地理域是为世界上每个国家或地区设置的，如中国是 cn，美国是 us，法国是 fr，德国是 de。

表 5－3　通用顶级域

原有通用域	原有通用域用途	新增通用域	新增通用域用途
com	商业组织	biz	商业目的
edu	学校教育	info	信息服务业

续表

原有通用域	原有通用域用途	新增通用域	新增通用域用途
gov	政府部门	name	个人用途
int	国际组织	pro	专业人员
mil	军事组织	museum	博物馆
net	网络中心	aero	航空运输业
org	非营利组织	coop	商业合作社

在顶级域名下，我们还可以再根据需要定义次一级的域名。例如，在我国的顶级域名 cn 下又设立了 com、net、org、gov、edu、ac 以及我国各个行政区划的字母代表，如 bj 代表北京、sh 代表上海等。域名的层不像 IP 地址那样整齐，而是层次互不对应，可长可短，中间用圆点隔开，层次一般为 3～5 层。常见的格式为：

主机名. 单位名称. 单位种类. 国家代码

例如：北京大学主页域名为 www. pku. edu. cn，属于教育网；ibm. com、east. com. cn、sohu. com，都属于工商网；263. net 是网络中心；moe. gov. cn 是政府部门。

企业的域名被称为电子商标，其作用类似于商标。用户可以通过域名访问企业的网页，了解其产品信息，与企业进行电子商务活动。因此，域名被抢注或盗用的现象时有发生。有些个人或企业为达到商业竞争目的，盗用知名公司或竞争对手的名称去抢注域名，造成用户使用和市场的混乱。为了保护企业的合法权益，企业应及早申请加入互联网，以便注册自己的域名。2000 年 1 月 18 日，中国互联网络信息中心（CNNIC）正式推出中文域名系统，大大方便了中国网民对互联网资源的利用，促进了互联网的普及。

域名系统是一个树形结构，如图 5－6 所示。其中的中国（cn）为顶层域名，第 2 层可按单位种类划分，例如：edu 服务器位于清华大学 CERNET 网络中心。第 3 层为各大专院校，第 4 层可由各院校自己命名。一般情况下，每一个域名均对应唯一的 IP 地址，通过域名服务器 DNS 进行解析。

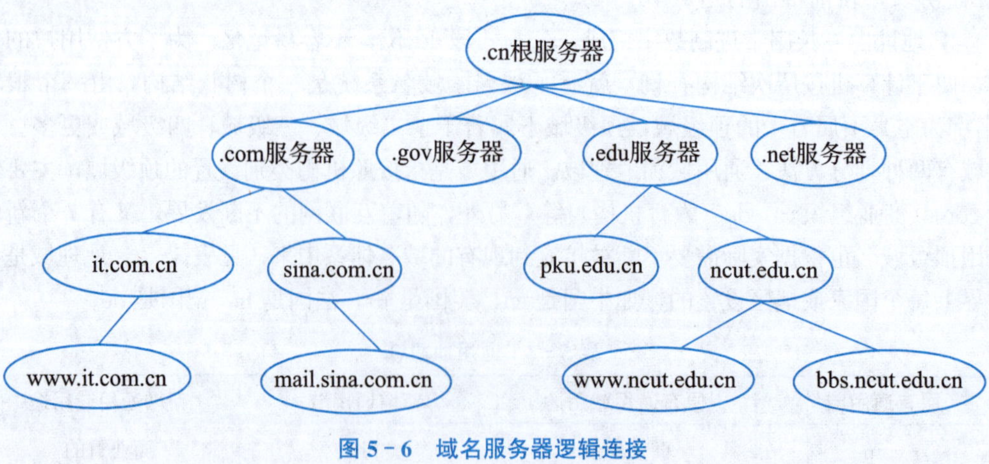

图 5－6　域名服务器逻辑连接

互联网用户网站主页需通过 DNS 进行域名解析，将域名转换成相应服务器的 IP 地址。当然，如果读者可以记住 IP 地址，也可以直接使用 IP 地址访问，这样就可以省略了地址解析的过程，访问速度可以略有提高。

还需说明的是，域名肯定有对应的 IP 地址，IP 地址却不一定都有域名，二者不是一一对应关系。一个 IP 地址可以有多个域名，在动态 DNS 应用中，一个域名也会对应多个 IP 地址。另外，最近国内推出了中文域名服务，如 ***.中国，但因为汉字输入没有英文那样快捷方便，并且中文域名使用之前需在域名服务器或客户端安装中文域名支持软件，所以中文域名并未流行起来。

三、统一资源定位器

统一资源定位器（Uniform Resource Locator，URL）包含如何访问互联网上的资源的明确指令，是用于完整地描述互联网上网页和其他资源的地址的一种标识方法。在互联网上，所有资源都有一个独一无二的 URL 地址。

说一说：请同学们说一说自己经常浏览的网站地址。

第 5 节　用浏览器浏览信息

一、万维网（WWW）

20 世纪 90 年代初期，WWW（World Wide Web）服务开始出现在互联网中，并且促使互联网开始了迅猛的发展，在一定意义上，它甚至改变了我们的生活。

首先，WWW 服务是基于超文本传输协议（Hypertext Transfer Protocol，HTTP）来传输数据，利用统一资源定位机制来确定远程主机中的文件。WWW 网页中显示的内容称为超文本，它与我们在电脑中常见的普通文本不同。WWW 网页是基于超文本标识语言（Hypertext Markup Language，HTML）编写的，这是一种简单易学的解释型语言。利用这种语言书写的网页文件中可以包含文本、图片、声音等内容的链接信息。因此，WWW 服务的出现一改以往互联网中网页的单调面貌，使得互联网所提供的内容更易被社会大众接受。

另外，利用 HTML 语言编写的网页中有一类很特殊的内容，称为超级链接（Hyperlink），它可以应用在文字、图片等可视内容上。超级链接包含网址或文件信息，当我们单击网页中包含超级链接的文字或图片时，会在浏览器中跳转到链接指向的网页或文件。这样做的好处是使各网页之间可以有内容上的链接，使我们在浏览网页的过程中，通过简单的鼠标单击即可快速跳转到相关网页位置，提高了互联网的使用效率。

WWW 服务基于开放式的 HTML 语言，具有很强的可扩展性。特别是近些年，新技术、新应用层出不穷，例如：各具特色的流媒体技术，矢量动画技术 Flash，虚拟 3D 网页技术 VRML，动态网页技术 ASP、JSP、PHP 等。正是这些新技术的不断出现，使得互联网所提供的内容更加丰富多彩，与人们的生活越发密不可分。

二、浏览器窗口的结构

我们要接入互联网，浏览网络中丰富多彩的网页，需要一类专用的软件，这就是浏览器软件。浏览器软件的发展一直是与最新的互联网技术相呼应的，历经数代的发展，目前使用最广泛的要数 Microsoft 公司随 Windows 操作系统捆绑推出的 Internet Explorer 系列软件，通常我们称之为 IE 浏览器，其窗口如图 5 - 7 所示。Windows 10 操作系统开始使用 Edge 浏览器。

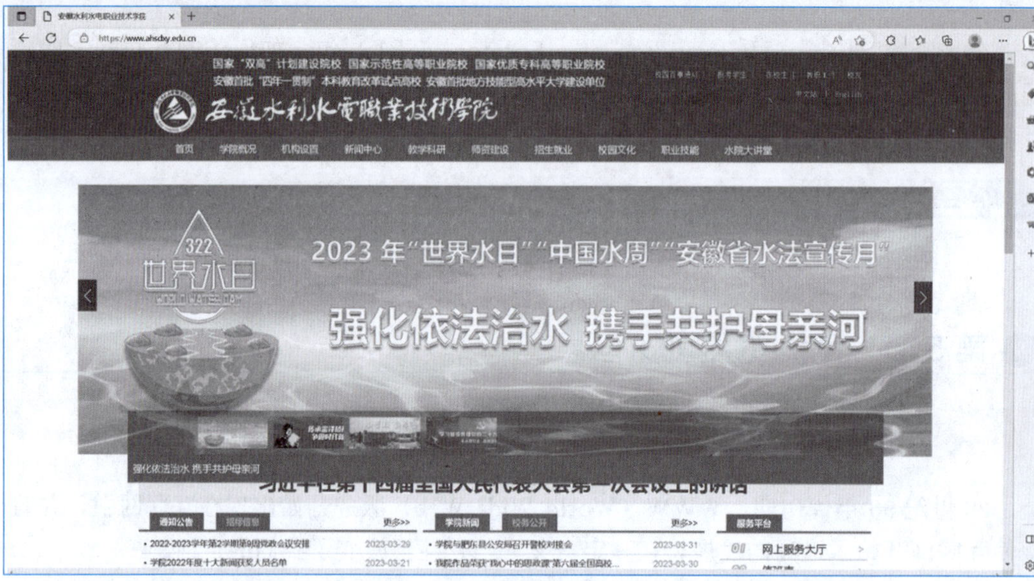

图 5 - 7　IE 浏览器窗口

浏览网页时，我们只需要在 Edge 浏览器的“地址”栏中输入正确的网址（即域名或 IP 地址）即可。浏览网页时，若鼠标变为小手的形状，代表这是一个超级链接。若超级链接指向的是一个网页，单击该链接能够打开所指向的网页；若超级链接指向的是一个其他类型的文件，单击该链接会弹出“文件下载”对话框，我们可以选择“打开”或“保存”该文件。利用 Edge 浏览器的工具栏，我们可以快速地实现网页的前进、后退、停止、刷新等操作。

三、浏览央视国际网站

打开 Edge 浏览器，在地址栏中输入网址，如图 5 - 8 所示。

四、自定义 Edge 浏览器的主页

在使用 Edge 浏览器时，我们还需要进行一些与互联网相关的设置。单击 Edge 浏览器窗口中的“工具”菜单下的“设置”项，在弹出的对话框中进行设置即可，如图 5 - 9 所示。

图 5－8　浏览央视网站

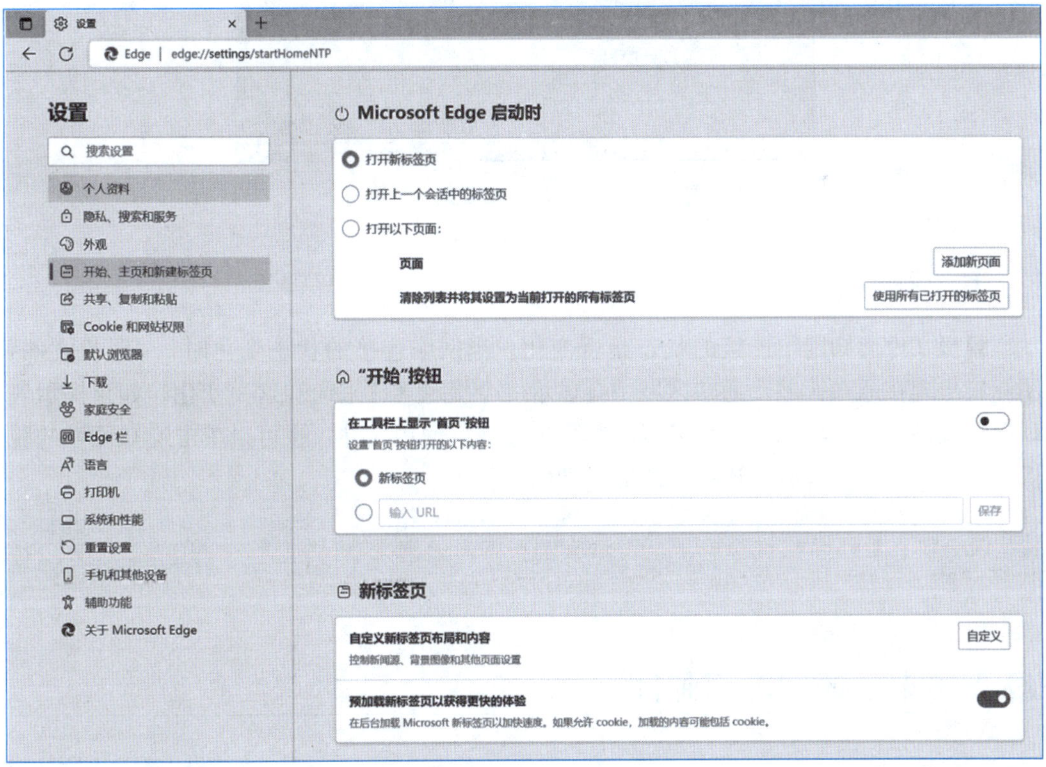

图 5－9　"设置"对话框

五、追溯历史

历史记录中保存的是我们访问过的所有网页的地址链接（只是链接信息，不是访问过的网页内容）。这里设置的是这些历史记录保存的时间，单击“清除历史记录”按钮可以快速清除所有的历史记录信息。

查看历史记录只要在浏览器窗口中按【Ctrl＋H】快捷键，浏览器窗口左侧就会弹出历史记录列表，我们在其中选取即可。

六、收藏网址

浏览网页时，经常会突然遇到一个自己非常喜欢的网站或者网页，再去记它的网址就显得比较麻烦，我们可以利用“收藏夹”来保存这些页面的地址信息。单击 IE 浏览器窗口中的“收藏”菜单下的“添加到收藏夹”项，这时会弹出如图 5－10 所示的对话框，单击“确定”按钮即可。这时，“收藏”菜单中会多出刚才我们所添加的网页名称，以后我们就可以随时通过选择“收藏”菜单中的项目快速地打开相应的网页。

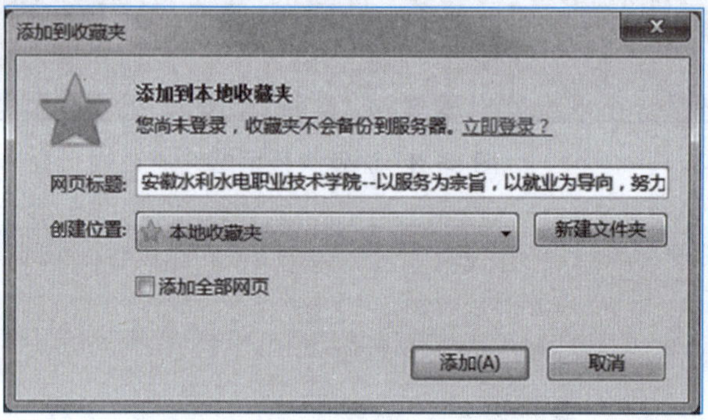

图 5－10　“添加到收藏夹”对话框

七、脱机工作

脱机文件通知网络连接的状态是否变化。当网络连接的状态变化时，“脱机文件”图标将出现在通知区域，通知区域中会显示一个提示气球来通知这一变化。如果提示气球通知说已在脱机状态，那么可以继续像平常那样使用文件，也可以单击通知区域的脱机文件图标，以了解有关连接状态的详细信息。

议一议： 请同学们讨论一下，看看有哪些常用的浏览器。

第 6 节　收发电子邮件

一、申请电子信箱

电子邮件（Electronic Mail，E-mail）是互联网中应用最广泛的服务之一。它利用计算机网络来代替传统意义上的邮件服务，实现网络中用户间的信息交流。与传统邮件相比，电子邮件具有速度快、内容丰富、成本低廉等优势。

使用电子邮件前必须先拥有一个电子邮箱，一般由专门的电子邮件服务器提供。针对不同用户，邮件服务器会分配一个指定的用户名，并划出一块存储区域来存放用户数据。电子邮件的格式为：

Username@163.com

用户名 | 邮件服务器名

分隔符

用户名即为从邮件服务器处申请的用户名，不允许重复。

分隔符@，是从英文单词 at 发展过来的符号，意思和读音也与 at 相同，其作用就是区分用户名和邮件服务器名。

邮件服务器名也就是所申请的域名，以此来确定该用户的信息应该提交到哪台主机上。

电子邮件分为邮件发送和邮件接收两个过程，分别遵守不同的协议。发送邮件时，使用的是 SMTP（Simple Message Transfer Protocol，简单邮件传送协议），其作用是保证邮件从发送方的计算机准确地传送到接收方的计算机上。接收邮件时，使用的是 POP3（Post Office Protocol version 3，邮局协议第 3 版），其作用是把用户存储在邮件服务器中的邮件内容接收到本地计算机中。

我们在书写一封新的电子邮件时，需要输入如下几部分内容：

收件人：这是邮件要发送到的位置，也就是对方完整的电子邮件地址。

抄送：有时一封邮件可能会发送给多个人，就可以在抄送栏中输入这些邮件地址，同时抄送列表中的收件人相互间可以看到对方的邮件地址。

暗送：也是用来同时将一封邮件发送给多个人，但是收件人相互间看不到对方的邮件地址。

主题：一般是关于该邮件的简要描述，对方收到邮件后，在邮件列表中可以通过查看主题来判断邮件的内容。

正文：这是邮件的主体内容，一般只允许输入文字内容，随着电子邮件技术的发展，有的邮件正文中也允许插入图片、声音等内容。

附件：电子邮件区别于传统邮件的一个主要特点就是在电子邮件中可以添加附件。添加附件实际上就是在发送电子邮件的同时也发送选择的文件到对方邮箱中，文件可以是任意格式。我们在接收一封电子邮件时一定要注意邮件中所包含的附件内容，有很多病毒就是利用附件进行传播的。

二、Outlook Express 申请电子信箱

发送和接收电子邮件时，我们可以使用网站提供的网页形式邮件服务，也可以使用一些专门的应用程序，如 Microsoft Outlook、FoxMail 等。下面介绍使用 Outlook 收发邮件的方法。

（1）首先，启动 Outlook Express。打开“Internet 连接向导”，首先输入你的“显示名”，如 zhujun，此姓名将出现在你所发送邮件的“发件人”一栏，然后单击“下一步”按钮，如图 5 - 11 所示。

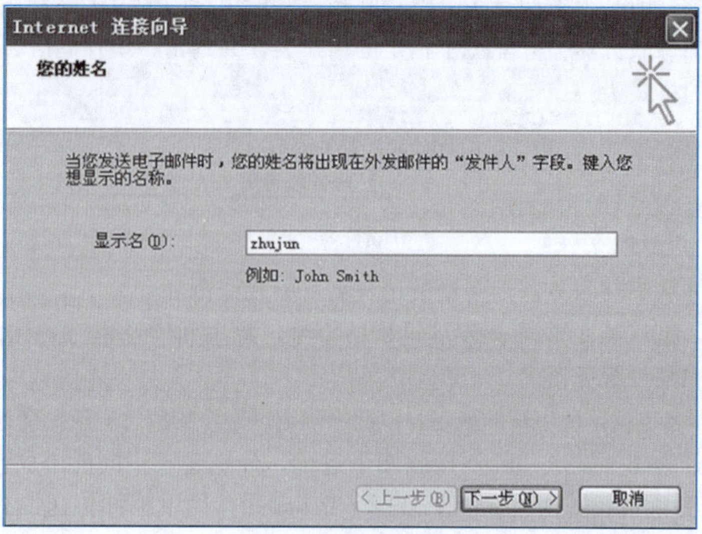

图 5-11　您的姓名

(2) 在“Internet 电子邮件地址”窗口中输入你的邮箱地址，如 fyzhujun@163.com，再单击“下一步”按钮，如图 5-12 所示。

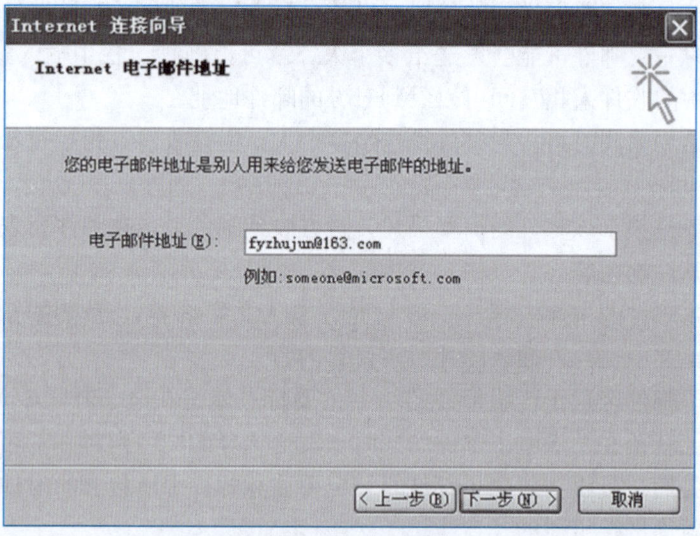

图 5-12　Internet 电子邮件地址

(3) 在“接收邮件（POP3，IMAP 或 HTTP）服务器”字段中输入 pop3.163.com。在“发送邮件服务器（SMTP）”字段中输入 smtp.163.com，然后单击“下一步”按钮，如图 5-13 所示。

(4) 在“账户名”（注：图中为软件截图，保留为“帐户名”，但正确的用法应为“账户名”）字段中输入你的 163 免费邮用户名（仅输入@前面的部分）。在“密码”字段中输入你的邮箱密码，然后单击“下一步”按钮，如图 5-14 所示。

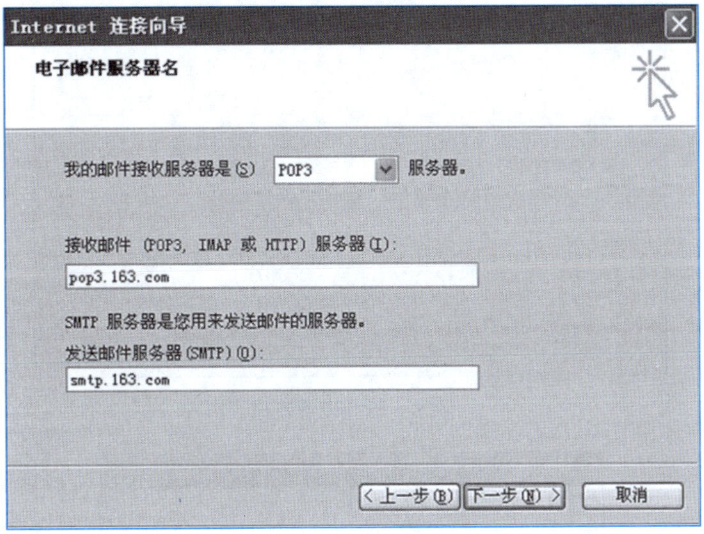

图 5 - 13　电子邮件服务器名

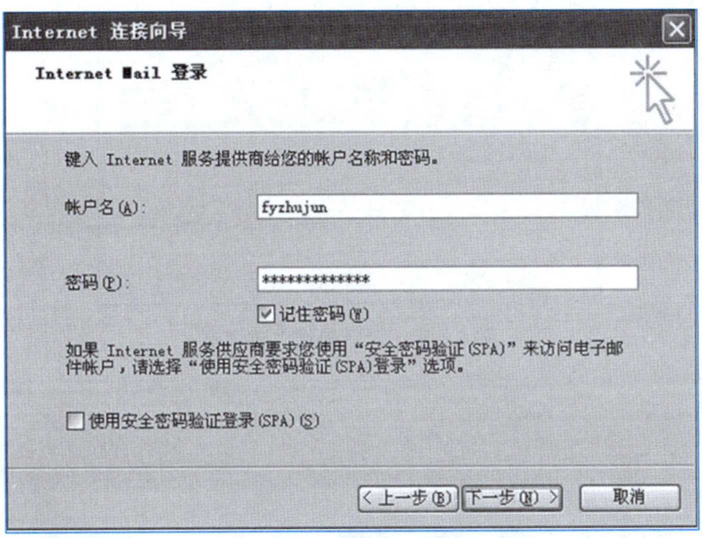

图 5 - 14　Internet Mail 登录

(5) 单击“完成”按钮，如图 5 - 15 所示。

三、创建电子邮件

在 Outlook 中，选择创建邮件，在弹出的“新邮件”对话框中，输入收件人地址、抄送地址、主题、正文后，单击“发送”按钮即可，如图 5 - 16 所示。

网页形式的电子邮件实际上与传统的电子邮件没有本质区别，只是在浏览或编写电子邮件时是在基于 HTML 语言编写的网页中完成的，如图 5 - 17 所示。

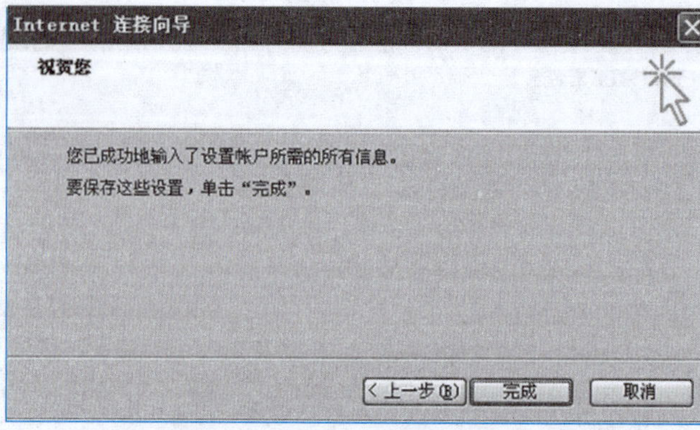

图 5－15　设置完成

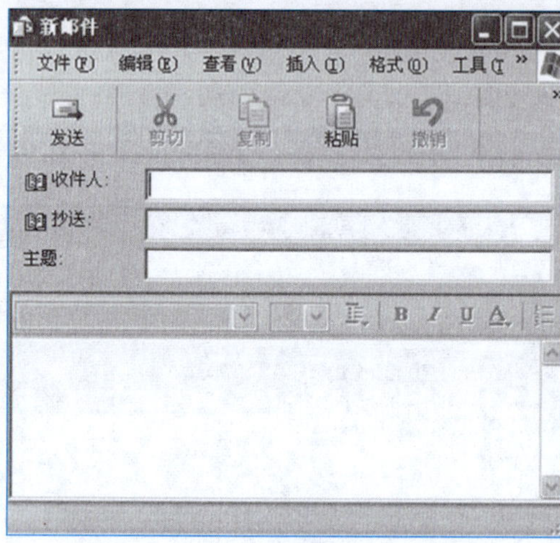

图 5－16　“新邮件”对话框

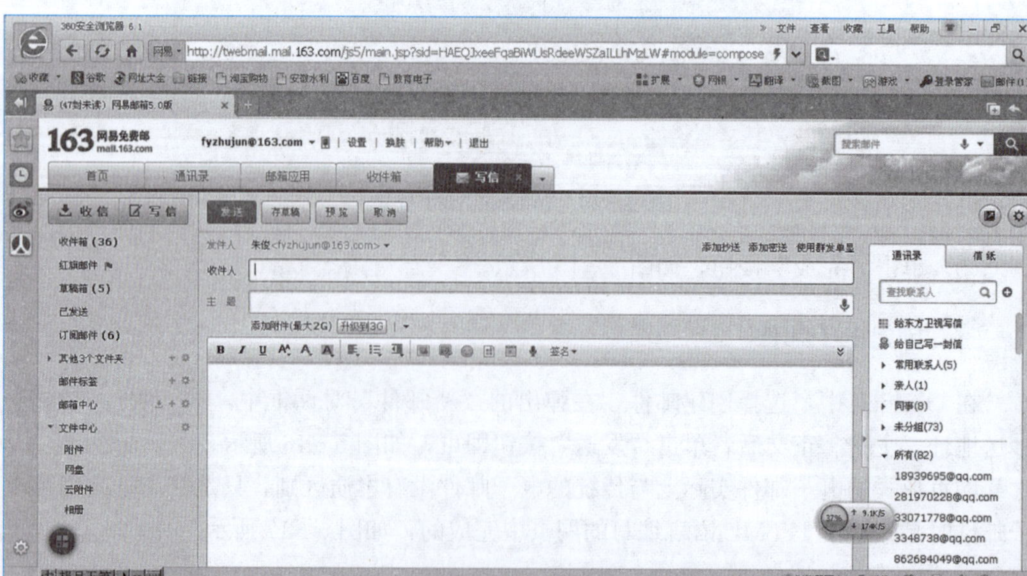

图 5－17　网页形式的电子邮件

四、窗口布局与邮件管理

在 Outlook 中可以进行窗口布局设置，如图 5－18 所示。

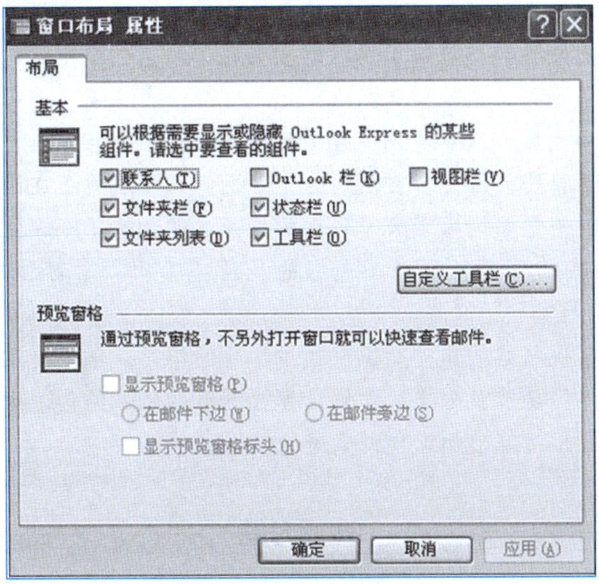

图 5－18　窗口布局

五、附件处理

在“插入”菜单中，可以为邮件添加附件，如图 5－19 所示。

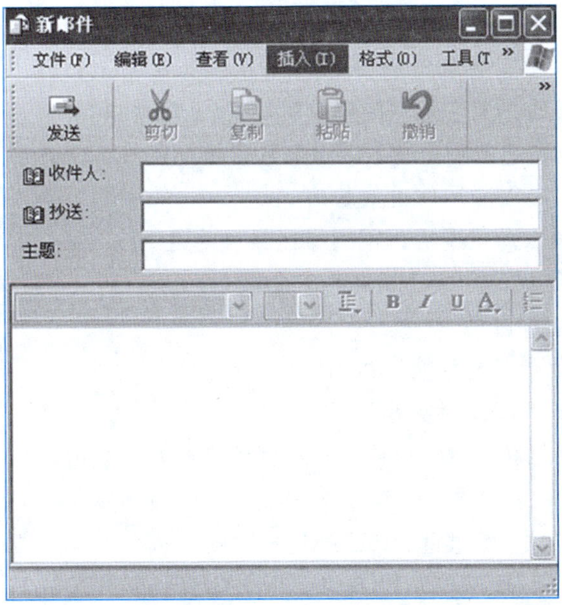

图 5－19　添加附件

本章小结

21 世纪，人类全面进入信息时代。信息时代的重要特征就是数字化、网络化和信息化。要实现信息化就必须依靠完善的网络，因为网络可以非常迅速地传递信息。网络已经成为信息社会的命脉和发展知识经济的重要基础，对社会生活的很多方面以及对社会经济的发展产生了不可估量的影响。

自 20 世纪 90 年代后，以互联网（Internet）为代表的计算机网络得到了飞速的发展，已从最初的教育科研网络逐步发展成为商业网络。互联网正在改变着我们工作和生活的各个方面，已经给很多国家带来了巨大的好处，并加速了全球信息革命的进程。互联网是通信方面最大的变革。现在，人们的生活、工作、学习和交往都已离不开互联网。

本章介绍了计算机网络的相关知识。通过本章的学习，学生要了解计算机网络的概念，掌握计算机网络的功能及分类，理解计算机网络的体系结构，了解构建网络常用的网络设备，掌握 Internet 基础知识和浏览器的使用。

课后习题

一、单选题

1.（　　）不属于计算机网络的资源子网。

A. 主机　　B. 网络操作系统　　C. 网关　　D. 网络数据库系统

2. 反映宽带通信网络网速的主要指标是（　　）。

A. 带宽　　B. 带通　　C. 带阻　　D. 宽带

3. 下列关于 TCP/IP 协议的描述中，错误的是（　　）。

A. TCP/IP 协议由四层组成

B. TCP/IP 协议的中文名是“传输控制协议/互联协议”

C. TCP/IP 协议中只有两个协议

D. TCP/IP 协议是互联网的通信基础

4. 一台计算机联入局域网后，下列描述错误的是（　　）。

A. 可以获取网络中的其他计算机共享资源

B. 可以共享网络打印机

C. 不能限制其他计算机的共享访问

D. 可以为其他计算机提供共享资源

5.（　　）是通信双方为实现通信所作的约定或对话规则。

A. 通信机制　　B. 通信协议　　C. 通信法规　　D. 通信章程

6. 开放式系统互联参考模型 OSI/RM 分为（　　）层。

A. 4　　B. 6　　C. 7　　D. 8

7. 下列关于网络协议的叙述中，正确的是（　　）。

A. 网络协议是网民签订的合同

B. 网络协议，简单地说就是为了网络信息传递而共同遵守的约定

C. TCP/IP 协议只能用于 Internet，不能用于局域网

D. 拨号网络对应的协议是 IPX/SPX

8. 计算机通信中，数据传输速率单位 bps 代表（　　）。

A. baud per second　　B. bit per second

C. per second　　D. billion per second

9. 计算机通信就是将一台计算机产生的数字信号通过（　　）传送给另一台计算机。

A. 数字信道　　B. 通信信道　　C. 模拟信道　　D. 传送信道

10. 一般认为，当前的 Internet 起源于（　　）。

A. Ethernet　　B. ARPANET

C. CDMA　　D. ADSL

二、操作题

请运行浏览器，访问新浪网站，完成以下操作：

1. 将新浪网站主页设置为主页，并将其添加到收藏夹。

2. 选择任意一张图片，将该图片保存到本地计算机中。

3. 查看历史访问记录，将历史记录保存时间设置为 10 天。

第6章

信息检索

学习目标

» 了解信息的基本概念以及信息源的分类；
» 了解主要搜索引擎的功能，掌握搜索引擎的使用技巧；
» 了解国内主要信息检索系统，掌握文献检索的方法；
» 了解专利的类型、专利检索的途径，掌握专利检索工具的使用；
» 了解商标检索的途径，掌握商标检索平台的使用。

技能目标

» 具备使用搜索引擎快速、准确、全面地检索信息的能力；
» 具备使用信息检索系统进行文献检索的能力；
» 具备使用专利检索工具进行专利检索的能力；
» 具备使用商标检索平台进行商标检索的能力。

素养目标

» 具备信息知识，培养信息意识，树立信息道德，提升信息能力，全面提高信息素养。

导读

在现代网络环境下，能否有效地获取、利用所需信息，正逐步成为衡量高素质人才自主学习能力的重要标准。信息检索是人们进行信息查询和获取的主要方式，是查找信息的方法和手段。信息检索能力是信息素养的集中表现，提高信息素养最有效的途径是通过学习信息检索的基本知识，进而培养信息检索的能力。

本章主要介绍信息的基本概念、信息源的分类、主要搜索引擎及其使用技巧、文献检索、专利检索和商标检索。

第 1 节　信息与信息源

一、信息的基本概念

广义的信息是指人们获取的一切信息，包括人际交流、实物、文献记录等。它们的特点见表 6－1。狭义的信息仅指记录的信息，即转变为文献的信息等。

表 6－1　广义的信息类型与特点

类型	存在方式	特点
口语信息	交谈、聊天、授课、讨论等方式	传递快、互动性强，但稍纵即逝、久传易出差异
体语信息	手势、表情、姿态等方式	直观性强、生动丰富、印象深刻、富有感染力
实物信息	以实物如文物、产品样本、模型、碑刻、雕塑等方式表示	直观性强、信息量大，但需要通过知识、智慧、经验和工具挖掘大量隐含的信息
文献信息	以文字、图形、符号、声频、视频等方式记录的知识和信息	经过加工、整理，较为系统、准确、可靠，便于保存与利用，但也存在信息相对滞后、部分信息尚待证实的情况

二、信息源的分类

联合国教科文组织出版的《文献术语》对信息源的定义：个人为满足其信息需要而获得信息的来源，称为信息源。信息源不仅包括各种信息载体，也包括各种信息机构；不仅包括传统印刷型文献资料，也包括现代电子资源。熟悉信息源的分类，有利于信息用户高效地获取信息。这里主要介绍文献型信息源的分类。图 6－1 列出了文献型信息源的三种分类方式。

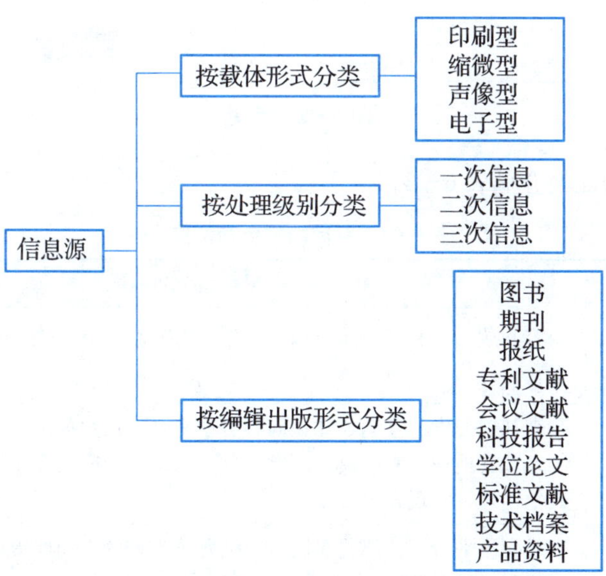

图 6－1　信息源的分类

第 2 节　搜索引擎

一、主要搜索引擎

网络是一个巨大的信息资源库，要从中快速、准确地找到并获取自己所需的信息，往往比较困难。为了解决这个难题，从 20 世纪 80 年代起，人们就开发了各种网络信息检索工具。搜索引擎（Search Engine）就是网络信息资源检索与利用的核心工具。从使用者的角度看，搜索引擎提供了一个网页界面，用户在界面中输入词语或短句，很快就能返回和用户输入内容相关的信息列表。随着搜索引擎技术的发展，它可以处理的范围从单一文本向语音、图片甚至视频等转变。搜索引擎成为人们在网络中快速、准确地查找所需信息的重要工具。

搜索引擎发展迅速，数量众多，下面介绍几种主要的搜索引擎。

（一）百度

百度（http://www.baidu.com）是目前全球最大的中文搜索引擎，如图 6－2 所示。2000 年 1 月，李彦宏和徐勇在北京中关村创立了百度，致力于向人们提供“简单、可依赖”的信息获取方式。搜索范围覆盖中国、新加坡等华语国家以及北美、欧洲的部分站点。其产品与服务项目涵盖搜索服务（如度小满理财、地图、网页搜索、新闻搜索、桌面搜索、学术搜索、百度文库等）、导航服务（如网页导航、百度口碑）、社区服务（如百度贴吧、百度知道、百度百科等）、移动服务（如度小满理财、百度翻译 App 等）、游戏娱乐（如百度游戏），并提供百度输入法等多种软件工具等。现在百度成为我国网民最常用的搜索引擎。

图 6－2　百度

百度的特色功能简介见表 6－2。

表 6－2　百度的特色功能简介

功能	简介
百度百科	内容开放、自由的网络百科全书，几乎涵盖各领域知识的中文信息收集平台。
百度知道	一个基于搜索的互动式知识问答分享平台。用户提出问题，通过积分奖励机制发动其他用户来解决该问题。这些问题的答案又会作为搜索结果，提供给其他用户，实现知识分享。
百度贴吧	在线交流平台，让那些对同一个话题感兴趣的人们聚集在一起，方便地展开交流和互助。

续表

功能	简介
百度地图	具备全球化地理信息服务能力，包括智能定位、POI 检索（查找某个地理位置周边的信息，如餐馆、学校、银行等）、路线规划、导航、路况等。
百度识图	用户通过上传图片或输入图片的 url 地址，可以搜索到互联网上与这张图片相似的其他图片资源，同时也能找到与这张图片相关的信息。
百度视频	可以搜索海量网络视频。
百度数据开放平台	提供天气预报、列车航班等公共生活信息，电视、电影、综艺等娱乐休闲信息，奥运会、世界杯、亚运会等体育赛事信息，重大时事焦点信息，常用软件下载，以及教育、医疗等信息查询。

（二）360 搜索

2012 年 8 月 16 日，奇虎 360 推出 360 搜索（http://www.so.com），如图 6-3 所示。它主要包括新闻搜索、网页搜索、视频搜索、微博搜索、MP3 搜索、图片搜索、地图搜索、问答搜索、购物搜索，通过互联网信息的及时获取和主动呈现，为广大用户提供实用和便利的搜索服务。360 搜索的特色是软件搜索和良医搜索，见表 6-3。

图 6-3　360 搜索

表 6-3　360 搜索的特色功能简介

功能	简介
软件搜索	提供数十类超过十万款的软件资源下载。最新发布的软件及版本实时收录和更新。用户打开 360 软件搜索的主页，在搜索框中输入要查询的内容，单击“搜索”按钮，可以查看想下载的软件。
良医搜索	帮助用户在搜索医疗医药信息的时候，不受虚假广告和虚假信息的侵扰，保障用户放心就医。用户还可以在搜索结果中直接挂号。

（三）搜狗搜索

2004 年 8 月 3 日，搜狐公司推出中文搜索引擎搜狗搜索（https://www.sogou.com），如图 6-4 所示。2007 年 1 月 1 日，搜狗网页搜索 3.0 版本问世，利用自主研发的服务器集群并行抓取技术，成为全球首个中文网页收录达百亿量级的搜索引擎。搜狗搜索的特色功能简介见表 6-4。

图 6-4　搜狗搜索

表 6-4　搜狗搜索的特色功能简介

功能	简介
英文搜索	引入微软必应的搜索技术，对接全球范围内的英文信息，为用户找到精准的英文网页信息及英文学术数据。
微信搜索	支持搜索微信公众号和微信文章，可以通过关键词搜索相关的微信公众号，或者是微信公众号推送的文章。
图片搜索	可以帮助用户识别图中人物，还可以根据用户提供的图搜出它的套图；可以帮助用户知道剧照出自哪部电影或电视剧；帮助用户辨别网络中流传图片的真伪。
购物搜索	提供商品的检索与分类查找，在检索结果中列出品牌及在各个网络商城的价格。

（四）必应搜索

微软必应（Microsoft Bing）（https://www.bing.com）是微软公司于 2009 年 5 月 28 日推出的搜索引擎，如图 6-5 所示。它为中国用户提供了网页、图片、视频、地图、翻译、词典等全球信息搜索服务，分为国内版和国际版。必应是目前搜索外文最好用的搜索引擎之一。

图 6-5　必应搜索

二、搜索引擎的使用技巧

在使用搜索引擎搜索内容时，通常是在搜索引擎中直接输入关键词，然后在搜索结果里一个个点开查找。有时搜索结果里的内容太多，翻好几页才能找到满意的结果。其实百度、搜狗等搜索引擎都支持一些高级搜索技巧和语法，可以对搜索结果进行限制和筛选，缩小检索范围，让搜索结果更加准确。

下面介绍一些实用的搜索引擎使用技巧，使用这些技巧可以提高查找效率。

（一）使用双引号（""）

在想要搜索的关键词前后加上双引号（半角，以下要加的其他符号同此），搜索结果就会完全匹配引号内的关键词，搜索结果中必须包含和引号中完全相同的内容。例如：搜索“信息检索”，那么搜索结果中“信息”和“检索”就不能分开，也不能颠倒顺序、丢字加字。

（二）使用加号（＋）

在关键词的前面使用加号，也就等于告诉搜索引擎该单词必须出现在搜索结果中的网页上。比如搜索“信息检索 ＋商标”，“＋”左边必须留一个空格，右边不能留空格。这样搜索结果中就必须包含“信息检索”和“商标”这两个关键词。

（三）使用减号（－）

在关键词的前面使用减号，也就意味着在查询结果中不能出现该关键词，例如，在搜索引擎中输入“电视台 －中央电视台”，它就表示最后的查询结果中一定不包含“中央电视台”。

（四）使用通配符（＊或?）

通配符包括星号“＊”和问号“?”，“＊”表示匹配的数量不受限制，“?”表示匹配的字符数要受到限制，主要用在英文搜索引擎中。例如输入“computer＊”，就可以找到“computer、computers、computerised、computerized”等单词，而输入“comp?ter”，则只能找到“computer、compater、competer”等单词。

（五）使用布尔检索

布尔检索是指通过标准的布尔逻辑关系来表达关键词与关键词之间逻辑关系的一种查询方法，这种查询方法允许输入多个关键词，各个关键词之间的关系可以用逻辑关系词来表示。逻辑关系词包括：AND（逻辑“与”）、OR（逻辑“或”）、NOT（逻辑“非”）。AND 表示它所连接的两个词必须同时出现在查询结果中，例如，输入“计算机 AND 人工智能”，要求查询结果中必须同时包含计算机和人工智能。OR 表示所连接的两个关键词中任意一个出现在查询结果中就可以，例如，输入“计算机 OR 人工智能”，就要求查询结果中可以只有计算机，或只有人工智能，或同时包含计算机和人工智能。NOT 表示所连接的两个关键词中应从第一个关键词概念中排除第二个关键词，例如输入“automobile NOT car”，就要求查询的结果中包含 automobile，但同时不能包含 car。

（六）使用元词检索

大多数搜索引擎都支持“元词”功能，依据这类功能，用户把元词放在关键词的前面，这样就可以告诉搜索引擎想要检索的内容具有哪些明确的特征。例如，在搜索引擎中输入“title：中国科技大学”，就可以查到网页标题中带有中国科技大学的网页。其他元词还包括：image：用于检索图片；link：用于检索链接到某个选定网站的页面；URL：用于检索地址中带有某个关键词的网页。

（七）专业文档搜索

专业文档搜索是指定文件类型的搜索，它的检索公式是“关键字＋空格＋filetype：＋文件类型”，平时也可以直接用“文件名＋格式”搜索。例如，在搜索引擎中输入“读后感 filetype：doc”，可以查到文档名包含“读后感”、文档类型为“. doc”的文档。

微课

常用搜索引擎的使用

议一议： 你还知道哪些书中没有列出的搜索引擎？

第 3 节　文献检索

文献检索是指根据学习和工作的需要获取文献的过程。随着现代网络技术的发展，文献检索更多是通过计算机技术来完成的。文献检索通常会用到信息检索系统。信息检索系统是信息检索所用的硬件资源（如计算机、网络）、系统软件以及信息资源集合（数据库）的综合。一般在图书馆特别是高校图书馆的主页上，都会有数据库或者电子资源栏目，进入后可以看到数据库的介绍和链接。

一、国内重要的信息检索系统

（1）中国知网（https://www.cnki.net）。

中国知网（China National Knowledge Infrastructure，CNKI）是中国学术期刊电子杂志社有限公司、同方知网（北京）技术有限公司共同创办的网络出版平台，如图 6－6 所示。它是世界上最大的连续动态更新的学术文献数据库，包括学术期刊、硕博士学位论文、会议论文、报纸、年鉴、专利、国内外标准、科技成果、经济统计数据、工具书等中文资源。收录的文献包含 CAJ 和 PDF 两种文件格式，检索页面部分文献提供 HTML 格式。

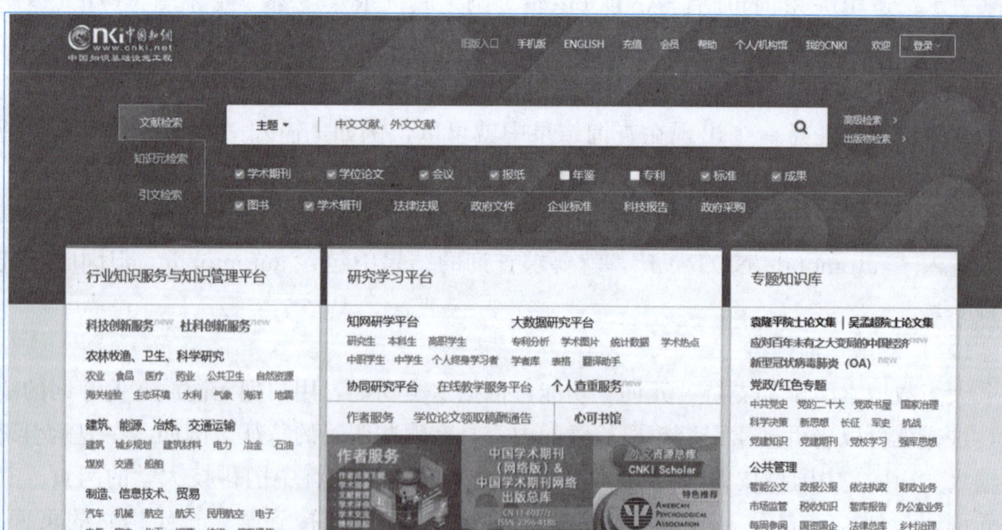

图 6－6　中国知网主页

非订购用户可以免费检索，下载全文需要付费，个人也可以购买使用权限。

（2）万方数据知识服务平台（http://www.wanfangdata.com.cn/index.html）。

万方数据知识服务平台，整合数亿条全球优质知识资源，集成期刊、学位论文、会议论文、科技报告、专利、标准、科技成果、法律法规、地方志、视频等十余种知识资源类型，如图 6－7 所示。万方智搜是万方数据股份有限公司旗下的学术资源检索与获取平台，为用户提供专业文献检索、多途径全文获取、云端文献管理及多维度学术分析等功能，服务于用户的科研创新。

图 6－7 万方数据知识服务平台主页

非订购用户可以免费检索期刊、会议、学位论文，下载全文需要付费。

（3）维普中文期刊服务平台（http://qikan.cqvip.com）。

2000 年，重庆维普资讯有限公司建立了维普资讯网。维普资讯网集合了多种资源，如图 6－8 所示。该公司的主导产品《中文科技期刊数据库》是经过国家新闻出版总署批准的大型连续电子出版物，累计收录期刊 15 000 余种，现刊 9 000 余种，文献总量 7 000 余万篇，涵盖社会科学、自然科学、工程技术、农业科学、医药卫生、经济管理、教育科学、图书情报等学科。网站提供的检索方式有两种：适用于普通用户的简单检索和适用于专业检索用户的高级检索。

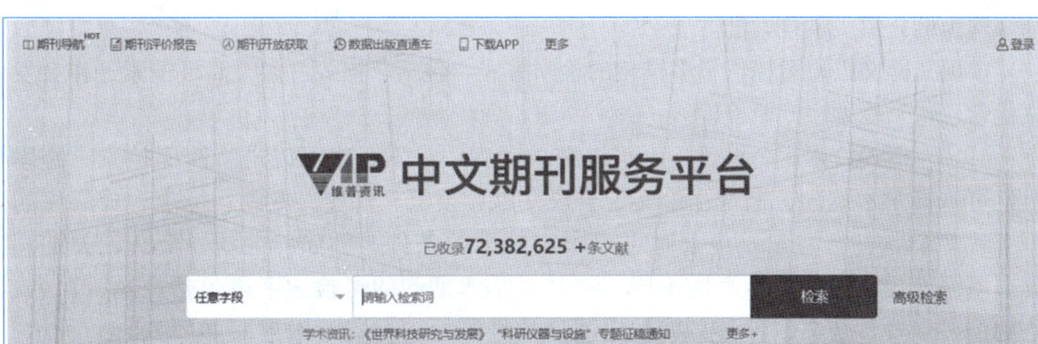

图 6－8 维普中文期刊服务平台主页

非订购用户可以免费检索，下载全文需要付费。

（4）国家科技图书文献中心（https://www.nstl.gov.cn/）。

国家科技图书文献中心（National Science and Technology Library，NSTL）是根据国务院的批示于 2000 年 6 月组建的一个虚拟的科技文献信息服务机构，如图 6－9 所示。NSTL是目前中国最大的科技文献资源收藏实体，拥有丰富的科技文献信息资源，数据库既包括目次、文摘、引文等二次文献数据库，也包括网络版全文期刊、专著与工具书，学科以理、工、农、医各专业领域为主，兼顾经济学、管理学和图书情报科学。文献服务是NSTL的一个主要服务项目，具体内容包括：文献检索、全文提供、网络版全文、目次浏览、目录查询等。

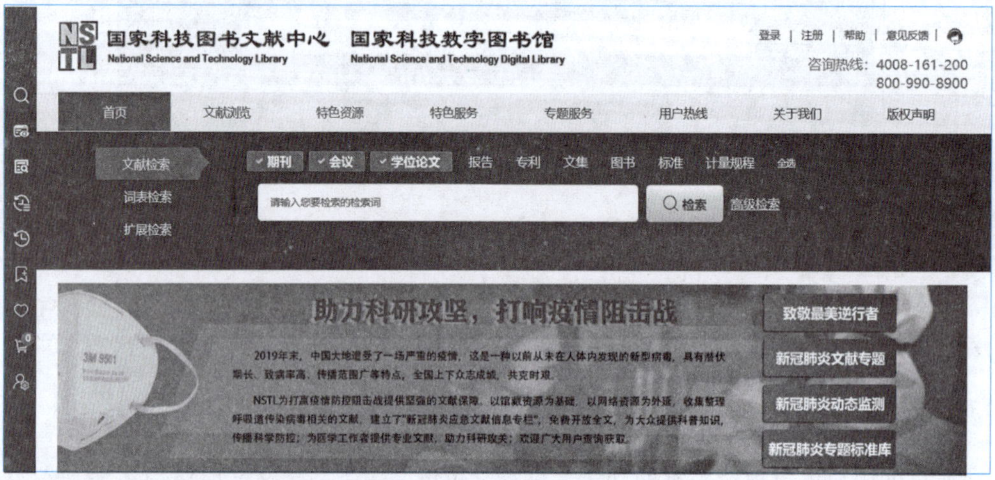

图6-9　国家科技图书文献中心主页

非注册用户可以免费获得除全文提供以外的各项服务，注册用户同时可以获得全文提供服务。

二、文献检索方法

每个数据库提供的资源和检索思路不同，各个检索系统从界面到内容、从功能到输出结果都会有所不同。但总结规律，我们可以找到使用检索系统的通用技术。下面以中国知网为例介绍文献检索的方法。

中国知网文献检索提供了多样化的检索方式，包括一框式检索、高级检索、作者发文检索、句子检索和专业检索。

（1）一框式检索。一框式检索可以在单个库中检索，也可以进行跨库检索。跨库检索可选择学术期刊、硕博士论文、会议文献、报纸、年鉴、专利、标准、成果库的一个或多个库进行检索。检索时可以限定检索的条件，例如：主题、全文、关键词等。不同库提供的可检索字段不同，例如：学术期刊的可检索字段包括主题、篇名、关键词、摘要、全文、参考文献、中图分类号等。一框式检索界面如图6-10所示，选择检索范围，下拉选择检索项，在检索框内输入检索词，点击检索按钮或在键盘上按回车键，即可执行检索。

（2）高级检索。高级检索提供多字段组合检索，同样可以单库检索或跨库检索。在首页点击“高级检索”进入高级检索页，如图6-11所示，或者在一框式检索结果页点击“高级检索”进入高级检索页，如图6-12所示。

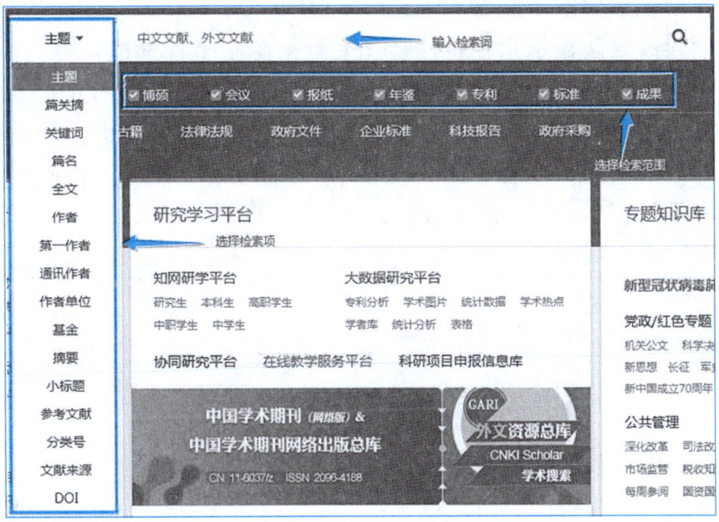

图 6-10 一框式检索界面

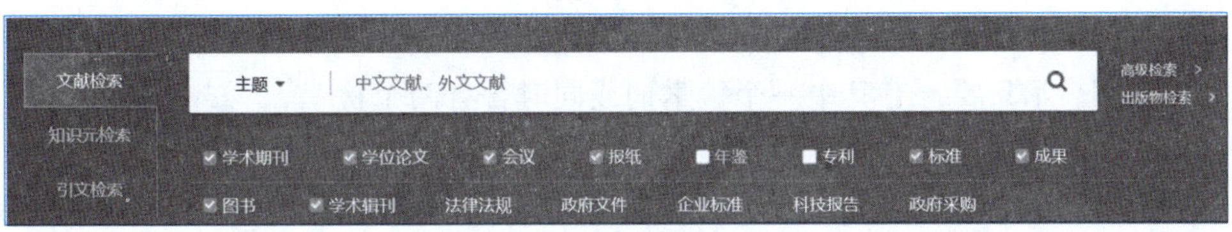

图 6-11 高级检索入口（1）

图 6-12 高级检索入口（2）

高级检索页点击标签可切换至高级检索、专业检索、作者发文检索、句子检索，如图 6-13 所示。

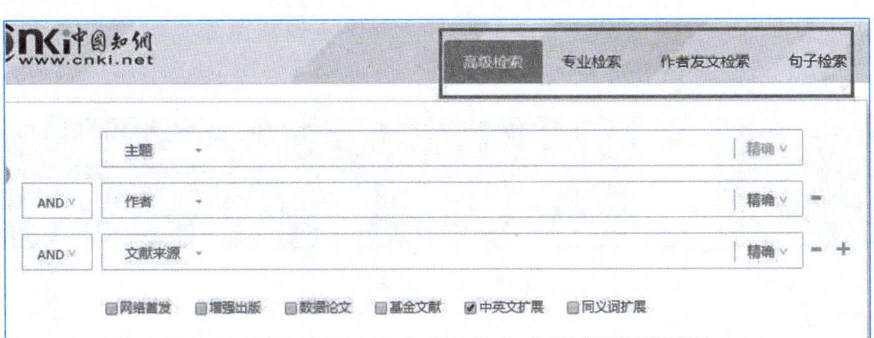

图 6-13 高级检索界面

高级检索界面包括检索条件输入区和检索控制区。

检索条件输入区默认显示主题、作者、文献来源三个检索框，可自由选择检索项、检索项间的逻辑关系（如图 6－14 所示）、检索词匹配方式（如图 6－15 所示）等。检索项包括：主题、篇关摘、关键词、篇名、全文、作者、第一作者、通讯作者、作者单位、基金、摘要、小标题、参考文献、分类号、文献来源、DOI。检索项间的逻辑关系包括：与（AND）、或（OR）、非（NOT）。

图 6－14　检索条件输入区

逻辑检索是一种比较成熟、较为流行的检索技术，逻辑检索的基础是逻辑运算。主要的逻辑运算有：

①逻辑“与”（AND）。检索词 A、B 如果用 AND 相连，即 A AND B，则表示同时含有两个检索词才能被命中。

②逻辑“或”（OR）。检索词 A、B 如果用 OR 相连，即 A OR B，则表示只要含有其中一个检索词或同时含有两个检索词的文献都将被命中。

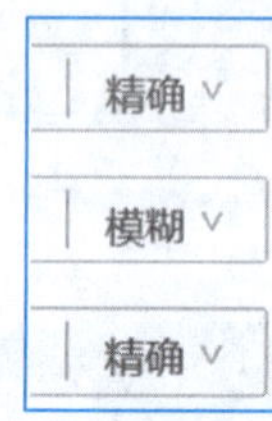

图 6－15　检索词匹配方式

③逻辑“非”（NOT）。检索词 A、B 如果用 NOT 相连，即 A NOT B，则表示被检索文献在含有检索词 A 而不含有检索词 B 时才能被命中。

检索控制区的主要作用是通过条件筛选、时间选择等，对检索结果进行范围控制。控制条件包括出版模式、基金文献、时间范围、检索扩展，如图 6－16 所示。

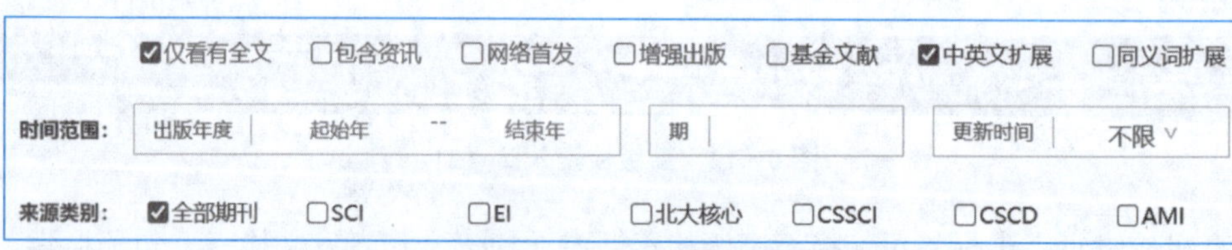

图 6－16　检索控制区

高级检索页面下方为切库区，点击库名，可切换到某单库高级检索，如图 6－17 所示。

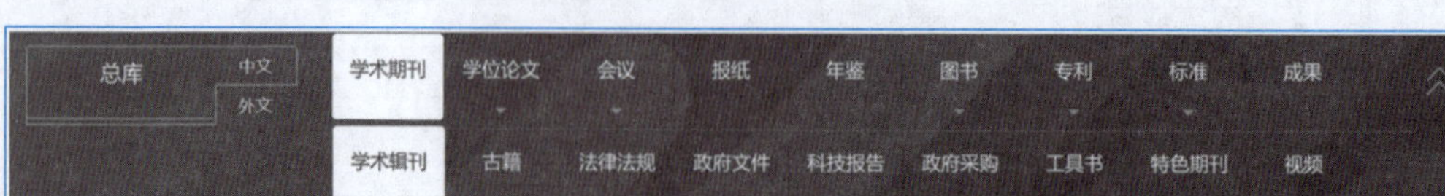

图 6－17　切库区

除了一框式检索和高级检索以外，中国知网还提供了作者发文检索、句子检索和专业检索。作者发文检索通过输入作者姓名及其单位信息，可以检索某作者发表的文献，功能及操作与高级检索基本相同。句子检索是通过输入的两个检索词，在全文范围内查找同时包含这两个词的句子，找到有关事实的问题答案。专业检索用于图书情报专业人员查新、信息分析等工作，使用运算符和检索词构造检索式进行检索。专业检索的一般流程为：确定检索字段构造一般检索式，借助字段间关系运算符和检索值限定运算符可以构造复杂的检索式。用户可以根据需要选择合适的检索方式。

微课

文献检索

试一试： 请同学们在中国知网检索一篇本年度发表的关于"信息检索"的文献。

第 4 节 专利检索

专利是受法律规范保护的发明创造，是指一项发明创造向国家审批机关提出专利申请，经依法审查合格后向专利申请人授予的在规定的时间内对该项发明创造享有的专利权。

一、专利的类型

各个国家的专利类型不一样，我国的专利一般分为三种类型（见表 6－5）：发明专利、实用新型专利和外观设计专利。

表 6－5 我国的专利类型及特点

类型	要求	特点
发明专利（20 年）	对产品、方法及其改进提出的新的技术方案	具有突出的实质性特点和显著进步
实用新型专利（10 年）	对产品形状、构造及其结合提出的实用方案	具有实质性特点和进步
外观设计专利（15 年）	对产品形状、图案、色彩或者其结合所做出的富有美感并适合于工业上应用的新设计	具有实质性特点和进步

二、专利检索途径

专利检索的内容不仅指专利文献本身，还包括专利申请从申请递交到审批、授权、复审、无效等程序中的信息，以及权利转让、质押等相关信息的检索。专利检索系统一般根据专利信息的特征提供多个检索字段（见表 6－6）。用户可以根据已知条件和用途从检索入口进行选择，可以进行单字段检索或多字段检索。

表 6-6　专利检索途径

途径	字段	用途
主题检索	名称、摘要	最常用的检索途径
分类检索	分类号、主分类号	是一个专利查新检索
人员和机构检索	发明人、专利申请人、专利权人、专利受让人、代理人、代理机构	可以定期对某一领域的专家作为发明人进行检索，跟踪其技术开发的动态；还可以将某一领域的公司、企业或科研机构作为专利人进行定期跟踪检索，掌握其技术开发动态
号码检索	申请/专利号、公开/公开号、优先权	可参考各国法律和各专利组织规范
日期途径	申请日、公开日、公告日	可进行技术发展时间的推算
地址途径	国籍、地址	申请人和/或发明人的国籍、地址，可显示地理及经营策略

三、专利检索工具

专利检索通常在专利检索系统和数据库中实现。常用的专利检索系统和数据库有：各国家或者地区知识产权局提供的网上检索平台（如国家知识产权局的专利检索与服务系统、欧洲专利局的 ESPACENET 数据库、美国专利商标局 PAIR 数据库等），商业信息机构提供的商业数据库（如中国知网专利数据库、万方专利数据库等），以及专利信息服务商提供的数据库。

国家知识产权局的专利检索及分析平台（http://pss-system.cponline.cnipa.gov.cn）是集专利检索与专利分析于一体的综合性专利服务系统，如图 6-18 所示。系统收录了 103 个国家、地区和组织的专利数据以及引文、法律状态等数据信息，提供了丰富的专利检索及分析功能。

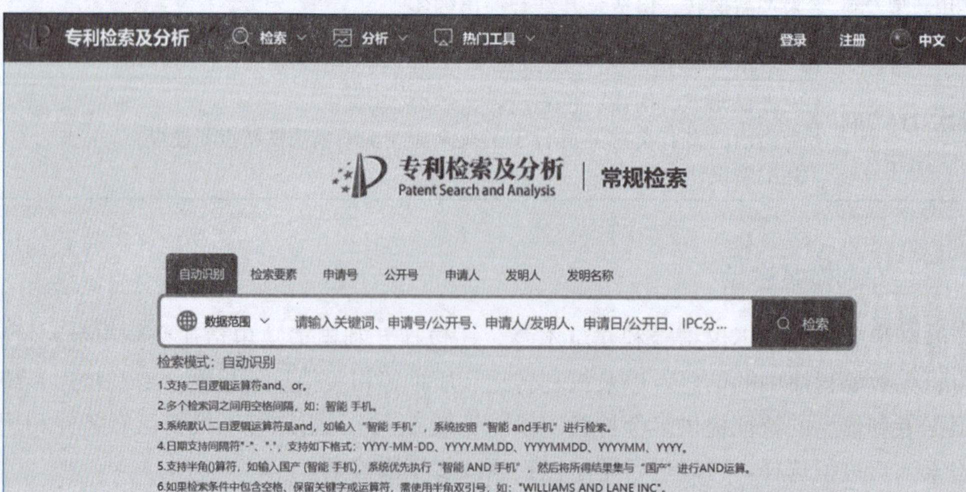

图 6-18　国家知识产权局专利检索及分析平台页面

进行专利检索还可以使用专门的专利搜索引擎，如专利搜索引擎 SooPAT（http://www.soopat.com），如图 6－19 所示。SooPAT 本身并不提供数据，而是将所有互联网上免费的专利数据库进行链接、整合，并加以人性化的调整，使之更加符合人们的一般检索习惯。在 SooPAT 页面的搜索框中输入关键词即可进行专利检索，还可以单击右侧的表格检索，进行更准确的检索。

微课

专利检索

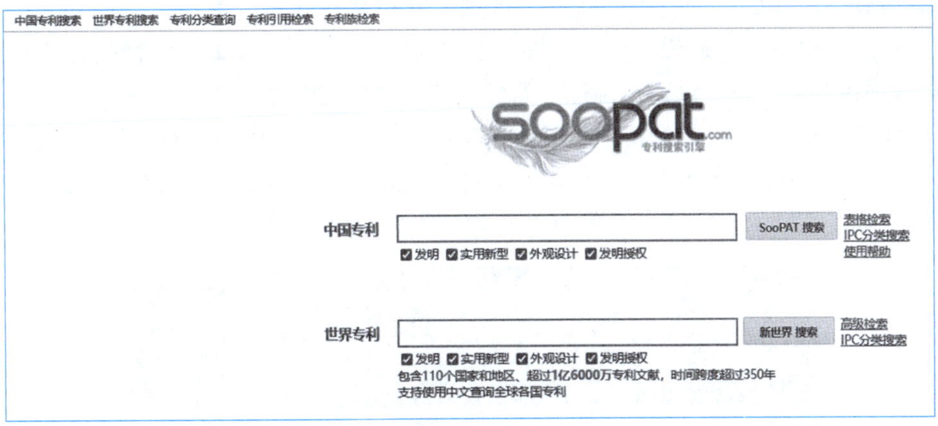

图 6－19　SooPAT 页面

第 5 节　商标检索

商标是区别商品或服务来源的一种标志，每个注册商标都是指定用于某一商品或服务上的。商标检索即商标查询，是商标注册申请人或代理人到商标局查询商标登记注册的情况，了解自己准备申请注册的商标是否与他人已经注册的商标相同或者近似。如果确定相同或者近似，商标注册申请人或代理人就不能将该商标提交商标局申请注册。

一、商标检索的途径

商标检索的途径通常有三个：分类检索、关键词检索和图像检索。

分类检索即从商标分类表的商品或服务类目中查找某行业商标情况。为了便于商标注册和管理，商标管理机关根据一定的标准将所有商品划归为若干类，按一定的顺序排列编成表册。国际商品分类使用的是《商标注册用商品和服务国际分类表》（即尼斯分类），现在每年世界知识产权组织尼斯联盟专家委员会都会举行会议，对尼斯分类进行修正。目前最新版本将商品分为 34 类，服务项目分为 11 类，共 45 类。中国商标网在商品/服务项目的检索网页提供了这 45 类的中文版分类目录查询。例如想查询计算机硬件与软件的设计与开发类商标，则选择输入数字 42。

关键词检索即利用商标申请的相关信息的关键词进行检索，如利用商品名、注册号、企业名称等途径检索具体的商标。

图像检索即通过图像检索商标信息。

二、商标检索的平台

微课

商标检索

商标检索的平台通常有：国家商标管理机构提供的平台，如中国商标网（http://sbj. cnipa. gov. cn），商业性的商标数据库或者专门的商标搜索引擎。

中国商标网由我国国家知识产权局商标局主办，也属于国家工商行政管理总局商标局。中国商标网可供公众免费在线查询商标注册信息，提供商标近似查询、商标综合查询、商标状态查询、商标公告查询和商品/服务项目查询，还提供商标统计、商标申请和国际交流等信息。

在浏览器中输入中国商标网的网址，单击主页上的“商标网上查询”，单击“我接受”，打开如图 6 - 20 所示页面，单击“商标近似查询”，输入国际分类、商标名称并选择查询方式，如图 6 - 21 所示，单击“查询”后，显示查询结果。

图 6 - 20　中国商标网“商标网上查询”页面

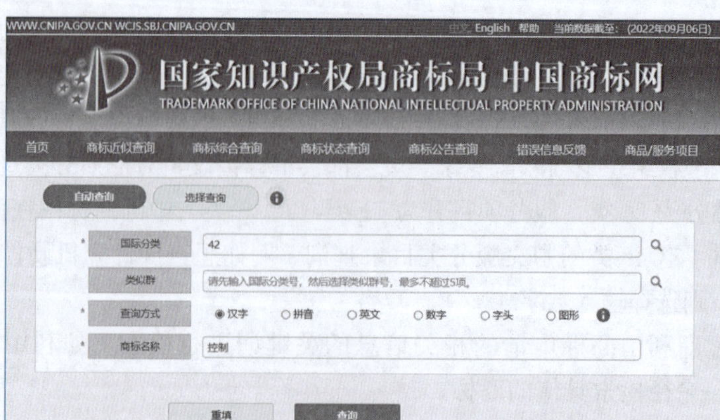

图 6 - 21　商标近似查询页面

本章小结

信息化时代，瞬息万变的信息已经成为社会经济发展的重要因素。面对丰富的网络资源，如何高效、准确地查找到所需要的信息，是每一个人都无法回避的问题。信息检索能力不仅是一种素养，更是一种生活技能。

本章介绍了信息和信息源的基本知识、主要的搜索引擎及其使用技巧以及信息检索中常用的文献检索、专利检索和商标检索。

通过本章的学习，学生要求了解信息检索的基本概念，能够使用常用搜索引擎快速搜索所需的内容，掌握文献、专利和商标的检索方法。

课后习题

一、单选题

1. 信息源按载体形式分为：印刷型、缩微型、声像型和（　　）。

A. 图书　　B. 期刊　　C. 报纸　　D. 电子型

2. 下列选项中，不是主要搜索引擎的是（　　）。

A. 百度　　B. 360 搜索　　C. 搜狐　　D. 搜狗搜索

3. 使用搜索引擎检索关于黄山的图片，可以在搜索框中输入（　　）。

A. “黄山”　　B. image：黄山　　C. title：黄山　　D. URL：黄山

4. 下列选项中，不是国内重要的信息检索系统的是（　　）。

A. 中国知网　　B. Web of Science

C. 万方数据知识服务平台　　D. 维普中文期刊服务平台

5. 下列选项中，不是专利检索工具的是（　　）。

A. 国家知识产权局的专利检索与服务系统

B. 中国知网专利数据库

C. 万方专利数据库

D. 国家科技图书文献中心

6. 国际商品分类使用的是尼斯分类，目前最新版本将商品分为（　　）类。

A. 34　　B. 44　　C. 45　　D. 52

二、操作题

1. 检索满足以下要求的笔记本电脑：

（1）笔记本电脑与手机能多屏协同，有利于工作效率提升（手机为 HUAWEI Mate 40 Pro 5G 版）。

（2）能满足日常工作和娱乐要求（CPU：Intel i7，内存：16G；硬盘：1T），价格为 7 000～8 000 元。

2. 使用中国知网的高级检索功能在学术期刊库查询学术资料，要求分下面三种情况检索：

（1）查找结果同时包含“人工智能”和“大数据”两个检索词。

（2）查找结果含有检索词“人工智能”或“大数据”。

（3）查找结果含有检索词“人工智能”，但不含“大数据”。

3. 在专利专业平台检索关键字为“智慧交通”的专利。

4. 在中国商标网，检索计算机硬件与软件的设计与开发类商标，商标名称的关键字为“智慧交通”。

第 7 章 新一代信息技术

学习目标

- 了解大数据技术的基本概念与应用领域；
- 了解物联网技术的基本概念与应用领域；
- 了解人工智能技术的基本概念与应用领域；
- 了解区块链技术的基本概念与应用领域；
- 了解现代通信技术的基本概念与应用领域；
- 了解虚拟现实技术的基本概念与应用领域；
- 熟悉新一代信息技术的典型应用。

技能目标

- 能列举大数据、物联网、人工智能、区块链、现代通信、虚拟现实等新一代信息技术在生活和学习中的应用；
- 具备分析新一代信息技术应用场景的能力。

素养目标

- 培养学生独立学习、主动探究、勇于创新的精神；
- 培养学生主动了解新技术发展趋势的学习习惯；
- 培养学生强烈的社会责任感。

导读

在《国务院关于加快培育和发展战略性新兴产业的决定》中，新一代信息技术产业被确立为七大战略性新兴产业之一。《国务院关于加快培育和发展战略性新兴产业的决定》中将新一代信息技术的主要发展内容概括为：“加快建设宽带、泛在、融合、安全的信息网络基础设施，推动新一代移动通信、下一代互联网核心设备和智能终端的研发及产业化，加快推进三网融合，促进物联网、云计算的研发和示范应用。着力发展集成电路、新型显示、高端软件、高端服务器等核心基础产业。提升软件服务、网络增值服务等信息服务能力，加快重要基础设施智能化改造。大力发展数字虚拟等技术，促进文化创意产业发展。”

本章主要介绍新一代信息技术及其代表技术的基本概念、结构特点、典型应用、发展前景等内容。

第 1 节　大数据技术

一、大数据技术基础知识

现代社会，信息流通顺畅，生活越来越便利，人们之间的交流越来越密切，也产生了海量的大规模数据。数据爆炸将人们带入了“大数据时代”。

微课

什么是大数据

大数据（Big Data），或称巨量数据，是指需要新处理模式才能具有更强的决策力、洞察发现力和流程优化能力来适应海量、高增长率和多样化的信息资产。大数据技术，就是从海量的各种类型的数据中快速获得有价值信息的技术。大数据的基本框架如图 7－1 所示。

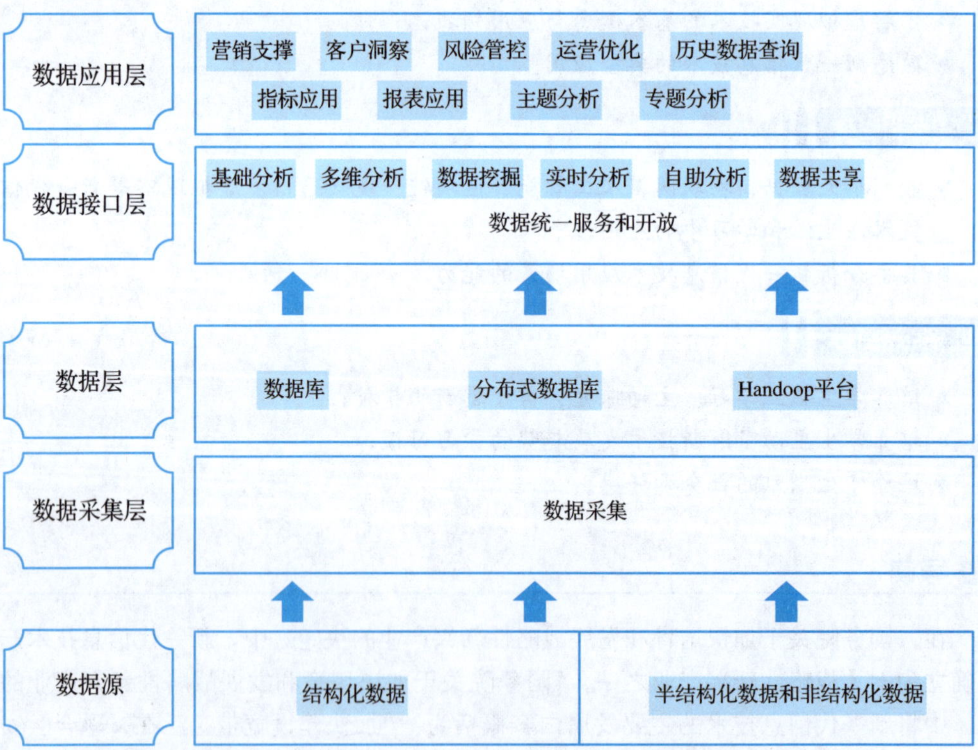

图 7－1　大数据基本架构图

（一）大数据产生的背景

信息存储、信息传输和信息处理是信息科技发展的核心问题。随着科学技术的不断进步，存储设备的制造工艺不断升级，容量增加，速度提升，价格不断下降。随着单位存储空间价格的降低，人们开始倾向把更多的数据保存下来，用先进的数据分析工具从中挖掘价值。

进入 21 世纪，世界各国纷纷加大了宽带网络的建设力度，网络的接入方式也在向高速无线连接转变，这为大数据时代提供了高速、廉价的传输服务。

CPU 处理速度的不断提升也促使数据量不断增加。性能不断提升的 CPU 大大提高了处理数据的能力，使人们可以更加快速地处理海量数据。

（二）大数据的特征

大数据具有 Volume（大量）、Variety（多样）、Velocity（高速）以及 Veracity（真实）的 4V 特征。

（1）数据量巨大（Volume）：人类正处于一个信息爆炸的时代，移动互联网的飞速发展使人们可以随时随地发布各种信息，各种物联网设备也在每时每刻自动产生大量数据，各种数据产生速度之快、数量之大，远远超过以前。

（2）数据类别多样（Variety）：大数据的数据来源众多，数据类别丰富，归纳来说，包括结构化数据和非结构化数据。

（3）数据处理速度快（Velocity）：大数据时代，数据产生的速度非常高速，很多应用都需要处理快速生成的数据以给出实时分析结果。数据处理与分析的速度都要达到秒级响应。

（4）数据处理真实性（Veracity）：在大数据时代，很多有价值的数据都是分布在海量数据中的，数据的真实性和质量决定数据带来的价值，高质量的数据一定是具有真实性的。

二、大数据技术应用与发展趋势

（一）大数据技术的功能

大数据的基本处理流程主要包括数据采集与预处理、数据存储与管理、数据处理与分析、结果呈现，在整个处理过程中，还涉及数据安全与隐私保护问题。

大数据技术的主要功能见表 7 - 1。

表 7 - 1　大数据技术的功能

技术层面	功能
数据采集与预处理	通过 ETL、文件适配器、网络抓取、实时数据采集等多种技术从外部数据源导入结构化数据（关系库记录）、半结构化数据（日志、邮件等）、非结构化数据（文件、视频、音频、网络数据流等）及实时数据
数据存储与管理	针对全数据类型和多样计算需求，以海量规模存储、快速查询读取为特征，存储来自外部数据源的各类数据，支撑数据处理层的高级应用
数据处理与分析	对多样化的大数据进行加工、处理、分析、挖掘，产生新的业务价值，发现业务发展方向，为业务决策提供依据
结果呈现	通过 HTML5、Flex、GIS 等技术将数据处理结果表现出来，主要旨在借助于图形化手段，清晰、有效地传达与沟通信息
数据安全与隐私保护	解决在大数据环境下的数据采集、存储、分析、应用等过程中产生的诸如身份验证、授权过程和输入验证等大量安全问题

(二)大数据行业的产业划分

现阶段,大数据行业主要分为三类产业:一是数据服务产业,二是基础支撑产业,三是融合应用产业。数据服务产业以大数据为核心资源,以大数据应用为主业开展商业经营,包括数据交易、数据采集、数据应用服务、数据增值服务等。基础支撑产业是指提供用于大数据处理的软硬件、解决方案和其他工具的产业,如提供大数据存储管理、大数据计算、大数据可视化产品等。融合应用产业是指在业务应用中产生大数据,并将其与行业相结合开展商业经营的产业,如交通大数据、金融大数据、政务大数据等。

通过对人口分布情况、防疫政策、地理位置与交通、环境温度与湿度等多方面大数据的分析,我们可以预测接下来某些地区某些流行疾病的传播情况。

议一议:请同学们讨论一下,列举一些大数据技术的应用实例。

第 2 节　人工智能技术

一、人工智能技术基础知识

(一)人工智能的概念

人工智能专家尼尔斯·尼尔森(Nils Nilsson)教授认为:“人工智能是关于知识的学科——怎样表示知识、怎样获得知识并使用知识的学科。”帕特里克·温斯顿(Patrick Winston)教授认为:“人工智能就是研究如何使机器去做过去只有人才能做的智能工作。”这些说法都反映出人工智能学科的基本思想,人工智能就是研究如何通过计算机的软硬件来模拟人类的智能行为,进而延伸人类智能的科学。

微课

什么是人工智能

人工智能是计算机科学、控制论、信息论、神经生理学、语言学、心理学等多门学科互相渗透而发展起来的综合性学科。

(二)人工智能的特征

人工智能具有三个特征:

1. 人类设计,为人类服务

人工智能系统是人类设计出的机器,按照人类设定的程序算法,通过芯片等硬件载体来运行工作的。其本质体现为计算,通过对数据的采集、加工、处理、分析,形成有价值的信息流和知识模型,为人类提供拓展人类能力的服务。人工智能的最终目的是服务人类。

2. 感知环境,与人交互

人工智能系统借助传感器等器件能对外界环境进行感知,可以像人类一样通过听觉、视觉、嗅觉、触觉等接收信息,并做出反应。

3. 具有自适应性和学习能力

人工智能系统应具有一定的自适应性和学习能力，能随着环境、数据和任务的变化而自适应调节参数、优化模型。

二、人工智能技术应用与发展趋势

（一）人工智能的应用范畴

1. 机器学习

机器学习是人工智能领域的核心，是研究如何使用机器来模拟人类的学习行为，以获取新的知识和技能，重新组织已有的知识结构，使之不断改善自身的性能。

2. 计算机视觉

计算机视觉是人工智能领域备受关注的方向，通过计算机和相关成像设备对人类的视觉系统进行模仿，即用摄像头等图像采集设备模拟人的眼睛来获取外界的视觉信息，并用计算机代替人脑来完成视觉信息的处理和解释。人脸识别、自动驾驶、视觉监控等都是计算机视觉技术的典型应用。

3. 认知推理

认知是人们推测和判断客观事物的心理过程，是在对过去经验和有关线索进行分析的基础上形成的对信息的理解、归纳和计算。认知推理是人工智能的核心问题之一。2016 年，Alpha Go 围棋 AI 程序战胜了围棋世界冠军李世石，随后 Alpha Go 围棋 AI 程序不断升级，能够做到不依赖人类棋谱数据，仅根据围棋规则从零开始学习，就可以在几天之内超过专业围棋选手，而且能够学习到很多超越人类选手认知水平的全新围棋走法。

4. 人机交互

人与机器之间的交互方式逐步走向人性化、自然化。人机交互技术包括触控式交互、智能语音交互、体感和沉浸式交互以及脑电波交互等四个技术方向。

（二）人工智能产业链

1956 年，在达特茅斯召开的“如何用机器模拟人的智能”的研讨会上，科学家们正式提出了人工智能（Artificial Intelligence，AI）的概念。经过 60 多年的发展，人工智能形成了一个蓬勃发展的产业生态链。在移动互联网、大数据、云计算、认知科学等共同驱动下，人工智能在经济社会各个领域开始得到越来越广泛的应用，催生出智能驾驶、智能制造、智能安防等一系列“智能+”新范式，推动人类社会加速迈向智能化时代。人工智能产业链如图 7－2 所示。

人工智能技术在制造业的应用，大大提高了生产效率。阿里云研发了基于人工智能技术的 ET 工业大脑，将产地和制造环节等各类数据打通，进行深度运算和分析，给出资源最优利用的方案组合，将良品率提升 1%，这样每年利润率可增加上万亿元。

学一学： 人工智能依赖于大量数据，高速并行运算、海量数据、更优化的算法共同促进了人工智能的发展。可以说，人工智能就是程序算法和大数据结合的产物。

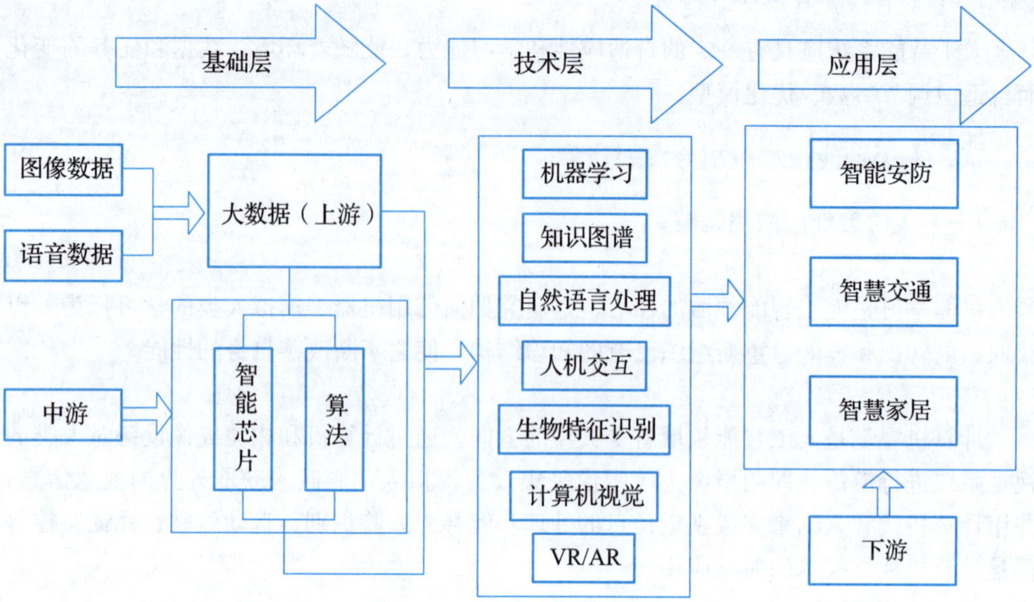

图 7-2　人工智能产业链

第 3 节　物联网技术

一、物联网技术基础知识

（一）物联网的概念

1999 年，麻省理工学院的凯文·艾什顿（Kevin Ashton）教授首次提出了物联网的概念“Internet of Things”。物联网的核心和基础仍然是互联网，是在互联网基础上的延伸和扩展的网络。物联网用户端延伸、扩展到了任何物体与物体之间的信息交换与通信。

物联网是指“物物相连的互联网”。目前公认的物联网的定义是：通过射频识别（RFID）红外感应器、全球定位系统、激光扫描器等信息传感设备，按约定的协议，把任何物体与互联网相连接，进行信息交换和通信，以实现对物体的智能化识别、定位、跟踪、监控和管理的一种网络。

微课

走入物联网

（二）物联网的架构

物联网是在人与人信息交流的基础上，提出了物体之间的数据传输，涵盖了“人与人”“物与物”“人与物”三个范畴的信息交流。物联网的架构图如图 7-3 所示。

（三）物联网的特征

全面感知：利用 RFID、二维码、传感器等技术和设备随时随地获取及采集物体的信息。

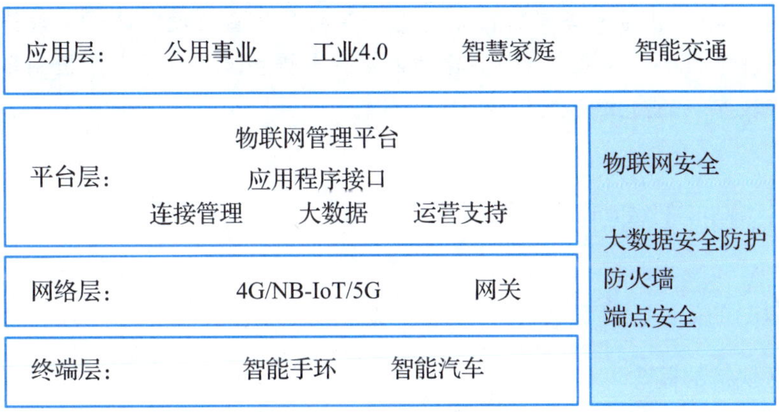

图 7-3　物联网架构图

可靠传递：通过无线网络等各种电信网络与互联网的融合，将物体的信息实时、准确地传递给用户。

智能处理：利用云计算、数据挖掘、模糊识别等各种智能计算技术，对海量的数据和信息进行分析处理，进而对物体实施智能化控制。

二、物联网技术应用与发展趋势

（一）智能医疗

通过物联网技术，病人可以带着微传感器（如心跳、血压等传感器）在家中进行日常医疗检查，医院可以通过移动互联网获取传感器传回的监测数据，进而了解病人目前的身体状况。智能药盒也常被用于健康护理中，智能药盒系统主要是提醒病人按时吃药，并检测用药行为是否正确，如图 7-4 所示。

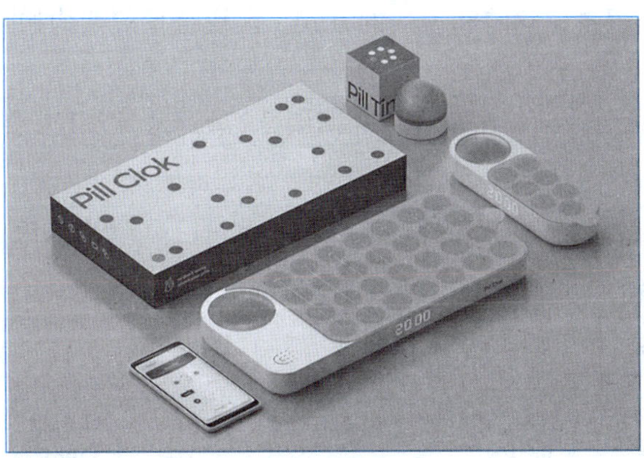

图 7-4　智能药盒系统

（二）物联网与大数据、云计算

物联网的最终目标是万物皆连，这也就决定了物联网必须有一个大型的计算平台作支撑，而云计算本质上就是一个处理海量数据的计算平台。大数据、云计算给物联网带来了难得的机遇。

学一学： 自动驾驶通过给车辆装备智能软件和多种感应设备，如车载传感器、雷达、GPS、摄像头等，根据感知所获得的道路、车辆和障碍物信息，控制车辆的转向与速度，实现车辆的自主安全驾驶。

第 4 节　区块链技术

一、区块链技术基础知识

（一）区块链的概念

区块链的概念最初是由中本聪提出的，是他设计出来的一种独具特色的数据库技术。很多人认为，区块链只能在比特币上发挥作用，但其实并非如此。科技不断进步，时代不断发展，区块链已经突破原有的限制而被广泛应用到金融、征信、保险、能源、医疗、公益等多个领域，形成了颇具影响力的“区块链+”模式。

微课
了解区块链

我们可以从应用的角度将区块链当作是一个分布式的共享账本，通过去中心化、不可篡改的方式，集体维护账本数据。作为一个去中心化的分布式账本，我们可以在没有中心化的第三方信用机构的情况下，在一个开放式的平台进行远距离的安全支付。每一个区块链参与者都是一个节点，网络中所有被授权的参与者都保存着一份完全相同的账本。整个系统中的所有节点都能够在信任的环境下自动、安全地交换数据。

（二）区块链的架构

区块链不是单一的技术，而是多种技术整合的结果。这些技术以新的结构组合在一起，形成了新的数据记录、存储和表达的方式。区块链系统架构如图 7－5 所示。

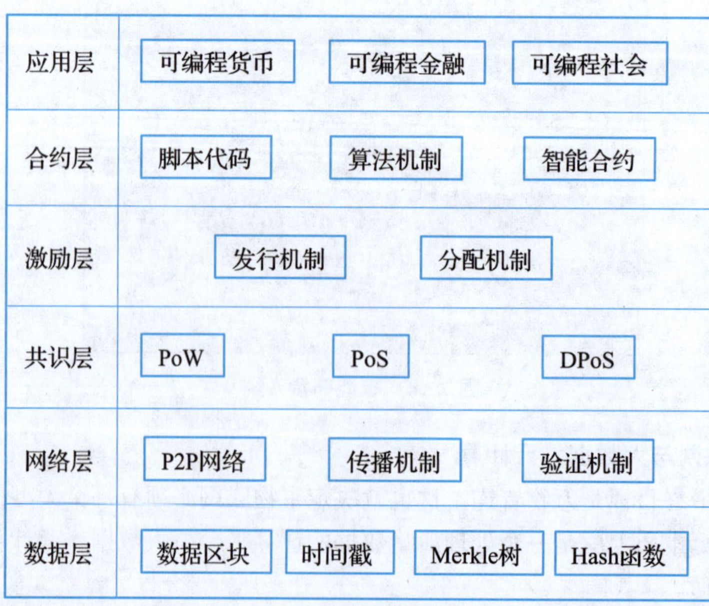

图 7－5　区块链系统架构图

（三）区块链的特征

去中心化、公开透明、智能合约是区块链的三大特征。它所有的核心技术都是以这三大特征为基础进行设计的。

1. 去中心化

区块链实质上就是一个巨大的数据库，与传统数据库相比较，最大的区别就是去中心化。传统数据库将数据集中储存、管理，数据的读写权限往往都掌握在一个企业手上，这就是中心化。而区块链则是让所有架设服务器的人都能参与其中，成为区块链中的一个节点，而且节点之间是平等同步的，这种去中心化具备开放性、不可篡改性、匿名性等特点。

2. 公开透明

区块链的公开透明主要体现在四个方面：一是全网范围内的所有节点数据同步，而且每个节点还可以对数据进行追根溯源；二是除了个人隐私类的信息被加密以外，可以通过公开的接口对其他信息进行不受限制的访问，从而保证了数据的开放性；三是无论是数据还是算法，都是公开透明的，任何用户都可以对其进行查证；四是区块链将数据存储在不同节点上，一旦有节点对数据进行篡改，其他节点就会感知这一行为，要想不被其他节点感知，就需要对全链备份数据进行篡改，这几乎是不可能完成的。

3. 智能合约

智能合约是以数字形式定义的承诺，是以信息化方式传播、验证或执行合同的计算机协议。智能合约允许在没有第三方的情况下进行可信交易，这些交易可追踪且不可逆转。

二、区块链技术应用与发展趋势

（一）区块链电子发票

在多方参与的区块链中，将支付信息融入发票流程，一切可追踪溯源，并且通过对发票流转的全流程信息加密上链，提高了发票系统的安全性，降低了监管机构和企业的成本，也简化了消费者开票报销流程。2018 年 8 月，腾讯公司和深圳市税务局合作推出了全国首个基于区块链的电子发票方案，如图 7－6 所示。

（二）区块链与教育

目前，区块链技术在全球教育领域的发展和应用主要体现在成绩单、学习者资源库、分布式学习账本等方面。国外已经投入运营的教育区块链项目中，巴塞罗那大学的 EDUBLOCS 项目重点实施通过区块链管理个性化学习过程。俄罗斯 DISCIPLINA 项目的目标定位为通过区块链在教育中的应用解决就业环节劳动力雇佣双方信息不对称的问题。

2020 年，我国教育部正式印发《高等学校区块链技术创新行动计划》，该计划提出到 2025 年，在高校布局建设一批区块链技术创新基地，培养汇聚一批区块链技术攻关团队，推动若干高校成为我国区块链技术创新的重要阵地，一大批高校区块链技术成果为产业发展提供动能。2020 年 7 月，《区块链技术在教育领域的应用研究白皮书》发布，该白皮书强调，区块链技术在教育领域的应用能够促进教育变革，包括教育记录更加可信、教育生

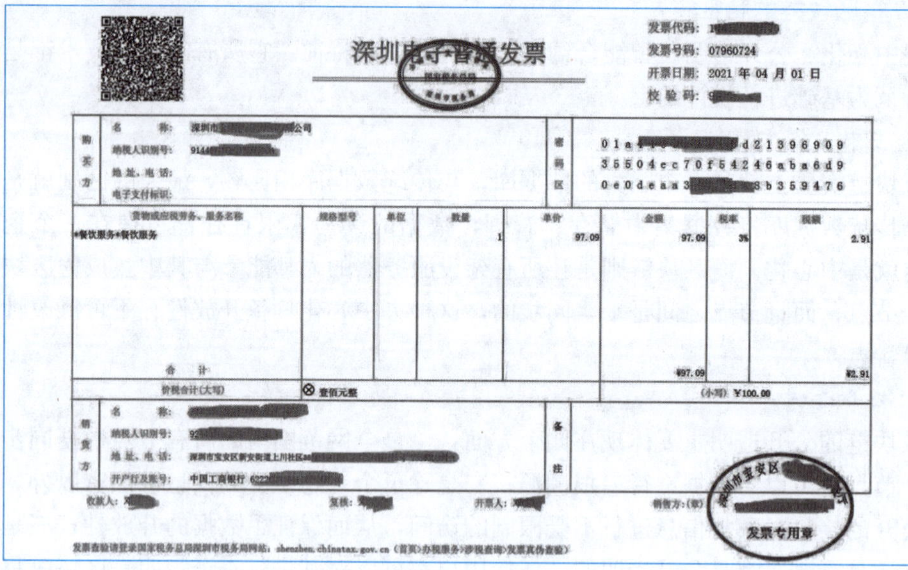

图 7-6　区块链电子发票

态更为开放、终身学习得到连续记录、教育数字资源得到更好的版权保护、教育治理更加安全互联、教育评价更加精准、教育决策更为公平、教师发展更加专业化等。

议一议：区块链技术还能应用到哪些领域？

第 5 节　现代通信技术

一、现代通信技术基础知识

微课
走近现代通信技术

随着现代社会的发展，通信技术也有了飞跃式的进步，人们在日常生活购物、获取信息、与外界沟通交流、工作学习等方面都离不开现代通信技术，人们的生活习惯和工作习惯发生了巨大的变化。

（一）现代通信技术的概念

通信是信息在人与人、人与机器、机器与机器之间进行的传递与转换。现代通信的特征是通信与计算机技术相结合。

在信息交换方面，数字信号的交换和处理越来越频繁地使用计算机来实现。在信息传递方面，具有全时空通信功能的移动通信、卫星通信、光纤通信已成为当今传递信息的三大通信手段。在网络方面，通信网络可向用户提供更多样化、更现代化的电信新业务。

（二）现代通信的主要技术

现代通信所涉及的技术主要有数字技术（包括编解码器、数字信号处理器）、软件技术（包括程控时分交换、分组交换）、微电子技术（包括超大规模集成电路的计算机辅助设计和微加工）、光子技术和光电子技术（包括光纤通信、光纤传感、激光器件、光电子集成)、微波技术（包括卫星通信与广播、微波接力线路、超高频移动通信等)。通信中的相关设备如图 7－7 所示。

图 7－7　通信中的相关设备

二、移动通信技术应用与发展趋势

第五代移动通信技术（The 5th Generation Mobile Communication Technology，5G）是具有高速率、低时延和大连接特点的新一代宽带移动通信技术，是实现人、机、物互联的网络基础设施。

移动通信已历经 1G、2G、3G、4G、5G 的发展。每一次技术进步，都极大地促进了产业升级和经济社会发展。1G 到 2G，实现了模拟通信到数字通信的过渡，移动通信走进了千家万户。2G 到 3G、4G，实现了语音业务到数据业务的转变，传输速率成百倍提升，促进了移动互联网应用的普及和繁荣。4G 网络造就了繁荣的互联网经济，解决了人与人随时随地通信的问题。随着移动互联网的快速发展，新服务、新业务不断涌现，移动数据业务流量爆炸式增长，4G 移动通信系统难以满足未来移动数据流量暴涨的需求，第五代移动通信技术（5G）应运而生。

2019 年 6 月 6 日，工信部正式向中国电信、中国移动、中国联通、中国广电发放 5G 商用牌照，中国正式进入 5G 商用元年。2019 年 10 月，5G 基站正式获得了工信部入网批准。工信部颁发了国内首个 5G 无线电通信设备进网许可证，标志着 5G 基站设备将正式接入公用电信商用网络。三大运营商公布 5G 商用套餐，并于 11 月 1 日正式上线 5G 商用套餐。

2020 年 3 月 24 日，工信部发布关于推动 5G 加快发展的通知，全力推进 5G 网络建设、应用推广、技术发展和安全保障，特别提出支持基础电信企业以 5G 独立组网为目标加快推进主要城市的网络建设，并向有条件的重点县镇逐步延伸覆盖。

2021 年，我国已建成 5G 基站超过 115 万个，占全球 70%以上，是全球规模最大、技术最先进的 5G 独立组网网络。全国所有地级市城区、超过 97%的县城城区和 40%的乡镇镇区实现 5G 网络覆盖，5G 终端用户达到 4.5 亿户，占全球 80%以上。

国际电信联盟（ITU）定义了 5G 的三大类应用场景，即增强移动宽带、超高可靠低时延通信和海量机器类通信。增强移动宽带主要面向移动互联网流量爆炸式增长，为移动互联网用户提供更加极致的应用体验。超可靠、低时延通信主要面向工业控制、远程医疗、自动驾驶等对时延和可靠性具有极高要求的行业应用需求。海量机器类通信主要面向智慧城市、智慧家居、环境监测等以传感和数据采集为目标的应用需求。

5G 作为一种移动通信网络，不仅要解决人与人之间的通信问题，为用户提供增强现实、虚拟现实、超高清（3D）视频等更加身临其境的极致业务体验，更要解决人与物、物与物之间的通信问题，满足移动医疗、车联网、智慧家居、工业控制、环境监测等物联网应用需求。5G 渗透到经济社会的各行业、各领域，成为支撑经济社会数字化、网络化、智能化转型的关键新型基础设施。

5G 的关键性能指标主要有：

（1）峰值速率需要达到 10～20Gbit/s，以满足高清视频、虚拟现实等大数据量传输。

（2）空中接口时延低至 1ms，满足自动驾驶、远程医疗等实时应用。

（3）具备百万连接/平方公里的设备连接能力，满足物联网通信。

（4）频谱效率要比 LTE（4G 网络）提升 3 倍以上。

（5）连续广域覆盖和高移动性下，用户体验速率达到 100Mbit/s。

（6）流量密度达到 10Mbps/m^2 以上。

（7）移动性支持 500km/h 的高速移动。

说一说：请同学们说一说见过哪些 5G 通信设备。

第 6 节　虚拟现实技术

一、虚拟现实技术基础知识

（一）虚拟现实技术的概念

虚拟现实（Virtual Reality，VR）技术是 20 世纪发展起来的一项全新的实用技术。虚拟现实技术囊括计算机、电子信息、仿真技术，其基本实现方式是计算机模拟虚拟环境从而给人以环境沉浸感。

微课

什么是虚拟现实

虚拟现实技术就是利用现实生活中的数据，通过计算机技术产生的电子信号，将其与各种输出设备结合使其转化为能够让人们感受到的现象。这些现象可以是现实中真真切切的物体，也可以是我们肉眼所看不到的物质，通过三维模型表现出来。因为这些现象不是我们直接所能看到的，而是通过计算机技术模拟出来的现实中的世界，故称为虚拟现实。

虚拟现实技术按照功能和实现方式的不同，可以分为以下几类：

桌面虚拟现实：桌面虚拟现实缺乏真实的现实体验，但成本较低，应用方便灵活。常见的桌面虚拟现实系统有基于静态图像的虚拟现实 QuickTime VR 等。

沉浸式虚拟现实：沉浸式虚拟现实系统提供了一个完全沉浸的体验，有一种仿佛置身于真实世界之中的感觉，通过采用洞穴式立体显示装置（CAVE 系统）或头盔式显示器（HMD）等设备，使人产生一种身临其境、完全投入和沉浸其中的感觉。

增强式虚拟现实：增强式虚拟现实不仅是利用虚拟现实技术来模拟现实世界、仿真现实世界，而且是利用它来增强参与者对真实环境的感受，也就是增强在现实中无法或不方便获得的感受。增强现实和虚拟现实等场景如图 7－8 所示。

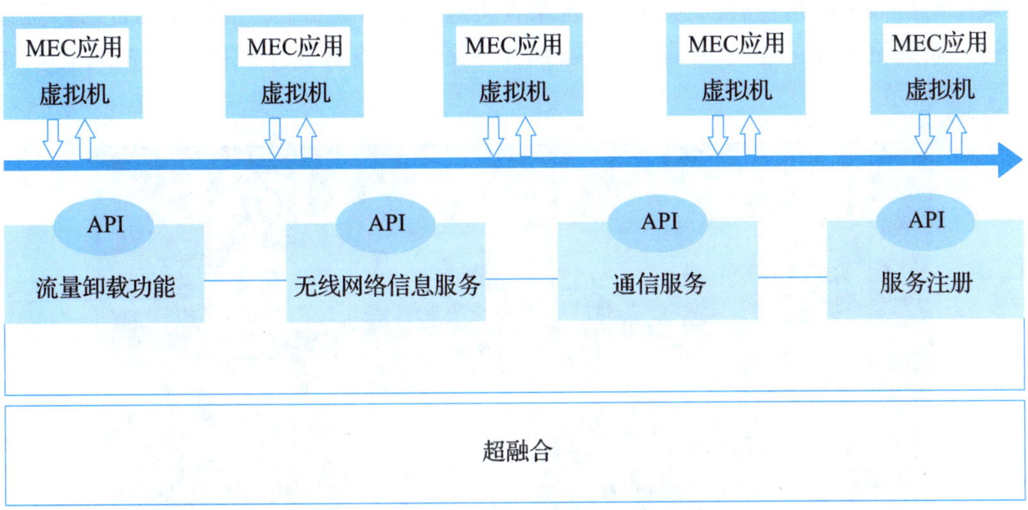

图 7－8　增强现实和虚拟现实等场景

分布式虚拟现实：在分布式虚拟现实系统中，多个用户可以通过网络对同一虚拟现实世界进行观察和操作，以达到协同工作的目的。

（二）虚拟现实技术的特征

1. 沉浸性

沉浸性是虚拟现实技术最主要的特征，是让人感到作为主角存在于模拟环境中的真实程度。当感知到虚拟世界的刺激时，如触觉、味觉、嗅觉、运动感知等，人便会产生共鸣，带来心理沉浸，感觉如同进入真实世界一样。

2. 交互性

交互性是指对模拟环境内物体的可操作程度和从环境得到反馈的自然程度，进入虚拟空间，相应的技术跟环境产生相互作用，进行某种操作时，周围的环境也会做出某种反应。例如，接触到虚拟空间中的物体，那么手上应该能够感受到，若对物体做出拿起的动作，物体的位置和状态也应随之改变。

3. 构想性

构想性也称想象性，可以理解为进入虚拟空间，根据感觉与认知能力吸收知识，发散拓宽思维，创立新的概念和环境。

二、虚拟现实技术应用与发展趋势

虚拟现实技术主要应用在娱乐、教育、艺术、军事与航空、医学等领域，另外在可视化计算、制造业等领域也有相当比重的应用。

（一）游戏娱乐互动领域

虚拟现实技术可以模拟世界上客观存在的物质，也可以模拟人脑中抽象出来的精神物质，通过人类智慧结晶以数字化的表现形式展现出来。虚拟现实技术创造一个包括三维模型、三维声音、三维人物和其他资源逼真的虚拟世界，满足了人们的欲求，让人们实现了梦想与未来，体验了现实和常规情况下不能完成的内容。虚拟现实技术使玩家与游戏中的角色合二为一，让玩家真实地体验到游戏中的角色就是自己，玩家通过一系列真实的头盔显示器和数据手套等交互设备就能操控游戏中的角色，如图 7－9 所示。

图 7－9　虚拟现实技术在游戏中的应用

（二）教育教学领域

虚拟现实技术为实现仿真学习环境提供了强有力的技术支持和保障。学习者通过仿真的学习环境与学习情境的互动，从而实现自主学习，提高学习效率。

虚拟教学可以应用教学模拟进行演示教学和探索教学，也可以让学生参与到互动式游戏教学中。利用虚拟现实技术可以直观表现某些系统的结构和形态，可以是自然的、物理的或是社会的，为学生提供体验和观测的情境。教学模拟是一种非常有价值的计算机辅助教学（CAI）模式，在教学中被广泛应用。

说一说： 请同学们说一说自己见过哪些虚拟现实设备。

本章小结

新一代信息技术是以大数据、物联网、人工智能、区块链等为代表的新兴技术，是当今世界创新最活跃、渗透性最强、影响力最广的领域，正在全球范围内引发新一轮的科技革命。

本章介绍了当前新一代信息技术中的大数据、物联网、人工智能、区块链、现代通信、虚拟现实等基本知识，学习了新一代信息技术最新的应用领域。

通过本章的学习，学生要求能够了解新一代信息技术的基础知识和典型应用，了解新一代信息技术之间的融合发展。

课后习题

一、单选题

1. 利用 RFID、传感器、二维码等随时随地获取物体的信息，指的是物联网的（　　）特征。

A. 可靠传递　B. 全面感知　C. 智能处理　D. 按需服务

2. 当前，最突出的大数据环境是（　　）。

A. 物联网　B. 综合国力　C. 自然资源　D. 人口数量

3. 信息科技发展的核心问题不包括（　　）。

A. 信息存储　B. 信息传输　C. 信息处理　D. 信息再利用

4. 下列不属于物联网主要技术的是（　　）。

A. RFID 技术　B. ZigBee 技术　C. 机器学习　D. 无线传感器网络

5. 下列不属于人工智能实例的是（　　）。

A. 机器人　B. Web 搜索引擎　C. 超市条码扫描　D. 智能个人助理

6. 下列是中国银行的大数据智能风控平台的是（　　）。

A. 艾达　B. 区块链　C. Deep Blue　D. 艾伦

二、操作题

结合本章内容，调研所在城市智能交通系统中新一代信息技术的应用。

第 8 章

信息素养与社会责任

学习目标

» 了解信息意识与信息伦理的基本概念；
» 了解信息素养的基本概念与组成要素；
» 了解我国信创产业的现状与发展趋势；
» 了解信息社会的伦理道德和信息社会人的社会责任。

技能目标

» 具有一定的信息辨别能力；
» 具有一定的信息安全意识与能力；
» 能维护信息活动中个人与他人的合法权益和公共信息安全。

微课

信息素养与社会责任

素养目标

» 提高学生参与信息社会的责任感和行为能力；
» 培养学生主动了解新技术发展趋势的学习习惯，树立终身学习的意识；
» 培养学生信守信息社会的道德与伦理准则，在现实空间和虚拟空间中遵守公共规范。

导读

随着以计算机技术、网络技术、通信技术为代表的电子信息技术的飞速发展，人类在经历农业社会、工业社会后，已全面步入信息社会。信息成为社会的基本资源，信息产业成为社会的核心产业，信息素养成为社会公民必须具备的基本素质。信息素养（Information Literacy）的本质是信息社会需要人们具备的一种获取信息、利用信息、基于信息解决问题的综合能力。信息素养不是先天就有的，像读、写、算等文化修养一样需要通过后天学习才能获得。在信息社会这个大系统中，人们不仅要培养自己的信息素养，还需要提高道德、情感、法律意识与社会责任。

本章主要介绍信息技术发展、信息意识和信息伦理、信创产业以及信息素养与信息社会责任的提升等内容。

第 1 节　信息技术发展

一、信息技术的概念

从狭义上讲，信息就是一种消息、资料或数据。从广义上讲，信息是物质的一种普遍属性，是物质存在方式、规律与特点的表现形式，包括自然信息、生物信息和社会信息。自然界的风雨气象、股票金融市场的行情走势以及人们的言语表达等，万物无时无刻不在产生、传播着信息。可以说，信息和空气一样，无处不在。

信息技术则是指获取、传递、存储、处理和应用信息的过程中所采用的技术总和。它的研究与发展，极大地提高了人类的信息应用能力，使信息成为人类生存和发展不可缺少的一种资源。从理论上讲，传统的软件和研究方法是没有办法获取和处理大量数据的，无法以快速的方法收集和处理如此庞大的信息资产。掌握信息技术是从很多数据中能够精准、快速地完成有益信息的获取，它的重要战略性不言而喻。

二、信息载体的演变

文献载体是人们用以记录信息的物质材料，也是借以传递和交流知识信息的工具，它存在的意义在于传递和交流载于其中的内容信息。随着信息的不断增长，文献载体形式也在不断发生变化。当文献载体的性能负荷不起繁重的传递交流活动时，新一轮载体形式就会产生。而文献载体的每次重大演进和变革，对文献信息的交流和传递又都具有拓展和强化作用。

在古代，记录文献的载体主要是甲骨、竹简、木板、缣帛、泥板等天然材料，这是人类文献最初的载体形式，我们称之为自然文献载体。由于此类载体具有难以书写和保存等不利因素，因此文献传递功能很弱，所记录的内容和信息范围也很窄。造纸术的发明，结束了人类直接利用天然物质材料传递文献信息的历史，记录文献信息的载体发生了一场重大变革。纸质载体的产生，加上印刷技术的发明，不仅大大缩短了文献生产周期，而且增加了文献的复本量和总数量。纸质文献携带方便，便于阅读，易于复制，所含信息内容全面完整，因而在社会上得到广泛传播，成为人类最主要的文献载体形式，一直延续至今。

随着文献信息量的不断增长，文献的有限存储空间与文献量无限增长的矛盾日益尖锐，新的信息载体应运而生。电子载体代表了信息载体技术发展的基本方向，通过网络可以轻易获取分布在全球的文献信息，网络可以在文献生产的同时，把所载的信息传递到世界各个角落。数字化技术构成了当代信息革命的一个新平台，如果说文字和印刷术代表了人类历史上两次划时代的信息载体革命，那么插上数字翅膀的现代计算机和互联网技术就成为第三次信息载体革命的重要里程碑。

新型载体以其传输速度快、检索不受时空局限等优势，契合了现代人对信息传递的需求，成为人们获取文献信息的主要载体形式。

三、信息技术的发展过程

从原始时代到如今的信息时代，信息技术的发展经历了五次革命。第一次信息技术革命是语言的使用，语言成为人类进行思想交流和信息传播不可缺少的工具。第二次信息技术革命是铁器时代，约公元前 14 世纪，文字的出现和使用使人类对信息的保存和传播取得了重大突破，较大地超越了时间和地域的局限。第三次信息技术革命是 6 世纪的中国开始有雕版印刷，印刷术的发明和使用使书籍、报刊成为重要的信息储存和传播的媒体。第四次信息技术革命是电报、电话、广播和电视的发明和普及应用。1837 年，美国人莫尔斯（Morse）研制了世界上第一台有线电报机。电报机利用电磁感应原理，使电磁体上连着的笔发生转动，从而在纸带上画出点、线符号。这些符号的适当组合（称为莫尔斯电码），可以表示全部字母，于是文字就可以经电线传送出去了。1844 年 5 月 24 日，人类历史上的第一份电报从美国国会大厦传送到了 40 多千米外的巴尔的摩城。1864 年，英国著名物理学家麦克斯韦（Maxwell）在研究了当时所发现的电磁现象的基础上建立了麦克斯韦方程组，并后来预言了电磁波的存在。1876 年 3 月 10 日，美国人贝尔（Bell）用自制的电话同他的助手通了话。1895 年，俄国人波波夫和意大利人马可尼分别成功地进行了无线电通信实验。1894 年，电影视镜问世。1925 年，英国首次播映电视。第五次信息技术革命始于 20 世纪 60 年代，其标志是电子计算机的普及应用及计算机与现代通信技术的有机结合。

20 世纪 50 年代出现生产、传播知识和信息的新技术，并随着互联网的应用而迅速普及。概括地说，信息技术主要包括微电子技术、通信技术和计算机技术。有了这些技术，人们就能获得远程信息甚至知识。1990 年，蒂姆·伯纳斯·李（Tim Berners Lee）发明了互联网上的超文本系统，使网络互联技术用于人们的信息交流与共享，从而极大地促进了互联网的发展。现在，互联网已经成为人们进行信息交流的重要工具。Internet 是目前世界上最大、使用人数最多、信息资源最丰富的国际互联网络。Internet 上提供各种信息服务，数据以各种形式分布在世界各地的计算机上。正是 WWW 利用超文本技术，将位于全世界 Internet 上不同地点的相关数据信息“有机地编织”在一起，提供了在信息网络内从一个文献迅速“转移”到另一个文献的手段，而不论这些文献是分布在 Internet 上的哪台机器上。用户可以利用这些技术传送文本以及数字化资料，共享知识体系，开展远程学习教育，通过计算机获得难以想象的海量信息。

WWW 是一个大型的分布式超媒体信息数据库，它极大地推动了 Internet 的发展。WWW 的出现改变了人们访问和使用网上信息的方式。它把信息检索技术与超文本技术相融合，从而形成简单但功能强大的全球信息系统。伴随而至的是，高科技的创新，各学科的交叉渗透，信息社会与国际经济的大融合，甚至永久改变人的生活、工作和互相沟通的方式。

每一次信息技术的进步都会给人类社会带来翻天覆地的变化，影响也是巨大而深远的。

首先，一个人能够获取并创造出如此多的信息，这本身就是一场革命。在近代以前，人们要获得知识极为困难。早期的书籍基本都收藏在修道院或者是皇家的藏书楼里，平民如果想获得书籍，并从中获取知识是十分困难的。封建社会的藏书楼时代，书籍的作用主要是收藏，而不是利用，所以一个读书人，甚至是一个学者终其一生，皓首穷经，也未必能了解和掌握本领域的最新进展和知识。即使在不那么遥远的二三十年前，一个学者若想全面了解某一学科的“最新成就”，也需要殚精竭虑，而要想与本学科的最新发展齐头并进，则需要更艰苦的网罗搜求。

其次，信息技术促进了创造性交流。虚拟物品可以进行无数次修改，并很快提供给所有人。虚拟物品的出现，促进了集体工作和学习。今天出现的 BBS、Blog、RSS、WiKi 等社会化软件更是极大地改变了人们传播、交流信息的方式，信息的传播从未像今天这么迅捷、强大。随着信息传播交互性的日益增强，知识的融合和创新的速度也在日益加快。

最后，利用这些新技术，能够加工巨大的数据库，这本身就是知识增长的强大手段。这些可能性所激发的研究，对管理工作的某些领域产生了巨大的影响。

随着信息技术的发展，信息资源的载体、处理手段等信息的存在环境和条件正在发生前所未有的变化，并有加速的趋势。这种趋势促使信息组织的对象、形式和内容都经历着根本性的变异，以纸介质为主的信息记录和组织方式的重要性正在下降，信息组织的中心点正向网络信息资源和电子介质转移。人类信息活动正从以纸介质信息为中心转向以电子媒介为中心，这种走向推动着信息组织和信息利用由传统方式向现代方式转变。

第 2 节　信息意识和信息伦理

一、信息意识

（一）信息意识的概念

在信息时代，信息本身已经不再重要，重要的是如何获取信息、处理信息。因此，我们国家十分重视对大学生的信息素养的教育、培养和提高，而信息意识是信息素养中最为重要的部分之一。

从哲学角度来说，信息意识“是人们在社会意识中反映的总和，是人们对信息的认识过程和反映能力”，“是人们在社会意识中不可缺少的一部分，是人们对于作为外部世界的信息关系和作为外部事物之一的信息与信息之间的关系的理解，是人们在认识世界和改造世界中开发和利用信息的观念和自觉能力”，“是人脑对客观存在的新信息的自觉反映”，“是信息主体对信息的认识过程，也是其对外界信息环境变化的一种能动的反映”。

从心理学角度来说，强调反映的自觉性和有意识性，“是人们捕捉、判断和利用情报的自觉程度”，“是对信息的敏感性，尤其是对信息反映出的客观变化规律的敏感性”。

综合分析众多学者对信息意识的阐释，可以得出这样的结论：信息意识至少应具有以下几种含义：

第一，是信息在人脑中的集中反映，即社会的人在信息活动中产生的认识、观点和理论的总和。

第二，是人们捕捉、判断、整理、利用信息的意识，即人脑作为高级神经系统在生理上对信息转化为知识具有兴奋性，同时，人脑有特有的兴奋点去促进信息的转化及利用。

第三，是对信息与信息价值所特有的敏锐的感知力和感悟力，换句话说，就是对信息所特有的自觉反应。

第四，是对现代技术的快速的认知力，也就是说，有意识地关注信息技术的最新发展并主动地加以利用。

综上所述，信息意识的定义是：信息意识是信息在人脑中的集中反映，即社会成员在信息活动中产生的认识、观点和理论的总和，是人们凭借对信息与信息价值所特有的敏感性，主动利用现代信息技术捕捉、判断、整理、利用信息的意识。

（二）信息意识的内容

通俗地讲，信息意识包括：能认识到信息在信息时代的重要作用，确立在信息时代尊重知识、终身学习、勇于创新的新观念；对信息有积极的内在需求，每个人除了自身对信息的需求外，还应善于将社会对个人的要求自觉地转化为个人内在的信息需求，这样才能适应社会发展的需求；对信息有敏感性和洞察力，能迅速、有效地发现并掌握有价值的信息，善于从他人看来是微不足道、毫无价值的信息中发现信息的隐含意义和价值，善于识别信息的真伪，善于将信息现象与实际工作、生活、学习迅速联系起来，善于从信息中找出解决问题的关键。

（三）信息意识的表现

信息意识决定人们对信息反应的程度，并影响人们对信息的需求，信息意识的强弱决定了人们利用信息能力的自觉程度。因此，只有具备足够的信息意识，使自己始终保持对信息的积极姿态，才能及时抓住国内外发展动态，以最短的时间查找、整理、加工出有价值的实用信息。信息意识主要表现为：

（1）对信息具有特殊的敏锐的感受力。这是一种自觉的心理倾向，能敏锐地捕捉信息，并善于从他人来看是司空见惯的、微不足道的现象中发现有价值的信息。

（2）对信息具有持久的注意力。也就是说，对信息的关注已成为一种习惯。具有信息意识的人，对信息的关注不受时间和空间的限制，无论是工作范围以内，还是日常生活中，都习惯用信息的眼光，从信息的角度去观察周围一切事物，去思考问题，把这些信息和自己要解决的问题联系在一起。对这些信息的长久注意力是一个人事业成功的必要条件，也是科研工作突发灵感的基础。

（3）对信息价值的判断力和洞察力。一个具有强烈信息意识的人，对信息的敏感性，除了对信息的心理倾向外，更重要的是对信息价值的判断力和洞察力，在信息海洋中，能够去粗取精、去伪存真并做出正确的识别和选择。信息意识既是信息主体对信息的认识过程，也是其对外界信息环境变化的一种能动的反映。培养人的信息素养，首先要培养信息意识，一个人的信息意识强，就能通过蛛丝马迹捕捉到有价值的信息。这是创新人才的必备意识。

（四）影响信息意识的因素

我国现阶段的信息业尚处在自然形成和发展的阶段，全民族的信息意识还很薄弱，在思想方面真正完成由信息意识到信息意志行为转换的人还是少数。造成这种状况的原因，从认识上看：一是人们对信息意识的理解狭隘，信息思路不开阔，对信息缺乏敏感性；二是几千年的封闭意识影响着人们信息观念的改变。从外部环境上看：信息污染阻碍了用户信息意识的萌发和发展，信息资源管理缺乏相应的政策法规，信息从业人员的综合素质有待进一步提高。

二、信息伦理

（一）信息伦理的概念

信息伦理是以信息活动为客体，以网络环境下虚拟人际关系为中心的规则、秩序研究，是伦理学中崭新的研究方向。20 世纪 90 年代，“信息伦理学”这一概念出现，信息社会的伦理问题，特别是网络环境下的信息伦理问题受到全球的关注。信息时代，信息的存在形式与以往的信息形态不同，它是以声、光、电、磁、代码等形态存在的，这使它具有“易转移性”，即容易被修改、窃取或非法传播和使用。加之信息技术应用日益广泛，信息技术产品所带来的各种社会效应也是人们始料未及的。例如，信息技术产品对传统人际关系的冲击。在信息社会，人与人之间的直接交往大大减少，取而代之的是间接的、非面对面的、非直接接触的新式交往。这种交往形式多样，信息相关人的行为难以用传统的伦理准则去约束。

有学者从信息活动的伦理维度，即对信息活动本身的道德性的理解，提出至少两个方面的解释。其一，作为现代人类活动的基本模式，信息活动有其内在的道德意义和价值尺度。作为人类社会发展和文明进步的自主性而非自发性产物，信息活动的建立和运行必有其内在的道德性依据，或者说，它必定能得到某种道德证明的支持。其二，信息活动有其一般的信息科学考量和技术行为规范，即目的合法、价值效率、公平与平等、信息自由流动和资源（信息）共享。实践中，信息活动存在大量的道德问题和伦理困境，诸如侵犯隐私权、侵犯知识产权、信息污染、信息犯罪、信息的不安全、数字鸿沟、国家信息主权受到的威胁以及信息活动中的利益利害冲突等，足以说明信息活动本身不能脱离人类生活的其他方面而孤立存在和发展，更不能完全自发地进行，它需要包括道德规范在内的必要的社会规范和约束。这就是信息活动的外在道德规范性证明。

根据对部分大学生的一项调查，我们了解到：在对信息伦理和信息法规内容，诸如对“计算机犯罪”“对知识产权的侵犯”“对个人隐私权的侵犯”“网络上的人为恶习”的认识上，有相当多的人仅认为“计算机犯罪”属违法行为，只有少数人了解“对知识产权的侵犯”“对个人隐私权的侵犯”和“网络上的人为恶习”等也属违法或不道德范畴。又如，有的人不清楚或不遵守信息行业的网络社交安全规则，以致网络欺诈、网络成瘾以及进入网恋误区等网络社交不安全的情况屡屡出现。这种状况一方面说明人们对信息道德和信息法规内容的认识和了解不够全面，另一方面主要反映了信息化社会信息道德内容的更新和发展变化。总之，上述状况从一个侧面反映了当代人们信息道德水平等还处在一个较低的层次，当前在强化计算机技术教育的同时，迫切需要进行信息伦理道德素养的培育。

伦理、道德毕竟是一种软性的社会控制手段，在信息领域，仅仅依靠信息伦理并不能完全解决问题，它还需要硬性的法律手段来支撑。因此，信息立法就显得十分重要。通过有关的信息立法，依靠国家强制力的威慑，不仅可以有效地打击那些在信息领域造成严重恶果的行为者，而且为信息伦理的顺利实施构建了一个较好的外部环境。信息领域的法律手段也需要信息伦理的补充，只有信息立法与信息伦理形成良性互动，才可能使信息领域、信息社会在有序中实现发展。

（二）信息伦理教育

有一些学者从人性心理方面探索网络伦理问题产生的现实根源，提出人际交往的“面具性”，由于虚拟时空的边界扩大而更具戏剧性、伪装性。人的压抑和宣泄心理机制，由于“虚拟现实”的特殊环境，而使“冲浪者”更加不顾一切地释放自我，从而诱发出一系列的伦理问题。随着网络伦理问题的出现，许多国家的计算机和网络组织制定了相应的行为规则，以规范人们的网络行为。美国从 1992 年才开始成立专门的网络伦理研究机构，美国计算机伦理协会所提出的“计算机伦理十戒”和南加州大学关于网络伦理的“六种不道德行为”都对美国的网络伦理道德建设起到了不可磨灭的贡献。中国政府对于规范网络行为亦做了大量工作，目前已形成以《中华人民共和国网络安全法》为骨干，《互联网信息服务管理办法》《互联网新闻信息服务管理规定》等行政法规、部门规章为辅助的互联网新闻信息传播法律体系，为依法治网、依法办网、依法上网提供了法律依据。但是，相对于法制建设，网络伦理建设还需要付出相当长时间的努力。假如仅有法律法规，却没有与之同步的伦理道德建设相匹配，那么，法制的效果肯定受影响，法制运行的成本仍会很高。

我们认为，信息伦理教育要重视以下几点：一是要充分认识信息是一种新型的财产权利；二是要尊重他人隐私；三是在信息交流过程中要遵守虚拟环境下的礼仪标准，发送信息者要承担相应责任；四是要保护知识产权；五是要在法律允许的范围内促进信息流通；六是自觉遵守法律法规。

（三）信息伦理与构建和谐社会

构建和谐社会是 21 世纪的一个主题。信息领域中的规范、秩序是构建和谐社会重要的内容之一。从伦理角度导入个人信息行为的规范，对于信息时代中不道德行为的防范将具有积极的效果。信息伦理的构建强调将人伦伦理理念融入决策及生活细节中。伦理议题的复杂度高，范围亦广，社会、组织或协会所制定的规范条文不仅难以完全涵盖所有情况，而且规范之间可能也会有冲突。因此，最积极的做法应当是从个人的伦理道德做起。但是，要建立一套长久的一成不变并且适用的伦理守则是不现实的。随着信息科技的成熟及信息化社会的形成，信息行为的决策者的行动不能从以往传统的单方面道德标准出发，而必须是随着情境而变，兼顾社会责任、权利、信息伦理等方面的因素。也就是说，在信息伦理的影响因素中，将由以个人经验和道德标准为主导，转向以信息社会情境为主导来做决策。合法传播信息，崇尚科学理论，弘扬民族精神，塑造美好心灵，为信息空间提供有品位、高格调、高质量的信息和服务，是每一个在信息社会生活的人应该树立的基本信息伦理标准。构建和谐信息社会是构建社会主义和谐社会的重要切入点。围绕构建民主法治、公平正义、诚信友爱、充满活力、安定有序、人与自然和谐相处的社会，信息化建设应为营造良好的现代信息舆论环境做出自己的贡献。和谐的信息社会应该是指以信息技术为运作基础的社会，是信息伦理成为现代人遵守的基本准则的社会，是人们善于应用信息内容和信息流提升群众生活品质的社会。

第 3 节 信创产业

一、信创产业的定义

（一）概念

2016 年 3 月 4 日，由 19 家主要从事软硬件关键技术研究及应用的国内单位，共同发起成立了一个非营利性社会组织，并将其命名为“信息技术应用创新工作委员会”，简称“信创工委会”，这就是“信创”这个词的最早由来。信创即信息技术应用创新，涵盖整个 IT 产业，从底层基础硬件（芯片、服务器、存储）、中间层基础软件（操作系统、数据库、中间件）到上层核心应用软件（ERP、OA、工业软件等），以及与 IT 建设全程伴生的网络安全领域，都属于信创产业范围。随着新一代信息技术的创新发展，云服务、系统集成也成为信息技术产业的重要组成部分。信创产业主要涉及四个部分：（1）基础硬件：CPU 芯片、服务器、存储器、交换机、路由器、各种云服务器等；（2）基础软件：操作系统、数据库、中间件、BIOS 等；（3）应用软件：OA、ERP、办公软件、政务应用、流版签软件等；（4）信息安全：边界安全产品、终端安全产品等。

（二）背景

在全球产业从工业化向数字化升级的关键时期，中国明确提出“数字中国”建设战略，以抢占下一时期的技术优先权。但近年来，美国屡次通过商务部实体清单制度对中国企业实施制裁或禁运，遏制中国科技的发展。早在 2007 年，美国就公布了管制清单，规定激光器、航空发动机、先进导航系统等 20 个大类的高科技产品不得向中国出口。2017 年以来，美国逐步剥夺中国科技企业的生存空间，对中国核心科技实施封锁。从 2018 年的“华为、中兴事件”不难看出，我国科技尤其是上游核心技术受制于人的现状，对我国经济持续高质量发展提出了严峻考验。美国能够对中国进行科技封锁，正是因为它垄断了上游核心技术，主宰了整个产业发展。为避免此类现象再发生，中国必须坚持自主创新，在科技发展中打牢自身的基础。信创是一个“大事件倒逼＋强政策推动”的产业，包括四大板块：基础硬件、基础软件、应用软件、信息安全。党的二十大报告深刻阐明了国家安全和社会稳定的重要性：“国家安全是民族复兴的根基，社会稳定是国家强盛的前提。必须坚定不移贯彻总体国家安全观，把维护国家安全贯穿党和国家工作各方面全过程，确保国家安全和社会稳定。”作为健全国家安全体系的重要组成部分，2022 年信创产业迎来上升期，信创产业也由“党政信创”向金融、航空航天、电信、石油、电力、交通、教育、医疗等八大行业推进，演变为带动央企及地方国资企业在信创领域的全面布局，形成最终的“2＋8＋N”新格局。

2006 年，国务院发布《国家中长期科学和技术发展规划纲要（2006—2020）》将核心电子器件、高端通用芯片及基础软件产品列为 16 个重大科技专项之一，标志着信创产业的起步。经过多年发展，目前我国的芯片、网络、操作系统及周边配套产品基本实现了从无到有、从可用到好用的跨越式进步。党的二十大报告指出:“加快发展数字经济,促进数字经济和实体经济深度融合,打造具有国际竞争力的数字产业集群”,信创产业的发展是国家经济数字化转型、提升产业链发展的关键,是科技创新发展的核心基础。中国 IT 产业在基础硬件、基础软件、应用软件、信息安全等诸多领域将迎来黄金发展期。

新冠肺炎疫情影响广泛深远,经济全球化遭遇逆流。国家和各地方政策支持起着举足轻重的作用,助力信创产业持续发展。面对复杂多变的发展环境,中国坚定且加速了核心器件的自主创新之路,已经逐步建立基于自身的 IT 底层架构和标准,形成了自由开放的生态。

二、信创产业的布局

信创产业全景图如图 8-1 所示。

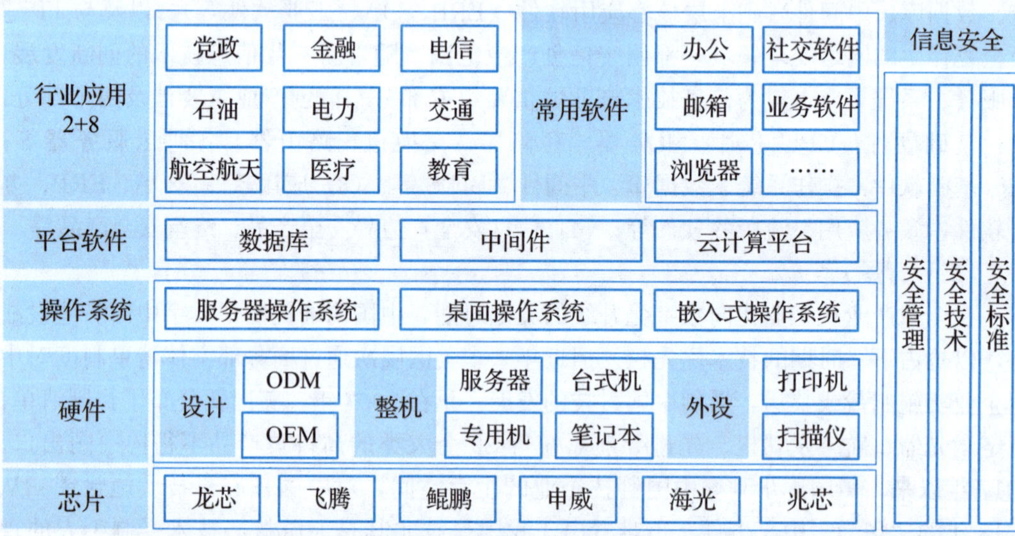

图 8-1 信创产业全景图

信创产业生态体系庞大,从产业链角度看,主要由基础硬件、基础软件、应用软件、信息安全 4 部分构成,其中 CPU 芯片、操作系统、数据库、中间件是最重要的产业链环节。

(一) CPU 芯片

CPU 是计算机系统的运算和控制核心,其基础是指令集。它由大量的运算器、控制器和寄存器组成。其中,运算器负责算术运算和逻辑运算;控制器负责应对所有的信息情况,调度运算器把计算做好;寄存器既要承接控制器的命令,传达命令给运算器,还要帮助运算器记录已处理或将要处理的数据。指令集架构包含了基本数据类型,指令集、寄存器、寻址模式、存储体系、中断、异常处理以及外部 I/O,一系列的操作码(机器语言),以及由特定处理器执行的基本命令。指令集一般被整合在操作系统内核最底层的硬件抽象层中,属于计算机硬件与软件的接口,它向操作系统定义了 CPU 的基本功能。现阶段的指令集可被划分为复杂指令集（CISC）与精简指令集（RISC）两类。20 世纪 90 年代，以复杂指令集（CISC）为代表的英特尔凭借着与微软联合打造的 Wintel 体系，在通用 CPU 领域占据了绝对份额，至今仍牢不可破。近年来随着智能手机兴起，精简指令集（RISC）获得新生，ARM 公司（安谋国际科技股份有限公司）通过构筑与 Android 的生态合作，占据了全球 95%的移动芯片授权市场。

目前我国国产处理器芯片主要包括龙芯、兆芯、飞腾、海光、申威和鲲鹏。从技术路线上看，兆芯和海光是 X86 内核授权，基于指令集系统进行 SoC 集成设计；飞腾和鲲鹏采用的是 ARM 指令集授权，是基于指令集架构授权自主设计 CPU 核心；龙芯是基于 MIPS 架构的自研指令集；申威是 SW64 的自研指令集，其自主化程度最高。

CPU 产业链的巨头大多集中在海外，它们位居产业链各个环节核心，对全球 CPU 行业起着决定性的作用。中国在集成电路设计环节，已经拥有华为海思、展讯等一批达到世界先进水平的龙头企业；封测环节，通富承接 AMD 7nm CPU 封测，达到世界领先水平。但在 14nm 及以下结点的先进制程，设备、材料、EDA/IP、制造等上游核心环节与国外龙头企业的差距巨大，目前仍采用“外循环为主＋内循环为辅”的模式，急需补齐短板。

（二）操作系统

操作系统是连接硬件和数据库、中间件、应用软件的纽带，是承载各种信息设备和软件应用运行的基础平台的重要基础性软件。随着中国在操作系统领域研发力度的持续加大，发展成效日渐显著，部分产品已完成自主研发与生产，产品性能大幅提升，进入规模化发展阶段。

我国目前主流操作系统已经初步完成关键软硬件的适配，生态体系初步建立。从生态适配进程看，主流国产操作系统均已完成对联想、华为、清华同方等整机厂商发布的数十款终端和服务器设备适配；在软件方面，基本能兼容流式、版式、电子签章厂商等等发布的办公类应用，兼容数据库、中间件、虚拟化、云桌面、安全等软件厂商发布的数百种应用和业务。

（三）数据库

数据库是一种用于存储和管理拥有固定格式和结构数据的仓库型数据管理系统。数据库已经成为数字经济时代的软件底座，几乎所有的企业级数据、终端数据和边缘设备数据都需要通过数据库管理系统的管理和分析才能够赋能上层应用或企业决策，发挥其最大的价值。随着存储技术和云计算的发展，用户需要通过数据库管理系统对非结构化数据进行调用、处理和分析，再通过人工智能技术让数据资产化并赋能自身发展。

国内市场的主要参与者为 Oracle、Microsoft、IBM、AWS 等海外巨头，阿里云、腾讯云等国内公有云厂商，华为、中兴通讯等设备商，武汉达梦、人大金仓、南大通用、神州信息四大数据库厂商，以及巨杉数据库、PingCAP、易鲸捷等新兴数据库厂商。我国传统数据库领域与国际主流数据库相比还有一定差距，但在分布式数据库等新兴细分数据库市场，国产数据库有较好表现。

（四）中间件

中间件是与操作系统、数据库并列的三大基础软件，在云计算、物联网等新技术推动下日益衍生成产品线众多的基础软件设施。中间件位于数据库平台和应用软件之间，是一种跨平台的基础软件。目前，中间件主要用于解决分布式环境下数据传输、数据访问、应用调度、系统构建和系统集成、流程管理等问题，是分布式环境下支撑应用开发、运行和集成的平台。

从竞争格局看，目前国内中间件市场份额第一梯队仍然是 IBM 和 Oracle，第二梯队为五大国产厂商，包括东方通、普元信息、宝兰德、中创中间件、金蝶天燕。稳定化、商业化、中台化是国产中间件的重要发展方向。

三、信创产业所遇问题的解决方案

我们先要认识信创的发展方式：顶层设计、区域规划、组织协调、产业实践、人才培育。基于信创行业的背景和面临的问题，我们的国家和政府具备集中力量的优势，为信创建设提供支撑，通过市场政策、产业政策、科学政策等多种手段培育市场、推动产业发展、支持知识体系化，从而实现产业的弯道超车。借鉴其他国家，韩国经历了中国同样的国产化探索之路。以日本管制为导火索，韩国通过政府干预和集中发展策略，实现了半导体产业的弯道超车，是政策驱动产业升级的典型案例。信创建设在国家的支持下扬帆正当时。

地方政府可以抓住信创机遇，结合自身基础，实现产业升级。从地方角度看，在信创中扮演组织者的角色往往有地方政府、产业联盟、龙头企业、中央政府（指导），而牵头的任务往往是地方政府。监管方即规则制定者，从产业发展规律来看，一般由中央政府或者行业标准协会来承担此角色。但由于产业的不成熟性，许多地方政府也入局进行标准的制定，产出许多小目录。地方政府本身也是信创建设的需求方，自身也会在信息化办公、智慧城市等方面存在需求。

在信创建设中，产业联盟、行业协会等官方或非官方属性的组织联盟在生态建设方面扮演了不可或缺的角色。标准是 IT 产业发展的重要技术基础，可以看作从业者在其发展过程中积累起来的经验和知识的体现，也是其发展水平的基线或起点，因而在信创建设中起到举足轻重的作用。知识产权的矛盾随信创的推进也变得越来越突出，国产厂商在知识产权方面急需外界的帮助，作为第三方且具备相关知识储备的组织较适合出面为国产厂商就知识产权问题建言献策。

从全产业来看，构建基于我国自主 IT 架构的新生态还需要上下游各厂商的共同努力。对于上游基础软硬件厂商来说，其客观上存在技术工艺和产品成熟度的滞后性，同时技术路线较多，导致了产业力量的分散和总体技术的薄弱。对于下游应用软件和服务商来说，基础软硬件的多样性为兼容适配带来了较大的工作量。另外，信创环境下一定程度上性能的下降为专业软件、复杂软件的创新带来了新的难题。

从现状来看，我国对信创人才的培养体系仍较不健全，主要是相关 IT 厂商和主管单位发力，进行国产产品的培训和适配指导。从长远来看，IT 产业的发展需要更多院校的力量参与进来，与厂商、相关单位携手，进行产教学研的合作，增设更多信创 IT

标准下的学术与实践课程，为产业输送源源不断的动力。

现阶段，通用性的应用软件与主流厂商的适配已经基本完成，个性化应用软件的适配在稳步进行中。对应用软件厂商来说，适配将成为非常重要且在产业发展中长期持续的工作。

中国电子、中国电科、华为率先入局，构建了较完善的信创产业链。未来，随着信创建设向行业信创的推进，必然会有越来越多的厂商参与进来。

四、信创产业的未来趋势

信创产业的基础设施（芯片、存储器、整机、固件等）是信息技术与制造业高度融合，是前沿技术通过极致工艺达到的完美成果。基础软件、应用软件、信息安全、云服务等产品和解决方案是信息技术与服务业的全流程无缝嵌入，是提升效率、降低成本、提高质量、确保安全的重要通路，是提升国家核心竞争力的根本。产业融合式发展的最佳机遇已经出现，信创产业即将爆发。

信创产业未来会进一步在部委、央企、民营企业等范围内实践和应用，信创产业的大爆发正在酝酿。生态建设和提供一站式解决方案是国产软硬件发展的核心，开源是对生态发展的动态推进，迁移和上云则是适应生态现状的必要举措。产品和服务的“可用”“好用”是持续进入市场良性循环的基础，是构建信创产业整体解决方案的底层逻辑和最高目标。

第 4 节　信息素养与信息社会责任的提升

一、信息素养

（一）信息素养的概念

素养是指一个人在工作学习、待人接物、为人处世等方面展现出的能力和水平。它与能力相伴而生，这是因为素养是为提高自身能力进行学习而得到的，而能力则是素养的具体表现。因此，一个人素养的高低，很大程度上决定了其成功可能性的大小。那么，信息素养又是什么呢？

信息素养（Information Literacy，IL）的概念脱胎于图书馆素养（Library Literacy）。在信息社会到来之前，图书馆是人们获取信息的主要来源。图书馆中的藏书众多，读者想要快速获取信息，就必须掌握高效利用图书馆信息资源的方法。为此，图书馆会针对读者定期开展文献检索技能培训和教育，而图书馆素养，就是读者在经过图书馆培训后具备的素养。随着信息技术的发展，信息化成了社会发展的大趋势，人们不再局限于从图书馆中获取信息，图书馆素养也无法满足时代发展的需要。

在此情形下，信息素养就应运而生了。

1974 年，美国信息产业协会主席保罗·泽考斯基（Paul Zurkowski）提出了“信息素养”一词，并将其定义为“经培训后能在工作中运用信息的人即认为其具备了信息素养”。1982 年，美国信息学家福斯特·霍顿（Foster Horton）将信息素养定义为“人们在处理问题和决策过程中，利用计算机对所需信息进行标识、存取的水平”。1989 年，美国图书馆协会（American Library Association，ALA）下属的信息素养总统委员会在其年度报告中提出了接受度和使用度最广的信息素养定义：“具备信息素养的人是能够敏锐察觉自身信息需求，并进行相应的信息检索、评估及有效利用所需信息的人。”1992 年，信息学家道伊尔（Doyle）在《信息素养全美论坛的总结报告》中将信息素养定义为“一个人从各种不同的信息源获取、评估及使用信息的能力”。2003 年，联合国教科文组织在捷克共和国首都布拉格召开了国际信息素养专家会议，会议发表了著名的“布拉格宣言”，将信息素养定义为“确定、查找、评估、组织和有效地生产、使用和交流信息来解决问题的能力”。2005 年，联合国教科文组织在埃及亚历山大城召开了国际高级信息素养和终身学习研讨会。会议发表了著名的“亚历山大宣言”，宣称“信息素养和终身学习是信息社会的灯塔，照亮了信息社会发展、繁荣和走向自由之路”。2015 年，美国大学与研究图书馆协会（ACRL）理事会发布了《高等教育信息素养框架》，该文件对信息素养的定义为：“信息素养是一种综合能力，包括批判性地发现信息，了解信息的产生和评价，以及如何使用信息创造新的知识并合理地参与社区学习。”不难看出，信息素养的概念并不是一成不变的，伴随着信息社会的发展，其内涵和外延在不断丰富。

尽管如今的学术界对信息素养概念的界定尚未形成统一意见，但毫无疑问的是，信息素养涵盖人们获取、理解、评估、利用、交流和创造信息的全过程，涉及日常生活、学习、工作、娱乐的方方面面，是个人终身学习、信息技术发展、学习型社会建设、创新型人才培养的重要基础，信息素养教育也会在今后的素质教育中扮演越来越重要的角色。信息素养体现在人们思想认识上是对信息价值的认同和重视，在社会实践中，能够迅速想到使用信息技术来解决工作生活中的问题的意识和基本能力，以及对有用信息的敏感程度和对信息可能价值的发现能力。

（二）信息素养的要素

作为人们适应信息社会生活的必备素养，信息素养主要包括信息意识、信息知识、信息能力和信息伦理四大要素。

（1）信息意识。信息意识是信息素养的前提，它是指个体对信息的敏感度和对信息价值的判断力。

（2）信息知识。信息知识是信息素养的基础，包括信息的特点与类型、信息交流和传播的基本规律与方式、信息的功用及效应、信息检索等方面的知识。

（3）信息能力。信息能力是信息素养的保证，也是信息素养最重要的要素。在信息社会中，几乎做任何事都需要信息能力。一般来说，核心的信息能力包括信息发现能力、信息检索能力、信息组织能力、信息分析能力和信息评价能力，体现在对信息的获取、理解、评估、利用、交流和创造等过程中。

（4）信息伦理。信息伦理是信息素养的准则，它是指人们在从事信息活动时需要遵守的信息道德准则和需要承担的信息社会责任。信息伦理要求我们具有一定的信息意识、知识与能力，遵守与信息相关的法律法规，信守信息社会的道德与伦理准则，在现实空间和虚拟空间中遵守公共规范，既能有效维护信息活动中个人的合法权益，又能积极维护他人的合法权益和公共信息安全。

二、社会责任

（一）构建和谐社会需要全民信息素养的提升

信息素养是公民适应社会的基本能力，关系到个体的发展，而公民对社会的适应和个体的发展是和谐社会构建的微观基础。“走向具有信息素养的社会”的布拉格宣言甚至将信息素养视为人们有效参与信息社会的一个先决条件和终身学习的基本人权。泛在信息时代，信息技术飞速发展，信息内容日益丰富，社会的信息化水平日新月异。除了书籍、广播、电视等传统媒体之外，计算机网络以其丰富的资源储备、便捷的访问成为人们获取知识的另一个重要选择，以智能手机为代表的手持移动终端的普及更强化了网络信息资源对个人终身学习的资源保障作用。个体的发展自然推动社会的发展，全民信息素养的提升是推动经济发展的重要力量，而经济的发展是和谐社会构建的物资保障。全民信息素养与经济发展的关系可以从人力资本的角度来体现。人力资本理论认为人力是经济发展中最主要的资源，人力资本在经济增长中的作用大于物资资本的作用，教育是提高人力资本最基本的手段。因此，全民信息素养的提升不仅可以直接提高人力资本的积累，而且可以通过“全民信息素养提升—教育效率提升—全民素质提升”“全民信息素养提升—终身学习能力提升—全民素质提升”等路径间接提高人力资本的积累，进而推动经济的发展。在柯布-道格拉斯生产函数中，除了资本和劳动力之外，影响总产出水平的另外一个重要因素是技术，三者的有机结合决定了社会总产出水平。这也可以解释全民信息素养的提升对经济发展的推动作用。全民信息素养的提升不仅有助于劳动力质量的提高，而且有助于技术的进步与创新。“仓廪实而知礼节，衣食足而知荣辱”，经济又好又快的发展、物质财富的不断创造和积累必然为和谐社会的构建打下坚实的物质基础。全民信息素养的提升是构建和谐社会的内在要求。在信息时代，个人不仅是信息的被动接收者，而且逐渐成为信息的创建者。以互联网为代表的信息平台正在成为政府了解民意、汇聚民智和公民行使知情、参与、表达和监督权的重要渠道。但是，由于全民信息素养的提升落后于信息技术的发展，互联网在促进社会进步的同时其负面影响在一定程度上威胁着社会的和谐稳定。全民信息素养的提升，有利于提高全民的信息收集、评价和利用能力，摒弃网络的负面影响，构建和谐的虚拟社会；有利于激发全民的创造精神，激发全社会的创造活力，为和谐社会的构建创造良好的外部环境。

（二）信息社会责任

信息技术的发展给人类生活、学习带来诸多机遇，但社会成员在享受信息技术带来的便利的同时，也要承担相应的信息社会责任。信息社会责任是指信息社会中的个体在文化修养、道德规范和行为自律等方面应尽的责任。

信息社会责任一般包含以下几个方面：

（1）对信息技术负责，即负责任、合理、安全地使用技术；

（2）对社会及他人负责，即信息行为不能损害他人权利，要符合社会的法律法规、道德伦理等；

（3）关注信息技术革命所带来的环境问题与人文问题；

（4）对于信息技术创新所产生的新观念和新事物，具有积极学习的态度、理性判断和负责行动的能力。

本章小结

信息技术已经成为推动国家经济发展的重要手段，高新产业也成为拉动国家 GDP 的核心产业之一，国家综合实力的竞争本质上是互联网技术竞争，因此，信息技术已然成为推动国家发展的核心力量。

通过对信息技术发展、信息意识和信息伦理、信创产业以及信息素养与信息社会责任的提升等内容的学习，学生要求能够了解信息技术以及相关的基础概念，以及对新一代信息技术的现状和未来发展作出思考，提出自己的见解。

课后习题

一、单选题

1. 信息技术是指获取、（　　）、存储、处理和应用信息的过程中所采用的技术总和。

A. 传递　　B. 感知　　C. 智能　　D. 服务

2. 信息社会责任一般有两个含义：一是对（　　）负责，二是对社会及他人负责。

A. 法律法规　　B. 综合国力　　C. 自然资源　　D. 信息技术

3. 信创即信息技术应用创新，涵盖 IT 产业、硬件、中间层基础软件、上层核心应用软件，以及与 IT 建设全程伴生的（　　）领域。

A. 网络存储　　B. 网络传输　　C. 网络安全　　D. 网络信息

4. 下列不属于国产 CPU 的是（　　）。

A. 龙芯　　B. 海光　　C. 高通　　D. 申威

5.（　　）是沟通操作系统、数据库与上层应用的桥梁。

A. CPU　　B. 数据库　　C. 中间件　　D. 操作系统

二、简答题

1. 什么是信息意识？

2. 信息素养的要素有哪些？

3. 什么是信创产业？

4. 信息产业问题的应对策略有哪些？

5. 你对信息产业有何见解和看法？

参考文献

［1］郑尚志，杨克玉．计算机应用基础（Windows 7＋Office 2010）［M］．3版．北京：高等教育出版社，2019．

［2］曾焱．Word/Excel/PPT高级应用［M］．广州：广东人民出版社，2022．

［3］丁亚明，何永太．办公自动化实用案例教程［M］．北京：中国水利水电出版社，2015．

［4］李蒨．办公自动化实用教程：微课版［M］．4版．北京：人民邮电出版社，2021．

［5］眭碧霞．计算机应用基础任务化教程（Windows 7＋Office 2010）［M］．3版．北京：高等教育出版社，2019．

［6］傅连仲．计算机应用基础（基础模块）（Windows 7＋Office 2010）［M］．2版．北京：电子工业出版社，2014．

［7］黄如花．信息检索［M］．3版．武汉：武汉大学出版社，2019．

［8］邓发云．信息检索与利用［M］．3版．北京：科学出版社，2022．

［9］张厚生，袁曦临．信息素养［M］．南京：东南大学出版社，2007．

［10］陈臣．现代信息技术［M］．成都：电子科技大学出版社，2007．

［11］郃峻，张利平．信息素养与计算机信息检索［M］．北京：北京航空航天大学出版社，2011．

［12］杨竹青．新一代信息技术导论：微课版［M］．北京：人民邮电出版社，2020．